Digitale Schaltungstechnik für
Elektrotechniker und Informatiker

Reihe Informatik

Herausgegeben von
Karl Heinz Böhling, Ulrich Kulisch,
Hermann Maurer

unter Mitwirkung von
Arndt Bode, Hans-Peter Kriegel,
Roland Mittermeir,
Edgar Nett, Thomas Ottmann
und Christian Ullrich

Rolf Ernst / Ingo Könenkamp

Digitale Schaltungstechnik für Elektrotechniker und Informatiker

Spektrum Akademischer Verlag   Heidelberg · Berlin · Oxford

Autoren:
Prof. Dr.-Ing. Rolf Ernst
und Ingo Könenkamp
Institut für Datenverarbeitungsanlagen
Technische Universität Braunschweig

Die Deutsche Bibliothek – CIP-Einheitsaufnahme

Ernst, Rolf:
Digitale Schaltungstechnik für Elektrotechniker und Informatiker / Rolf Ernst/
Ingo Könenkamp. – Heidelberg ; Berlin ; Oxford : Spektrum, Akad. Verl.,
1995
   (Reihe Informatik)
   ISBN 3-86025-705-6
NE: Könenkamp, Ingo:

Umschlaggestaltung: Kurt Bitsch, Birkenau
Druck und Verarbeitung: Franz Spiegel Buch GmbH, Ulm

Spektrum Akademischer Verlag   Heidelberg · Berlin · Oxford

EIN VERLAG DER *SPEKTRUM FACHVERLAGE GMBH*

Vorwort

Das vorliegende Buch ist aus dem Script zu einer Vorlesung mit dem Titel *Digitale Schaltungen* entstanden, die seit einigen Jahren für Studenten der Elektrotechnik und Informatik an der TU Braunschweig angeboten wird. Großer Wert wird auf den Aufbau von Systemen und damit auf den Zusammenhang von Aufbautechnik, Leitung und Schaltungstechnologie gelegt, der bei wachsenden Schaltungsgeschwindigkeiten die digitale Schaltungstechnik prägt. Leitungseffekte spielen heute sowohl auf der integrierten Schaltung wie auch bei der Leiterplatte eine so große Rolle, daß die Fortentwicklung der digitalen Schaltungstechnik ohne sie nicht mehr verständlich ist. Hohe Schaltfrequenzen und abnehmende Strukturgrößen machen die bislang verwendeten, sehr einfachen Leitungsmodelle nur noch eingeschränkt verwendbar. Ein genaueres Verständnis der Leitungseffekte wird damit für den praktischen Schaltungsentwurf unabdingbar. Dies gilt auch für den Einsatz von CAD-Systemen mit genauerer Leitungsmodellierung, denn hohe Rechenzeiten beschränken die präzisere Modellierung auf einzelne Signale und Teilaspekte. Buch und Vorlesung greifen mit diesem Schwerpunkt einen Trend in der amerikanischen Literatur auf, der sich etwa im Buch von Bakoglu (siehe Literaturangaben) zeigt.

Auswahl und Darstellung der Schaltungfamilien sollen die Grundprinzipien der digitalen Schaltungstechnik aufzeigen und andererseits Verständnis für die Mechanismen bei der Fortentwicklung von Schaltungsfamilien wecken. Unter diesem Gesichtspunkt wird nur ein Teil der Familien eingehend behandelt, darunter die heute eher historische TTL-Technik, die jedoch von ihrer Entwicklungsgeschichte und ihren Eigenschaften her sehr aufschlußreich ist. Die weiteren bekannten Schaltungsfamilien werden dann mit Bezug zu den ausführlich vorgestellten Familien knapper eingeführt. Weggelassen wurde lediglich die ebenfalls eher historische I^2L-Technik, da sie sich nicht leicht in diesen Kontext einfügen ließ.

Impulsformung und Leitungen werden in einem eigenen Kapitel zur Impulstechnik behandelt, und zwar vor den Schaltungsfamilien, denn viele Entwurfsentscheidungen der Schaltungstechnik sind durch die Signalübertragung bedingt. Da umgekehrt die Leitungstechnik von der Schaltungstechnik beeinflußt wird, wird im ersten Kapitel eine Schaltungsfamilie zum besseren Verständnis exemplarisch vorgestellt. Diese Strukturierung hat sich nach einigen Vorlesungszyklen als geeignet herausgestellt.

Die Leitungstypen unterschiedlicher Aufbauformen werden klassifiziert, in kompakter Form behandelt und mit vielen praktischen Beispielen unterlegt. Breiten Raum nimmt dabei die Darstellung von Kopplungen und Störungen ein. Ziel ist, dem Leser eine Vorstellung über die dynamischen Vorgänge in einem komplexen Schaltungsaufbau zu geben und eine Basis für eigene Bewertungen zu liefern. Um das Buch auch für Studenten der Informatik lesbar zu machen, wurden die Grundlagen der Leitungstheorie kurz zusammengefaßt.

Die letzten zwei Kapitel befassen sich mit Kippschaltungen, die zentrale Elemente der digitalen

Schaltungen bilden und mit zusammengesetzten Strukturen, deren Eigenschaften sich nicht anhand von Einzelgattern beschreiben lassen. Hauptvertreter dieser Strukturen sind die Speicher.

Übungsaufgaben zum Buch sind über `http://www.ida.ing.tu-bs.de/DigSchalt` zu beziehen. Dort findet man auch PSPICE–Modelle, die dem interessierten Leser[1] die individuelle Aufarbeitung des Stoffes durch praktische Übungen ermöglichen. Zur Vorlesung ist eine Experimentierplatine zur Demonstration von Leitungseffekten entwickelt worden. Unterlagen können von den Autoren bezogen werden.

Viele Personen haben an der Gestaltung des Buches mitgewirkt. Unser Dank gilt vor allem Herrn Peter Lüders für die vielen inhaltlichen Anregungen, Frau Bettina Böttger, Frau Judita Kruse, Frau Anke–Beate Stahl sowie Frau Sabine Krüger und Frau Silvia Gloth für die Gestaltung des Manuskriptes und die Erstellung der zahlreichen Abbildungen. Wir danken Herrn Thorsten Werner für die mühevolle Ausarbeitung der PSPICE–Modelle, ferner allen Mitarbeitern am Institut für Datenverarbeitungsanlagen für das umfangreiche Korrekturlesen und die aufmunternde Unterstützung während der Entstehungsphase des vorliegenden Lehrbuches.

Braunschweig, im April 1995

Rolf Ernst
ernst@ida.ing.tu-bs.de

Ingo Könenkamp
koenenkamp@ida.ing.tu-bs.de

---

[1]Die deutsche Sprache läßt leider keine gut lesbare geschlechtsneutrale Schreibweise zu. Daher wird mit Rücksicht auf die Lesegewohnheiten ausschließlich die maskuline Form verwendet.

Inhaltsverzeichnis

Kapitel 1

Einführung

1.1 Grundbegriffe der Digitaltechnik

1.1.1 Anforderungen

Digitale Schaltungen werden allgemein für Berechnungs– und Steuerungsaufgaben in der Technik eingesetzt.

Aufgabe der digitalen Schaltungstechnik ist es, Bauelemente und Regeln für ihren Einsatz und ihre Verbindung zur Verfügung zu stellen, mit denen Funktionen der Schaltalgebra zuverlässig implementiert werden können. Mit den Funktionen der Schaltalgebra werden Schaltnetze und Schaltwerke aufgebaut, aus diesen wiederum Steuerwerke und Rechnerstrukturen.

Die digitalen Schaltungen müssen damit den Übergang von der analogen Welt der Elektronik (oder der Optik) in die zeit– und wertdiskrete Welt der Schaltalgebra und der Schaltwerkstechnik vollziehen.

1.1.2 Kenngrößen von Digitalschaltungen

Digital– und Analogtechnik unterscheiden sich grundsätzlich durch das verwendete Signalmodell. Wir beschränken uns in diesem Buch auf Signale im Zeitbereich. Die zu spezifizierenden Parameter sind demnach die *Zeit* und der *Signalwert*. Für beide Parameter wird unterschieden in zwei Darstellungsformen.

Zeit:

- **zeitkontinuierlich**: Das Signal ändert seinen Wert kontinuierlich in der Zeit.

- **zeitdiskret**: Das Signal ändert seinen Wert nur zu festen, diskreten Zeitpunkten.

Signalwert:

- **wertkontinuierlich**: Das Signal nimmt beliebige Werte einer kontinuierlichen Werteskala an.

- **wertdiskret**: Das Signal kann nur diskrete Werte annehmen.

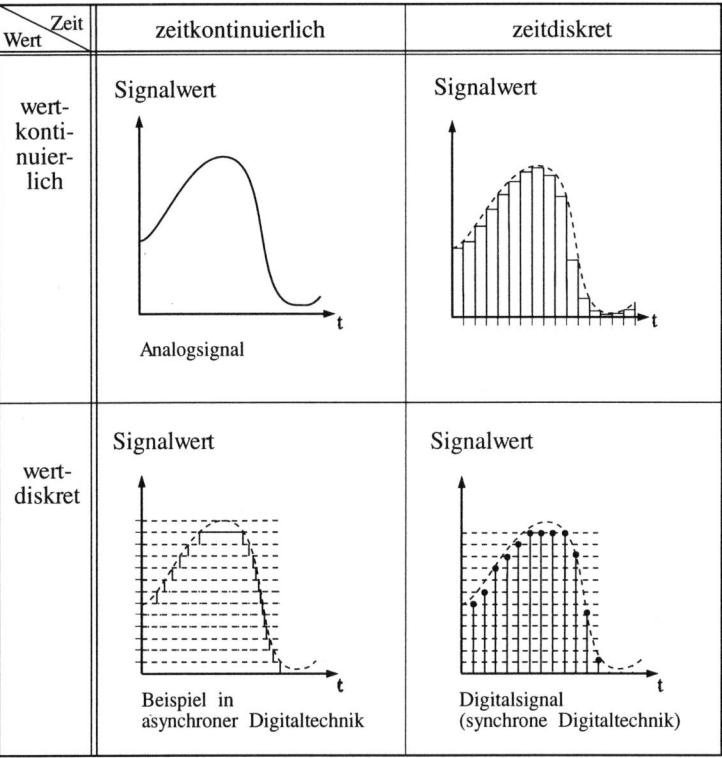

Tabelle 1.1: Hauptgruppen für die Darstellung von Signalen (nach [2])

Die daraus abgeleiteten vier Signaltypen sind in Tabelle 1.1 einander gegenübergestellt. Wir definieren:

- **Analogsignale** sind zeit– und wertkontinuierlich.

- **Digitalsignale** sind zeit– und wertdiskret.

Diese Definition der Digitalsignale geht von der Betrachtung eines *synchronen Systems* aus, d. h. eines Systems, in dem Zustandsänderungen in festen, von einer Zeitbasis (Takt) bestimmten Zeitintervallen stattfinden. Im Fall einer nicht vorgegebenen, diskreten Zeitbasis liegt ein *asynchrones System* vor. In einem solchen asynchronen System können Signaländerungen zu beliebigen Zeitpunkten stattfinden. Man muß die Signale eines solchen Systems daher streng genommen zu den zeitkontinuierlichen Signalen zählen.

Um den *Wert* eines Signals zu bestimmen, muß festgelegt werden, *wie* die Information zu übertragen ist. Wir beschäftigen uns vorwiegend mit elektronischen Systemen, in denen Signale durch eine Spannungs- oder Stromamplitude übertragen werden. Die *Amplitude* gibt dann den *Wert* an, sie ist der *Informationsparameter*.

Hier sei angemerkt, daß es neben der Amplitude noch eine Vielzahl weiterer Informationsparameter gibt, die zur Wertedarstellung brauchbar sind. Dies sind z. B.

- die Frequenz einer Schwingung (z.B. Modem) oder

- die Form eines Impulses (z.B. Puls–Weiten–Modulation),

auf die wir jedoch nicht näher eingehen werden. In digitalen Schaltungen wird Information fast ausschließlich über zweiwertige (*binäre*) Signale übertragen und zwar mit der *Spannungsamplitude* als Parameter.

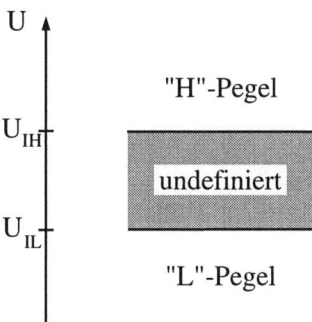

Abbildung 1.1: Gültige und undefinierte Pegelbereiche

Der gesamte zur Verfügung stehende Amplitudenbereich wird in drei Abschnitte aufgeteilt (Abb. 1.1):

$$U \geq U_{IH} \quad : \text{Signal nimmt H–Pegel } (H) \text{ an.}$$
$$U \leq U_{IL} \quad : \text{Signal nimmt L–Pegel } (L) \text{ an.}$$
$$U_{IL} < U < U_{IH} \quad : \text{Signal hat einen undefinierten Pegel.}$$

Ein Wechsel zwischen den beiden definierten Pegeln wird auch als *Schalten* bezeichnet. Der undefinierte, schraffiert dargestellte Bereich ist für die Umschaltvorgänge zwischen H– und L–Pegel reserviert.

Den Übergang zur Schaltalgebra bildet die Abbildung dieser Pegel auf die logischen Werte „0" oder „1". Wie der Tabelle 1.2 zu entnehmen ist, repräsentiert der H–Pegel in „positiver" Logik eine *logische „1"*, in „negativer" Logik eine *logische „0"*.

Will man die Logikwerte miteinander verknüpfen, um logische Funktionen zu realisieren, werden Gatter benötigt, die diese Pegel verarbeiten. Ein *Gatter* repräsentiert eine elementare Schaltung, die über wertdiskrete Signale mit der Umgebung kommuniziert. Das Gatter implementiert eine Funktion der Schaltalgebra (z. B. Inverter, AND, OR, EXOR) bzw. eine Speicherfunktion (z. B. ein Flip–Flop).

	Pegel	logischer Wert
positive	H	1
	L	0
Logik		undefiniert
negative	H	0
	L	1
Logik		undefiniert

Tabelle 1.2: Zuordnung der Pegel zu den logischen Werten

1.1.2.1 Statische Kenngrößen

Die Kenngrößen eines Gatters sollen anhand eines Beispiels eingeführt werden. Die in Abb. 1.2 angegebene Schaltung liefert zu einem definierten H– oder L–Pegel am Eingang den jeweils entgegengesetzten am Ausgang. Der logische Wert wird also invertiert, die Schaltung repräsentiert einen Inverter.

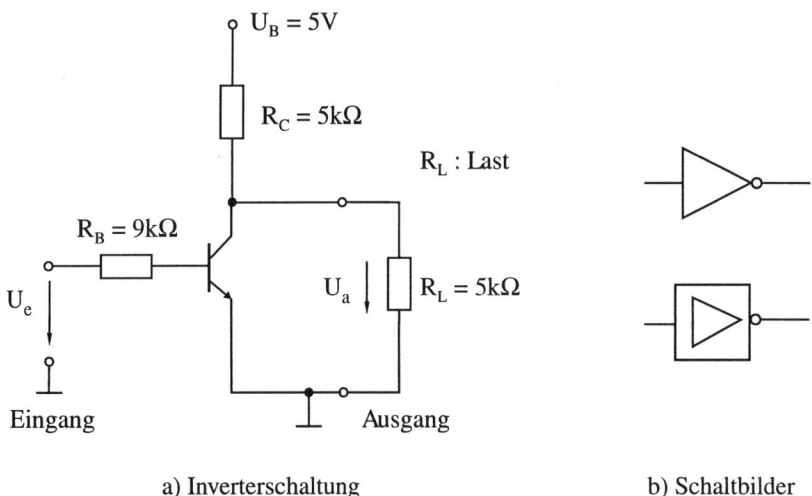

a) Inverterschaltung   b) Schaltbilder

Abbildung 1.2: Beispiel einer einfachen Inverterschaltung

Der Ausgang des Inverters werde nun, z. B. durch eine nachfolgende Schaltung, mit einer ohmschen Last von $R_L = 5k\Omega$ belastet. Die resultierende Übertragungskennlinie $U_a = f(U_e)$ ist in Abb. 1.3 dargestellt. Die Stellen mit $|dU_a/dU_e| = 1$ markieren den Übergang zwischen den Bereichen mit einer Verstärkung $|A| > 1$ und $|A| < 1$. Für $|A| < 1$ wird eine Störung des Eingangssignals gedämpft. Das soll in der Digitaltechnik erreicht werden. Entsprechend wählen wir $|A| = 1$ als Grenze zwischen definiertem und undefiniertem Pegel. Der Bereich

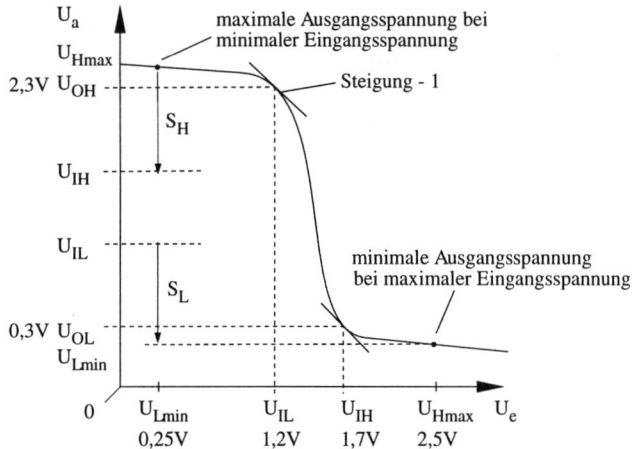

Abbildung 1.3: Übertragungskennlinie des Inverters für eine Last von $R_L = 50k\Omega$

des undefinierten Pegels sollte eine möglichst große Verstärkung aufweisen, um eine geringe Störungsempfindlichkeit zu erreichen (siehe Definition Störabstand). Anhand dieser Konstruktion definieren wir hier U_{IH} und U_{IL} als minimale bzw. maximale Eingangsspannung, bei der noch ein definierter Pegel am Ausgang ($U_a \leq U_{OL}$, $U_a \geq U_{OH}$) anliegt.

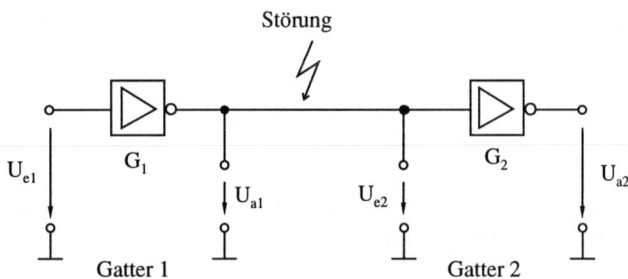

Abbildung 1.4: Störung der Signalübertragung

Zwei der beschriebenen Inverter seien als Gatter G_1 und G_2 in einem Versuchsaufbau hintereinander geschaltet (Abb. 1.4). Zur Bestimmung der *statischen Störsicherheit* ermitteln wir diejenige Störspannung, die bei der Signalübertragung auftreten darf, ohne daß der Signalpegel verfälscht wird. Die Höhe dieser Spannung gibt den Störabstand an.

─────────────── **Definition: Statischer Störabstand** ───────────────

Der statische Störabstand wird durch die Spannungsdifferenz zwischen dem maximalen bzw. minimalen Ausgangspegel eines Gatters des gleichen Typs und der Spannungsgrenze des definierten Eingangspegels bestimmt. Die Berechnung erfolgt abhängig vom Pegel durch

$$S_H = |U_{Hmax} - U_{IH}| \quad \textbf{und} \quad S_L = |U_{IL} - U_{Lmin}|.$$

Im angegebenen Beispiel bestimmen wir den statischen Störabstand aus

$$
\begin{aligned}
U_{Hmax} &= 2,5V, & U_{IL} &= 1,2V, \\
U_{Lmin} &= 0,25V, & U_{IH} &= 1,7V, \\
\Rightarrow \quad S_H &= |2,5V - 1,7V| = 0,8V, \\
S_L &= |1,2V - 0,25V| = 0,95V.
\end{aligned}
$$

Bei der Definition des statischen Störabstands sind wir von einer ungestörten Eingangsspannung am Gatter G_1 der Abb. 1.4 ausgegangen. Für den praktischen Einsatz muß jedoch davon ausgegangen werden, daß der Eingangspegel bereits gestört ist. Im ungünstigsten Fall ist U_{e1} bereits so stark gestört, daß am Ausgang von G_1 gerade noch die gültigen Ausgangspegel U_{OH} bzw. U_{OL} anliegen.

─────────────── **Definition: Kettenstörabstand** ───────────────

Als Kettenstörabstand wird die maximale Störspannung bezeichnet, die in einem Schaltkreis auftreten darf, ohne daß auch nur ein Eingangspegel den definierten Pegelbereich verläßt. Damit gilt für die Kettenstörabstände

$$S_H = |U_{OH} - U_{IH}| \quad \textbf{und} \quad S_L = |U_{IL} - U_{OL}|.$$

Der Kettenstörabstand ist wegen $U_{OH} < U_{Hmax}$ und $U_{OL} > U_{Lmin}$ kleiner als der statische Störabstand, wie auch unser Beispiel mit Hilfe der Abb. 1.3 verdeutlicht:

$$
\begin{aligned}
U_{IH} &= 1,7V, & U_{OL} &= 0,3V, \\
U_{IL} &= 1,2V, & U_{OH} &= 2,3V, \\
\Rightarrow \quad S_H &= |2,3V - 1,7V| = 0,6V, \\
S_L &= |1,2V - 0,3V| = 0,9V.
\end{aligned}
$$

Der Störabstand ist ein Maß für die *Störsicherheit eines digitalen Systems*. Weitere Ausführungen zum Thema Störabstand sind in [1] zu finden.

1.1.2.2 Dynamische Kenngrößen

Zur Charakterisierung des Verhaltens eines Gatters ist es nicht ausreichend, sein statisches Verhalten zu untersuchen. Um über die Einsatzmöglichkeit zu entscheiden, muß ebenfalls bekannt sein, wie es auf transiente Veränderungen der Eingangangsgrößen reagiert.

In der *Analogtechnik* wird das dynamische Verhalten durch *Bode–Diagramme*, *Ortskurven* oder *Differentialgleichungen* beschrieben, in der *Digitaltechnik* hingegen durch die Angabe von *Verzögerungszeiten*.

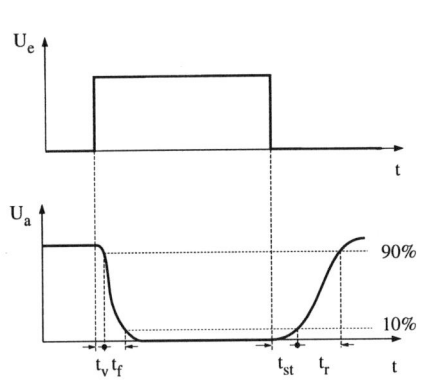
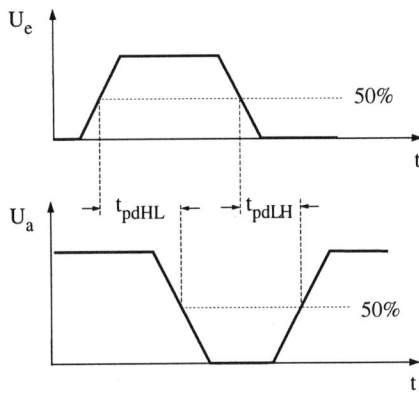

Rechteckverhalten des Inverters   **Gatterverzögerungszeiten**

t_v: Verzögerungszeit (delay time)

t_f: Abfallzeit (fall time)
t_{st}: Speicherzeit (storage time)
t_r: Anstiegszeit (rise time)

t_{pd}: propagation delay time
$t_{pd} = \frac{1}{2}(t_{pdLH} + t_{pdHL})$

t_{pdLH}: Verzögerung für Übergang L $\rightarrow$ H

t_{pdHL}: Verzögerung für Übergang H $\rightarrow$ L

Abbildung 1.5: Definition gatterspezifischer Verzögerungszeiten (nach [3])

Durch Einführung der Verzögerungszeiten aus Abb. 1.5 ergibt sich gegenüber der Analogtechnik eine Vereinfachung des Entwurfs und der Abschätzung des dynamischen Verhaltens einer Schaltung durch Abstraktion. Es wird nicht eine Vielzahl von Schaltungsparametern bei der Dimensionierung berücksichtigt, sondern lediglich eine geringe Parameterzahl abstrahierter Werte. Beim Schaltungsentwurf ist jedoch eine Toleranz dieser Verzögerungszeiten zu berücksichtigen:

$$t_{pdmin} \leq t_{pd} \leq t_{pdmax},$$
$$t_{rmin} \leq t_r \leq t_{rmax}.$$

Diese Toleranzen sind bestimmt durch Temperatur–, Fertigungs– und Betriebsspannungsschwankungen. Ein sicherer Schaltungsentwurf erfordert, daß die Schaltung auch mit der jeweils ungünstigsten Kombination von Verzögerungszeiten in den gegebenen Toleranzbereichen noch funktionsfähig ist. Dabei dürfen aber ggf. gleiche Parameterwerte (z. B. gleiche Fertigungsdaten und Sperrschichttemperatur auf einer integrierten Schaltung) ausgenutzt werden. Eine detaillierte Untersuchung der Zeitbedingungen erfolgt in Abschnitt 4.1.2.

Zum Aufbau von synchronen Schaltungen werden Speicherfunktionen, „Flip–Flops", benötigt, die ihre Ausgangssignale in Abhängigkeit von Taktsignalen nur in bestimmten Zeitintervallen ändern. Takt– und Eingangssignal dieser Gatter dürfen sich dabei nicht beliebig zueinander ändern, da sonst undefinierte Ausgangssignale, im ungünstigsten Fall (Abschnitt 4.1.1.2) sogar metastabile Zustände (labile Gleichgewichtszustände) oder Oszillationen auftreten.

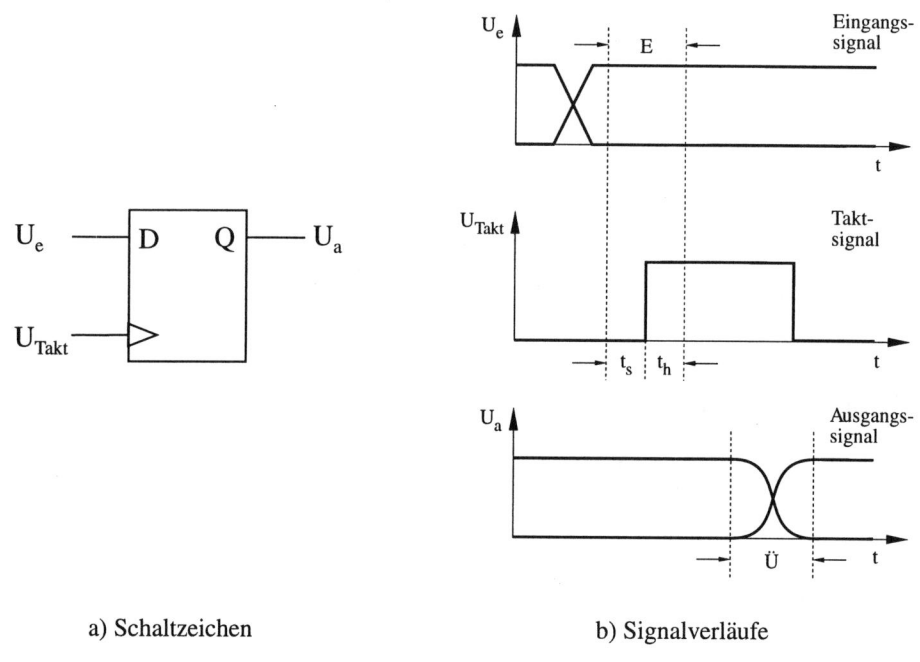

a) Schaltzeichen   b) Signalverläufe

Abbildung 1.6: Dynamische Kenngrößen getakteter Gatter am Beispiel eines positivflankengetriggerten D–Flip–Flops

Aus diesen Randbedingungen ergeben sich zusätzliche dynamische Kenngrößen (Abb. 1.6):

$$t_s : \text{Setup–Zeit} \quad \text{und} \quad t_h : \text{Hold–Zeit.}$$

In einem *Entscheidungsintervall E* um den Triggerzeitpunkt (z. B. Taktflanke) darf sich das Eingangssignal nicht ändern. Dieses Entscheidungsintervall wird bestimmt durch die Zeiten t_s und t_h. Der Zeitraum, in dem sich der Ausgangspegel aufgrund der Übernahme des Eingangswertes ändern kann, wird als *Übergangsintervall Ü* bezeichnet.

Auf die Bedeutung beider Intervalle wird in Kapitel 4 genauer eingegangen, in dem die Stabilität synchroner Schaltwerke untersucht wird. Wir formulieren vorab eine notwendige Bedingung für stabile Zustände eines synchronen Schaltwerks:

─────────────── **Stabilität synchroner Schaltwerke** ───────────────

Das Übergangsintervall (auch: Reaktionsintervall) am Eingang eines Folgegatters darf sich mit dem Entscheidungsintervall des Gatters nicht überlappen.

Allein das Einhalten des oben definierten Zeitlimits garantiert noch nicht die Funktionstüchtigkeit einer Schaltung. Dynamische Störungen können ebenfalls zur Überlappung von Entscheidungs– und Übergangsintervall und damit zu undefinierten Pegeln führen, die letztendlich ein fehlerhaftes Schaltverhalten verursachen. Gefährlich sind insbesondere dynamische Störungen auf Taktleitungen, da sie eine unkontrollierte Taktung hervorrufen können. Zur Quantifizierung der Störeinflüsse definieren wir den *dynamischen Störabstand* wie folgt:

─────────────── **Definition: Dynamischer Störabstand** ───────────────

Der dynamische Störabstand gibt ein Maximum für die Breite und Amplitude oder die Energie eines Störimpulses auf einer Eingangsleitung an, so daß kein vorübergehend undefinierter oder fehlerhafter Ausgangspegel entsteht.

Die Abb. 1.7 aus [4] veranschaulicht die Auswirkungen einer dynamischen Störung. Das Diagramm zeigt, wie groß der Spannungseinbruch am Ausgang des Gatters in Abhängigkeit von der Pulsbreite an seinem Eingang ist.

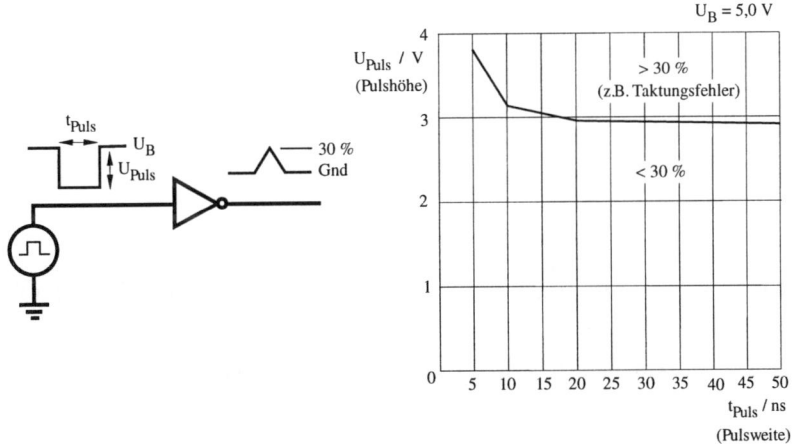

Abbildung 1.7: Dynamischer Störabstand eines Inverters der Digitalschaltungsfamilie FACT (nach [4])

Die Ausführungen zeigen, daß die Ausbreitung und die gegenseitige Beeinflussung von impulsförmigen Signalen einen wesentlichen Problemkreis der Digitaltechnik bildet. Die Theorie hierzu liefert die Impulstechnik, deren Grundlagen in Abschnitt 2.1 ausführlich behandelt werden.

1.2   Beispiel einer digitalen Schaltungsfamilie: TTL

Im Laufe der Jahre sind eine Vielzahl von Schaltungstechnologien entwickelt worden, die sich durch ständige Verbesserungen in diverse Familien verzweigt haben. Um einen Überblick und eine Vorstellung von den Problemen des Aufbaus und der Verbindung von Digitalschaltungen zu geben, soll bereits in diesem einführenden Kapitel eine der Schaltungstechniken exemplarisch erläutert werden. Wir wählen die *Transistor–Transistor–Logik* als die erste verbreitete integrierte digitale Schaltungsfamilie.

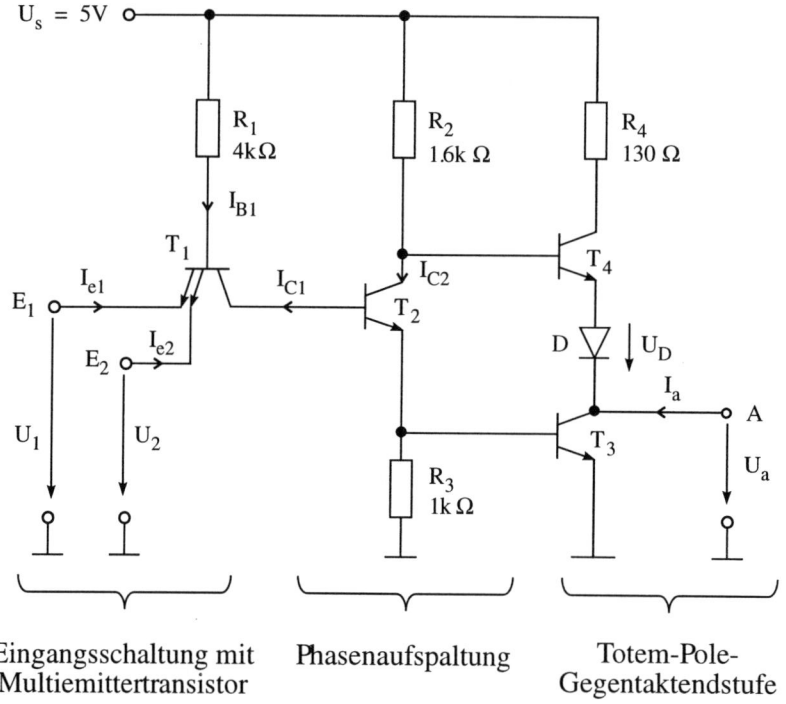

Eingangsschaltung mit   Phasenaufspaltung   Totem-Pole-
Multiemittertransistor   Gegentaktendstufe

Abbildung 1.8: Standard–TTL–Gatter 7400 (nach [5])

In Abb. 1.8 ist der Aufbau des Standard–TTL–Gatters 7400 dargestellt, dessen Wirkungsweise im folgenden erklärt werden soll. Die TTL–Logik basiert auf npn–Bipolartransistoren. Man gibt den npn–Transistoren den Vorzug vor pnp–Transistoren, da sie bei gleicher Geometrie schnellere Schaltungen ermöglichen (siehe Kapitel 3).

Zur Vereinfachung der Analyse nutzen wir den exponentiellen Strom–Spannungszusammenhang an einem pn–Übergang aus. In Schaltungen, bei denen die auftretenden Ströme durch Widerstände begrenzt sind, werden aufgrund dieses Zusammenhangs nur sehr kleine Spannungsschwankungen an leitenden pn–Übergängen auftreten. In ausreichender Näherung dürfen wir ansetzen, daß für Spannungen $U_{pn} \leq 0,6V$ nur ein vernachlässigbar kleiner Strom fließt („der pn–Übergang sperrt"), während bei großen Strömen ein Maximum von $U_{pn} \leq 0,8V$ angenommen werden darf. Mithin gilt, daß im aktiven Betrieb $0,6V \leq U_{BE} \leq 0,8V$ ist. Als typischen Wert werden wir $U_{BE,F} \approx 0,7V$ annehmen. Wir unterscheiden in Abhängigkeit von den Eingangsspannungen zwei Fälle, entweder mindestens einer der Eingänge liegt auf L–Pegel oder beide auf H–Pegel.

1. $U_1 \approx 0$ oder $U_2 \approx 0$:

   Für diesen Fall ist eine der Basis–Emitterstrecken von T_1 leitend. Folglich liegt das Basispotential $U_{B,T1} \approx U_{BE,T1}$ unterhalb einer Spannung von 0,8V. Die Reihenschaltung bestehend aus dem Basis–Kollektor–Übergang von T_1 und der Basis–Emitter–Strecke von T_2 ist stromlos, denn zur Stromführung ist mindestens eine doppelte Dioden–Flußspannung von $U_{B,T1} \geq 1,2V$ erforderlich. Da diese Bedingung nachweislich nicht erfüllt ist, sperrt T_2.

   Wegen $I_{C1} \approx 0$ errechnet sich der gesamte Eingangsstrom $I_e = I_{e1} + I_{e2}$ aus der Beziehung

   $$I_e \approx -I_{B1} = -\frac{U_S - U_{BE,T1}}{R_1} \approx -1mA.$$

Aus den Datenbüchern (z.B. [5]) ist ersichtlich, daß für die TTL–Standard–Familie ein Eingangsstrom von $I_e \geq I_{IL} = -1,6mA$ bei $U_{1,2} \leq 0,4V$ garantiert wird.

Durch das Sperren des Transistors T_2 bleibt R_3 stromlos. Wegen $U_{BE,T3} \approx 0$ kann damit auch der Basis–Emitter–Übergang von T_3 nicht durchgesteuert werden, T_3 sperrt ebenfalls. Für den aufgezeigten Fall wirkt die Ausgangsstufe daher wie ein Emitterfolger (T_4) mit unendlich hohem Emitterwiderstand (gesperrter T_3).

Beim Anlegen einer *Ausgangslast* kann durch Leitung von T_4 und D ein Strom $I_a < 0$ fließen. Für geringe Ströme $I_a \approx 0$ fällt nahezu keine Spannung über R_4 ab, ebensowenig wie über R_2:

$$U_a \approx U_S - U_{BE,T4} - U_D \approx 3,6V.$$

Aufgrund des niedrigen Kollektorstroms liegt das Basispotential unterhalb dem des Kollektors, der Transistor T_4 befindet sich damit im *aktiven Betriebsbereich*.

Für ansteigende Ströme $|I_a|$ steigt auch der Kollektorstrom $I_{C,T4}(I_{C,T4} \approx I_{E,T4} = I_a)$, und es fällt eine Spannung über R_4 ab. Damit sinkt das Kollektorpotential so weit, daß schließlich bei $|I_a| \approx 5mA$ ($U_a \approx 3,3V$) der Transistor T_4 in den Sättigungsbereich wechselt. Der Nachweis wird mit Hilfe folgender Überlegung geführt:

$$U_{BC,T4} = U_{B,T4} - U_S + I_C \cdot R_4 \approx 130\Omega \cdot 5mA = 0,65V$$

Der Basis–Kollektor–Übergang ist in Durchlaßrichtung gepolt, d.h. der Transistor ist in Sättigung.

Der Basisstrom eines Transistors im aktiven Bereich (hier: T4) kann unberücksichtigt bleiben, denn $I_B - I_C/B \lesssim 0,01I_C$. Damit ist der Spannungsabfall über R_2 vernachlässigbar gering.

Der Widerstand R_4 entfaltet hier seine Wirkung als Strombegrenzer, der Strom $|I_a|$ steigt fortan nur noch linear bei sinkendem U_a anstatt exponentiell (vgl. Abb. 1.12). Der Innenwiderstand (Steigung der Kennlinie) in Abb. 1.12 beträgt für diesen Bereich

$$r_a \approx R_4 + r_D + r_{C4},$$

mit r_D und r_{C4} als Bahnwiderstände der Diode und des Transistors T_4.

2. $U_1 = U_2 \approx U_S$:

Liegen beide Eingangsspannungen auf H–Pegel, so sperren beide Basis–Emitter–Über-gänge von T_1. Das Basispotential $U_{B,T1}$ liegt somit sicher oberhalb von $1,4V$ (der Strom über R_1 stellt sich entsprechend ein), der Basis–Kollektor–Übergang von T_1 und der Basis–Emitter–Übergang von T_2 werden leitend. Da das Kollektorpotential von T_1 un-ter das Emitterpotential absinkt, befindet sich der Transistor T_1 im *Rückwärtsbetrieb* ($U_{CE,T1} < 0$). Aufgrund der gewählten Transistorgeometrie und der Dotierung ist die Stromverstärkung α_r im Rückwärtsbetrieb sehr gering ($\alpha_r \ll 1$). Aus

$$I_e \approx -\alpha_r I_{C1}$$

folgt ein geringer Eingangsstrom I_e, somit gilt $I_{B1} \approx -I_{C1}$. Für Standard–TTL–Gatter wird $I_{e1,2} < I_{IH} = 40\mu A$ bei $U_{e1} = U_{e2} = 2,4V$ garantiert.

Durch das Einschalten von T_2 fließt ein Strom durch den Widerstand R_3. Dieser hebt das Basispotential von T_3 auf $U_{BE,T3} \approx 0,8V$ an, folglich wird auch T_3 leitend.

Mit Hilfe dieser Überlegungen kann das Basispotential zu

$$U_{B,T1} = U_{BC,T1} + U_{BE,T2} + U_{BE,T3} \approx 3 \cdot 0,8V = 2,4V$$

und der Basisstrom durch T_1 und T_2 zu

$$-I_{C1} \approx I_{B1} = \frac{U_S - U_{B,T1}}{R_1} = 650\mu A$$

bestimmt werden. Das Kollektorpotential von T_2 sinkt durch die Stromverstärkung so stark, daß der Transistor T_2 in den Sättigungsbereich getrieben wird. Man berechne ver-suchshalber den Spannungsabfall über R_2 bei $\beta \approx 100$ im aktiven Bereich bei einer Sättigungsspannung von $U_{CE,T2} \approx 0,2V$.

$$U_{C,T2} = U_{B,T4} = U_{CE,T2} + U_{BE,T3} \approx 0,2V + 0,8V = 1,0V$$

Da zum Durchsteuern von T_4 mindestens ein Potential von $1,4V$ bei $U_a = 0$ an der Basis erforderlich ist, *sperrt* der Transistor T_4.

Die Ausgangsstufe wirkt in diesem Fall wie eine Emitterschaltung mit einem Kollektor-widerstand $R_C \to \infty$ (T_4 sperrt). Die Ausgangsspannung liegt im Sättigungszustand des Transistors T_3 bei

$$U_a = U_{CE,T3} \approx 0,2V$$

Die aufgeführte Fallunterscheidung zeigt, daß das Gatter für positive Logik ein NAND und für negative Logik ein NOR implementiert (siehe Abb. 1.9). Die Grenzen der Ausgangspegel betragen $U_{Hmax} = 3,6V$ und $U_{Lmin} = 0,2V$; auf die genaue Ausgangskennlinie des Standard–TTL–Gatters wird erst zu einem späteren Zeitpunkt (Abb. 1.12) eingegangen.

U_1	U_2	U_a
L	L	H
L	H	H
H	L	H
H	H	L

&

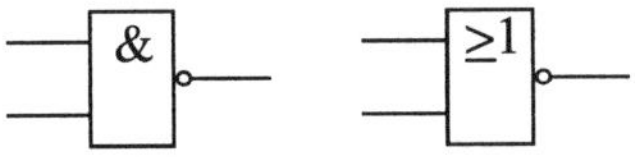

NAND
(pos. Logik)

≥1

NOR
(neg. Logik)

a) Funktionstabelle   b) Schaltsymbole

Abbildung 1.9: Funktionstabelle und Schaltsymbol zum Standard–TTL–Gatter 7400

Es folgt eine Zusammenfassung der Funktionsweise des TTL–Gatters, das sich in drei Schaltungsstufen aufgliedern läßt.

1. Eingangsschaltung mit Multiemittertransistor

Der Multiemittertransistor realisiert die AND–Verknüpfung der beiden Eingänge, in Abhängigkeit von den Pegeln arbeitet er im Vorwärts– bzw. im Rückwärtsbetrieb.

2. Phasenaufspaltung

Entsprechend der Ansteuerung durch T_1 sperrt der Transistor T_2 oder befindet sich in der Sättigung. Beim Umschaltvorgang bewegen sich die Potentiale am Emitter und Kollektor von T_2 bei Zu– oder Abnahme des Stroms I_{C2} gegenläufig, die Potentiale verändern sich im *Gegentakt*.

3. Totem–Pole–Gegentaktendstufe

Durch die Phasenaufspaltung werden die beiden Transistoren T_3 und T_4 in der Totem–Pole–Gegentaktendstufe gegensinnig angesteuert. Allgemeine Ausführungen zu Gegentaktstufen sind in [3] zu finden. Gegenüber einer Endstufe mit einem Transistor bietet die Totem–Pole–Gegentaktendstufe zwei entscheidende Vorteile:

- Sie erzeugt eine geringe Verlustleistung, da für definierte Signalpegel jeweils einer der beiden Transistoren sperrt und daher nur vernachlässigbare Querströme auftreten. Die Diode D muß hinzugefügt werden, um das Sperren von T_4 zu sichern, wenn T_3 leitet.

- Sie läßt für die beiden definierten Ausgangspegel hohe Ausgangsströme zu.

Die Abb. 1.10 gibt qualitativ die Übertragungskennlinie des TTL–Gatters wieder. Für steigende Eingangsspannungen $U_{e1,2}$ werden unterschiedliche, im Diagramm gekennzeichnete Betriebszustände durchlaufen:

$$U_{e1} = 0 : \quad T_1 \text{ in Sättigung, } T_2 \text{ sperrt, } T_3 \text{ sperrt, } T_4 \text{ leitet}$$
$$a : \quad T_2 \text{ wird leitend}$$
$$b : \quad T_3 \text{ wird leitend}$$
$$c : \quad T_3 \text{ erreicht die Sättigung}$$
$$d : \quad T_4 \text{ sperrt, } T_2 \text{ in Sättigung, } T_1 \text{ im Rückwärtsbetrieb}$$

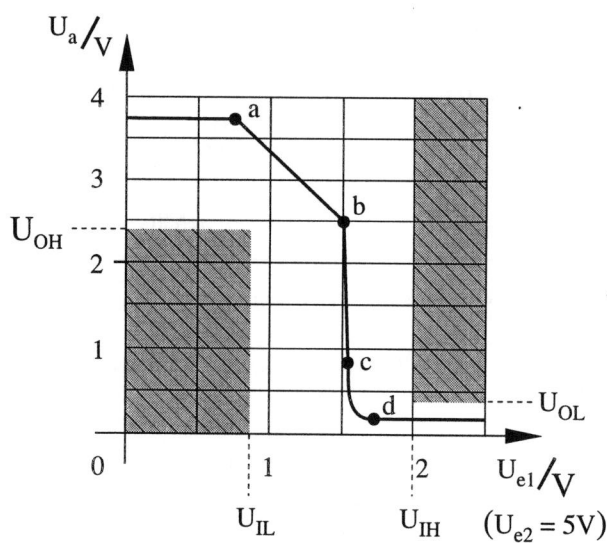

Abbildung 1.10: Übertragungskennlinie des TTL–Gatters (qualitativ)

Die lineare Verstärkung zwischen a und b ist dadurch bedingt, daß T_2 hier als Emitterschaltung mit Stromgegenkopplung arbeitet, d. h. mit einer Verstärkung von $A \approx -R_2/R_3$. Im Kennlinienbereich zwischen den Punkten b und d fließen hohe Querströme, da T_3 und T_4 gleichzeitig leiten.

Für Standard–TTL sind definiert[1] :

$$U_{IL} = 0,8V \qquad U_{OL} = 0,4V$$
$$U_{IH} = 2,0V \qquad U_{OH} = 2,4V$$

Wie die Auflistung der Betriebszustände verdeutlicht, werden die Transistoren bei TTL–Logik zwischen dem Sättigungs– und dem Sperrbereich hin– und hergeschaltet. Diese Eigenschaft wirkt sich nachteilig auf die dynamischen Kenngrößen (Verzögerungszeiten) aus, da die Umladung der Basisladung im Vergleich zu anderen Logik–Familien eine relativ lange Zeit in Anspruch nimmt.

Reduziert man die Multiemitter des Transistors T_1 in Abb. 1.8 auf einen einzigen Emitter, so hat man das Grundelement aller Logikstrukturen, den Inverter, vorliegen. Der Aufbau eines NOR–Gatters (entsprechend ein NAND für negative Logik) ist in Abb. 1.11 wiedergegeben.

---

[1]Die Abweichung der beiden Pegel $U_{IL} = 0,8V$ und $U_{IH} = 2,0V$ von der in Verbindung mit Abb. 1.3 eingeführten Definition mag auf den ersten Blick verwirrend erscheinen. Die in Abb. 1.10 dargestellte Übertragungskennlinie gibt jedoch nur den typischen Kennlinienverlauf wieder. Aufgrund von Herstellungstoleranzen, Betriebstemperaturschwankungen, etc. kann dieser in gewissen Grenzen variieren. Unter Berücksichtigung sämtlicher einfließenden Parameter ergeben sich die Grenzwerte $U_{IL_{min}}$, $U_{IH_{max}}$, $U_{OL_{min}}$ und $U_{OH_{max}}$, die letztendlich einen Industriestandard festlegen. Diese Werte bestimmen das in Abb. 1.10 schraffiert dargestellte Toleranzschema der gültigen Ein– bzw. Ausgangspegel.

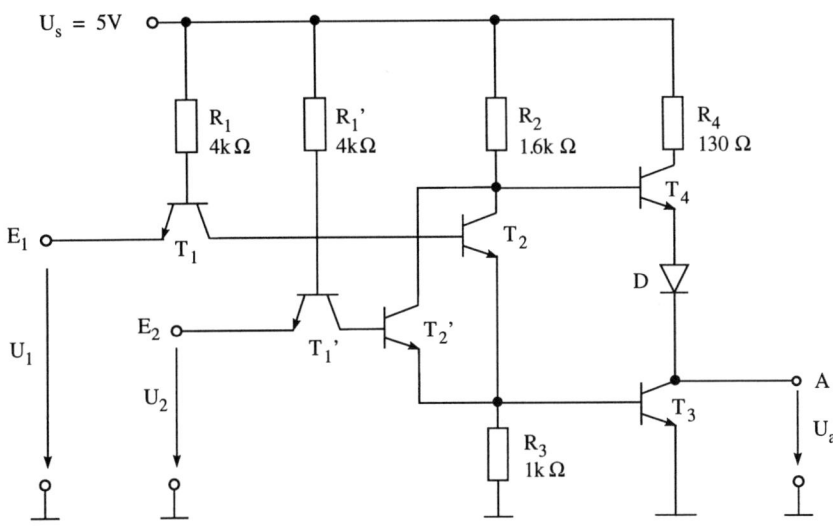

Abbildung 1.11: Gatter 7402 (in neg. Logik: NAND) (nach [5])

Dieses wird aus dem Inverter abgeleitet, indem man die drei Elemente R_1, T_1 und T_2 verviel-facht und die Kollektor– sowie Emitteranschlüsse von T_2 zusammenschaltet. Da der Zustand des Strompfades durch R_2 und R_3 über den Ausgangspegel entscheidet, wird durch Aktivierung von T_2 *oder* T_2' der Ausgang auf L–Pegel festgesetzt.

Der letzte wichtige Parameter einer Digitalschaltung, auf den in diesem Kapitel eingegangen werden soll, ist das *Fan–Out*.

─────────────── **Definition: Fan–Out (FO)** ───────────────

Das Fan–Out gibt für einen gegebenen statischen Ausgangspegel die Anzahl der an einen Ausgang maximal anschließbaren Eingänge an.

Die Forderung

$$S_L = S_H = 0,4V$$

für TTL–Schaltungen legt fest, daß für die Ausgangspegel

$$U_{OH} = U_a(U_{1,2} = U_{IL}) \geq U_{IH} + S_H = 2,4V$$
$$U_{OL} = U_a(U_{1,2} = U_{IH}) \leq U_{IL} - S_L = 0,4V$$

garantiert werden muß. Ablesen an der Ausgangskennlinie in Abb. 1.12 ergibt für den maximalen bzw. minimalen Ausgangsstrom

$$I_{OH} = I_{amin}(U_{1,2} = U_{IL}, U_a \geq 2,4V) \approx -13mA,$$
$$I_{OL} = I_{amax}(U_{1,2} = U_{IH}, U_a \leq 0,4V) \approx 30mA.$$

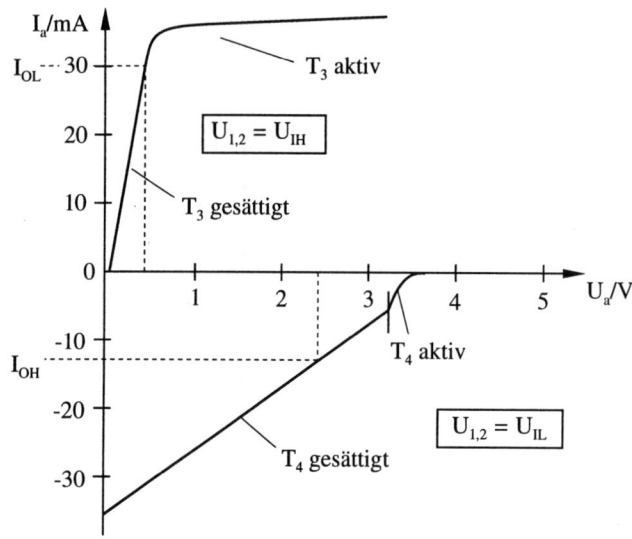

Abbildung 1.12: Lastkennlinie des Standard–TTL–Gatters (nach [6])

Betrachtet man einen beliebigen Knoten einer Logikschaltung, so muß gelten:

$$|I_{OH}| \geq FO \cdot |I_{IH}|$$
$$|I_{OL}| \geq FO \cdot |I_{IL}|$$

In unserem Beispiel folgt aus $-1,6mA \leq I_{IL} < 0$ und $0 < I_{IH} \leq 40\mu A$ ein Fan–Out von $FO = 18$. Garantiert wird allgemein für Standard–TTL $FO = 10$.

I_{OH} könnte bei einem Fan–Out von 10 zwar auch mit einer einfachen Emitterschaltung (siehe Abb. 1.2) realisiert werden ($R_C \approx 6k\Omega$), damit wären jedoch die dynamischen Schalteigenschaften (Treiben von Leitungen $\rightarrow$ Reflexionen, parasitäre Eingangskapazitäten) entscheidend verschlechtert.

Dynamisches Verhalten des TTL–Gatters

Das dynamische Verhalten wird durch die Speicherzeit t_{st} der gesättigten Transistoren bestimmt. Diese Speicherzeit wird bestimmt durch die Basisladung Q_s im Sättigungsbereich und den verfügbaren Ausschaltstrom I_{BR} über den Basisanschluß.

$$t_{st} \simeq \frac{Q_s}{I_{BR}}$$

Die Umladevorgänge sollen nur qualitativ diskutiert werden. Dazu unterscheiden wir die beiden möglichen Schaltvorgänge.

1. $U_{e1} = U_{e2} = U_H \rightarrow U_{e1,2} = U_L$

   Die Basis von T_2 wird über den Transistor T_1 entladen, der beim Umschalten kurzzeitig in den aktiven Betrieb wechselt (deshalb wurde der Multiemittertransistor überhaupt eingeführt, es genügten sonst auch mehrere Dioden). Den entscheidenden Anteil zur Verzögerung liefert jedoch T_3, dessen Basisladung durch den Strom

$$I_{BR} \approx \frac{0,8V}{1k\Omega} \approx 800\mu A$$

   über den Widerstand R_3 abfließt. Während des Abbaus lassen sich Querströme über T_3 und T_4 nicht vermeiden.

2. $U_{e1,2} = U_L \rightarrow U_{e1} = U_{e2} = U_H$

   Der Abbau der Basisladung von T_1 vollzieht sich im Rückwärtsbetrieb durch einen Abfluß in die Basis von T_2. Nach dem Einschalten von T_2 kann die angesammelte Ladung in T_4 über T_2 abfließen.

In der Praxis verwenden die TTL–Hersteller z. B. Golddotierungen. Diese Maßnahme verkürzt die Minoritätsträgerlebensdauer und verringert damit Q_s bei gleichbleibendem Basisstrom I_{BR}.

Die Aufnahmen in Abb. 1.13 aus [7] veranschaulichen für unterschiedliche Lasten die dynamischen Vorgänge bei den Schaltvorgängen. Deutlich zu erkennen sind die Querströme I_{CC}, die während der Schaltvorgänge fließen. Diese haben ein kurzzeitiges Rauschen auf der Versorgungsleitung zur Folge. Dieses Rauschen wird uns im zweiten Kapitel noch näher beschäftigen.

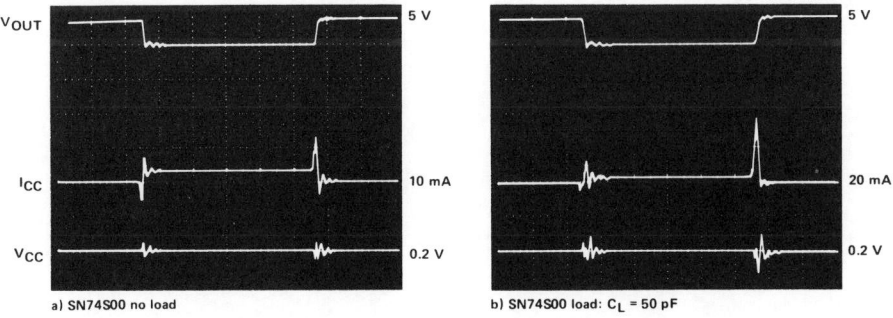

Abbildung 1.13: Stromaufnahme des Gatters 74S00 (aus [7])

Kapitel 2

Schaltungsaufbau

2.1 Impulstechnische Grundlagen

2.1.1 Impulsformen

Ein Impuls ist definiert als

> ein Vorgang mit beliebigem Zeitverlauf, dessen Augenblickswerte nur innerhalb einer beschränkten Zeitspanne Werte aufweisen, die merklich von Null abweichen.

In Abb. 2.1 sind einige in der Digitaltechnik gebräuchliche Impulsformen wiedergegeben. Der Sprung– und der Rampenimpuls scheinen die Definition des Impulses zu verletzen. Es wird daher angenommen, daß der Spannungswert nach endlicher Zeit auf Null zurückkehrt. Wie dies erfolgt, das sei an dieser Stelle jedoch nicht von Interesse.

Beabsichtigt sind in der Digitaltechnik möglichst schnelle Übergänge zwischen den Pegeln, d.h. schnelle Schaltvorgänge, entsprechend Rechteck– oder Sprungimpulsen. Vorhandene Energiespeicher führen jedoch zu Impulsverformungen, beispielsweise an Leitungen und an konzentrierten Elementen. Diese Energiespeicher treten in Digitalschaltungen vorwiegend als parasitäre Größen auf. Die Verformung der Impulse ist in diesen Fällen ein unbeabsichtigter Effekt. Leitungen und konzentrierte Elemente sind jedoch differenziert zu betrachten, da der Einfluß der Leitungen neben der Verformung der Impulse zusätzlich zu Totzeiten (Verzögerungen) führt. Diese Totzeiten können durch die ausschließliche Betrachtung von konzentrierten Elementen nicht erklärt werden.

Eine Ausnahme, in der Energiespeicher nicht parasitär auftreten, sondern bewußt eingesetzt werden, bildet der Einsatz von Kapazitäten zur Erhöhung der dynamischen Störsicherheit (siehe Abschnitt 2.2.1.2) und zur Zustandssicherung in dynamischer Logik (siehe Abschnitt 3.2.4.1).

2.1.1.1 Impulsverformungen an konzentrierten Bauelementen

Um das Verhalten einer vorliegenden Schaltung auf eine Impulsanregung zu untersuchen, muß zunächst ein geeignetes Modell gefunden werden. Die Auswahl wird oftmals durch einen Kompromiß zwischen Modellgenauigkeit und Modellierungsaufwand bestimmt.

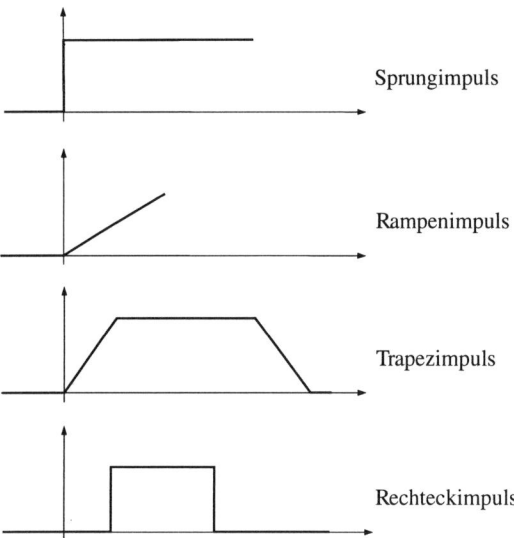

Abbildung 2.1: Impulsformen in der Digitaltechnik

In der Digitaltechnik ist meist eine Modellbildung durch konzentrierte RLC–Netzwerke ausreichend. Dies gilt auch für den Fall sehr kurzer Leitungssegmente. Dieser Abschnitt soll einen Überblick über Impulsverformungen geben, die durch solche konzentrierten Bauelemente hervorgerufen werden.

Eine kleine Auswahl von Impulsanregungen und –antworten von Netzwerken, die aus konzentrierten Elementen bestehen, ist in Tabelle 2.1 aufgeführt. Das Vorgehen zur Bestimmung der Impulsantworten wird exemplarisch an zwei Anregungen eines RC–Gliedes vorgeführt, dem Rampen– und dem Trapezimpuls.

Diese zwei Impulsformen sind von zentraler Bedeutung. In Kapitel 1 wurden Signale grundsätzlich durch Pegel, Zeitpunkte des Pegelwechsels sowie Anstiegs– und Abfallzeiten beschrieben. Setzt man derart beschriebene Signale aus linearisierten Teilstücken zusammen, erhält man gerade Ketten von Trapezimpulsen.

1. Anregung eines RC–Gliedes mit einem Rampenimpuls

Das Ersatzschaltbild und der Spannungsverlauf der Impulsanregung ist in Abb. 2.2 dargestellt.

Nach Ansetzen der Maschengleichung

$$u_1 = R \cdot i + u_2$$

und Einsetzen der Hilfsgrößen

$$i = C \cdot \frac{du_2}{dt}, \qquad u_1(t) = \frac{U_0}{t_a} \cdot t, \qquad T = R \cdot C,$$

Ersatzschaltbild	Funktionsgleichungen	Anregung und Antwort
	allgemein mit $T := RC$ $$u_C = U_{Ca} + (U_{Ce} - U_{Ca})(1 - e^{-\frac{t-t_0}{T}})$$ $$i_C = C \cdot \frac{du_C}{dt} = \frac{U_{Ce} - U_{Ca}}{R} \cdot e^{-\frac{t-t_0}{T}}$$ $$u_R = u_0 - u_C$$ $$= u_0 - U_{Ce} - (U_{Ce} - U_{Ca}) \cdot e^{-\frac{t-t_0}{T}}$$	
	speziell für $t \geq 0$: $U_{Ca} = 0, U_{Ce} = U_0$ $$u_C = U_0(1 - e^{-\frac{t-t_0}{T}})$$ $$i_C = \frac{U_0}{R} \cdot e^{-\frac{t-t_0}{T}}$$ $$u_R = U_0 \cdot e^{-\frac{t-t_0}{T}}$$	
	allgemein mit $T := \frac{L}{R}$ $$i_L = I_{La} + (I_{Le} - I_{La})(1 - e^{-\frac{t-t_0}{T}})$$ $$u_L = L \cdot \frac{di_L}{dt} = R(I_{Le} - I_{La}) \cdot e^{-\frac{t-t_0}{T}}$$ $$u_R = u_0 - u_L$$ $$= u_0 - R(I_{Le} - I_{La}) \cdot e^{-\frac{t-t_0}{T}}$$	
	speziell für $t \geq 0$: $I_{La} = 0, I_{Le} = I_0$ $$i_L = \frac{U_0}{R} \cdot (1 - e^{-\frac{t-t_0}{T}})$$ $$u_L = U_0 \cdot e^{-\frac{t-t_0}{T}}$$ $$u_R = U_0 \cdot (1 - e^{-\frac{t-t_0}{T}})$$	

Index a: Anfangswert – Index e: Endwert

Tabelle 2.1: Strom– und Spannungsverlauf an einfachen RC– bzw. RL-Hoch– und Tiefpässen

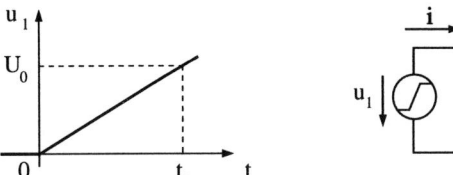

Abbildung 2.2: RC-Glied mit Rampenanregung

ergibt sich eine gewöhnliche, lineare Differentialgleichung 1. Ordnung für die Spannung $u_2(t)$.

$$\frac{U_o}{t_a} t = T \frac{du_2}{dt} + u_2 \tag{2.1}$$

Die Lösung für $t > 0$ setzt sich aus einem partikulären (eingeschwungener Zustand für $t \gg T$) und einem homogenen Anteil (überlagerter Einschwingvorgang) zusammen. Durch Eliminieren der Konstanten mit Hilfe der Randbedingung $u_2(0) = 0$ erhält man

$$u_2(t) = \underbrace{\frac{U_o}{t_a} (t - T)}_{\text{partikuläre Lösung}} + \underbrace{\frac{U_o}{t_a} T\, e^{-t/T}}_{\text{homogene Lösung}} \tag{2.2}$$

Dieser Spannungsverlauf an der Kapazität C ist in Abb. 2.3 graphisch dargestellt. Der partikuläre Lösungsanteil ist als gepunktete Hilfslinie in die Zeichnung eingetragen.

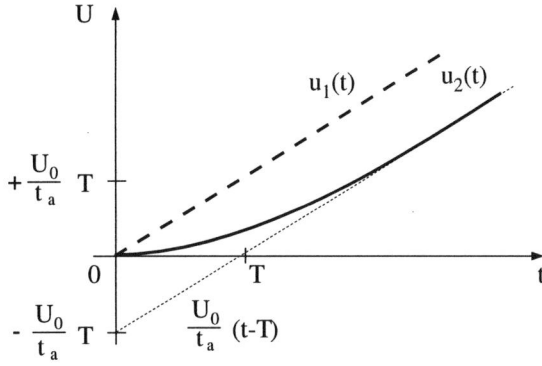

Abbildung 2.3: Impulsantwort eines RC-Gliedes auf einen Rampenimpuls

Verglichen mit der Funktion $u_1(t)$ ist die Spannung $u_2(t)$ um die RC–Zeitkonstante T verschoben. Der homogene Lösungsanteil bewirkt ein „Abrunden" des ursprünglich abrupten Einsatzes der Rampensteigung.

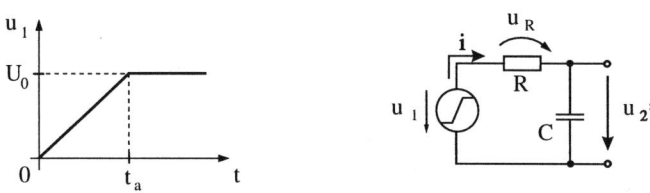

Abbildung 2.4: RC-Glied mit unterbrochener Rampenanregung

2. Anregung eines RC–Gliedes mit einem Trapezimpuls

Der Anstieg der Rampe aus Abb. 2.2 wird zur Zeit $t = t_a$ unterbrochen und der erreichte Spannungspegel $u_1 = U_0$ konstant gehalten. Das RC–Glied wird durch diese Änderung mit einem in Abb. 2.4 dargestellten Trapezimpuls angeregt.

Die Lösung für $u_2(t)$ im Intervall $0 \leq t \leq t_a$ kann aus dem vorstehenden Beispiel übernommen werden. Zur Berechnung des Verlaufs im Zeitraum $t > t_a$ muß $u_1(t) = \dfrac{U_0}{t_a} t$ durch $u_1(t) = U_0$ ersetzt werden. Die Differentialgleichung für $u_2(t)$ ergibt sich entsprechend (2.1) zu

$$U_0 = T \frac{du_2}{dt} + u_2 \qquad \text{für } t > t_a. \tag{2.3}$$

Da sich Spannungen an Kapazitäten nicht sprunghaft ändern, kann die erforderliche Randbedingung für $u_2(t_a)$ aus (2.2) gewonnen werden.

$$u_2(t_a) = \frac{U_0}{t_a}(t_a - T) + \frac{U_0}{t_a} T\, e^{t_a/T}$$

Mit Hilfe dieser Angaben berechnet sich aus der Differentialgleichung (2.3) die Spannung

$$t > t_a: \quad u_2(t) = \underbrace{U_0}_{\text{partikuläre Lösung}} - \underbrace{\frac{U_0}{t_a} T\, (e^{t_a/T} - 1)\, e^{-t/T}}_{\text{homogene Lösung}}.$$

Die graphische Darstellung der gesamten Funktion ist in Abb. 2.5 wiedergegeben. Die partikuläre Lösung aus dem Bereich $t > t_a$ liefert den statischen Endwert. Die Zeitdauer bis zur Annäherung an U_0 wird stark durch den Faktor $e^{-t/T}$ der homogenen Lösung bestimmt. Je kleiner die Zeitkonstante T, umso schneller strebt dieser Faktor gegen Null. Bei kleinem T befindet sich das System folglich sehr schnell im eingeschwungenen Zustand.

Kurz diskutiert werden soll auch der Übergangspunkt bei $t = t_a$. Die Funktion ist an dieser Stelle stetig differenzierbar, d.h. die Steigung ändert sich nicht sprunghaft. Diese Aussage kann physikalisch mit Hilfe des Ersatzschaltbildes aus Abb. 2.4 erklärt werden. Weder die Generatorspannung $u_1(t)$ noch die Kapazitätsspannung $u_2(t)$ verändern sich sprunghaft, folglich verhalten sich nach der Kirchhoffschen Maschenregel ebenfalls $u_R(t)$ sowie der gemeinsame Strom $i(t) = i_R(t) = i_C(t)$ stetig. Die Stetigkeit des Stroms setzt aufgrund der Kapazitätsgleichung $i_C = C du_C/dt$ eine sprungfreie Steigung der Spannung voraus. Diese Tatsache kann durch Differenzieren beider Funktionen zur Zeit $t = t_a$ leicht überprüft werden.

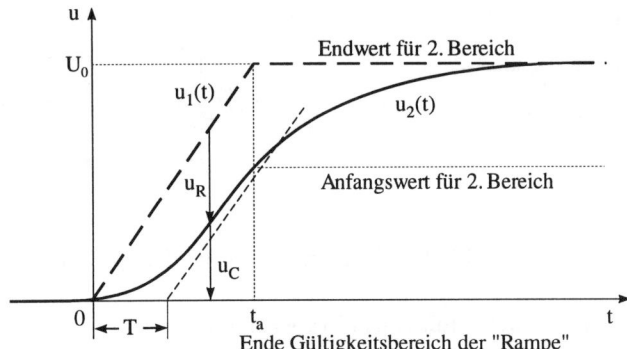

Abbildung 2.5: Impulsanregung und –antwort des RC-Gliedes

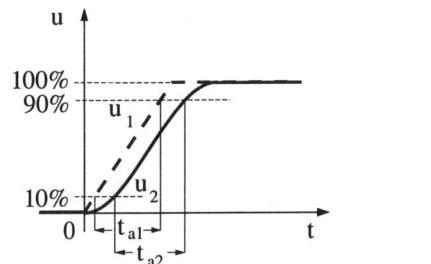 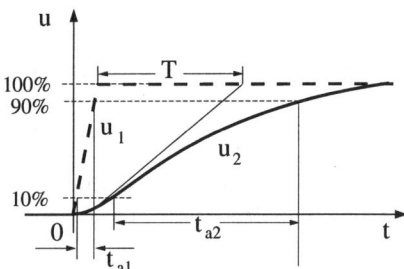

Abbildung 2.6: Grenzfälle der Impulsantwort des RC-Gliedes

Betrachtet werden im folgenden die beiden in Abb. 2.6 dargestellten Grenzfälle:

- $T \ll t_a$: Eine Abschätzung der Funktion für das Intervall $0 < t \leq t_a$ liefert

$$u_2(t) \approx \frac{U_0}{t_a}(t - T).$$

  Der Rampenimpuls wird um T verzögert; die Ecken sind abgerundet.

- $T \gg t_a$: Die Funktion wird für $t > t_a$ abgeschätzt.

$$u_2(t) \approx U_0(1 - e^{-t/T})$$

  Durch die hohe Einschwingzeit wird der Verlauf der Spannung kaum noch von der Anstiegszeit t_a bestimmt.

Zu diesem Beispiel wird abschließend eine in der Praxis wichtige Anwendung behandelt: Angenommen, ein Rampenimpuls (ein idealisiertes Digitalsignal) soll mit einem Oszillographen aufgezeichnet werden. Die Strecke vom Abgriff des Impulses bis zur Anzeige wird vereinfachend als RC–Glied angenommen. Ein echter Trapezimpuls $u_1(t)$ wird verschliffen als $u_2(t)$ angezeigt. Um beide Impulse vergleichen zu können, wird die Anstiegszeit definiert als die Zeitdauer, die der Impuls benötigt, um von 10% des statischen Endwertes auf 90% anzusteigen. Die Unterscheidung beider Fälle liefert Abschätzungen für die angezeigte Anstiegszeit.

- $T \ll t_a:$ $u_2(t) \approx \dfrac{U_0}{t_a}(t - T)$

  $\Leftrightarrow$ $t(u_2) \approx \dfrac{u_2}{U_0}\, t_a + T$

  $\Rightarrow$ $t_{a2} = t(0,9 \cdot U_0) - t(0,1 \cdot U_0) \approx 0,8 \cdot t_a = t_{a1}$

Der Rampenverlauf wird wie oben festgestellt nicht verändert sondern lediglich zeitlich verschoben.

- $T \gg t_a:$ $u_2(t) \approx U_0(1 - e^{-\frac{t}{T}})$

  $\Leftrightarrow$ $t(u_2) \approx -ln(1 - \dfrac{u_2}{U_0}) \cdot T$

  $\Rightarrow$ $t_{a2} = t(0,9 \cdot U_0) - t(0,1 \cdot U_0) \approx (ln\,0,9 - ln\,0,1) \cdot T \approx 2,2 \cdot T$

Der Verlauf der Abhängigkeit $t_{a2}(t_{a1})$ ist allgemein in Abb. 2.7 skizziert. Unterhalb einer gewissen Anstiegszeit t_{a1} verfälscht der Oszillograph die Rampe zunehmend. Oberhalb der Grenzfrequenz des Oszillographen ist die Anzeige also nicht ausreichend aussagekräftig!

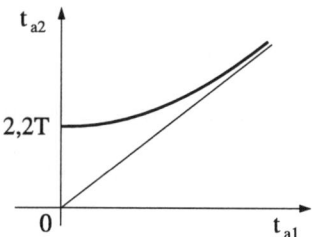

Abbildung 2.7: Abhängigkeit der Anstiegszeit $t_{a2}(t_{a1})$

Bei der RC–Schaltung handelt es sich um ein vereinfachtes Ersatzschaltbild der Eingangsschaltung, das durch Netzwerkumwandlungen aus der realen Schaltung zu ermitteln ist. Zu den theoretischen Hintergründen bezüglich Netzwerktransformationen sei auf [8] verwiesen.

2.1.2   Impulsausbreitung auf Leitungen

Wie das Beispiel im vorherigen Abschnitt zeigt, sind Impulsverformung und Signalverzögerung zwei Effekte, die nicht immer unabhängig voneinander beschrieben werden können. Gewöhnlich werden Gatterverzögerungszeiten als Signalverzögerungen konzentrierter Bauelemente (vgl. Tabelle 2.1) eingeführt. Wie bereits angedeutet tragen aber auch die Leitungen zur Veränderung der Signale bei der Übertragung bei. *Übersprechen, Reflexion, Brechung* und *Signalüberhöhung* beschreiben Effekte, die aus den folgenden Überlegungen hervorgehen.

2.1.2.1 Allgemeine Betrachtung

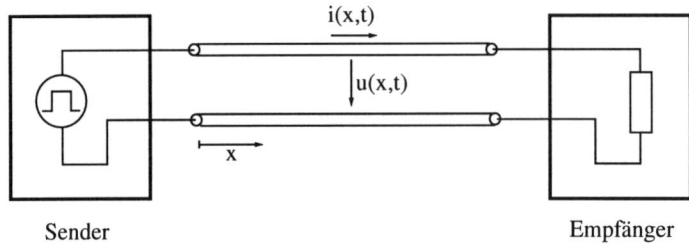

Sender   Empfänger

Abbildung 2.8: Schematische Darstellung einer Leitung als Übertragungsstrecke zwischen Sender und Empfänger

Als Leitung wird hier eine in Abb. 2.8 dargestellte Signalübertragungsstrecke bezeichnet, die einen Sender und einen Empfänger miteinander verbindet. Diese Leitung habe eine einheitliche physikalische Charakteristik, was bedeutet, daß sämtliche physikalischen Stoffgrößen ortsunabhängig sind. Eine Leitung mit dieser Eigenschaft wird als *homogene Leitung* bezeichnet.

2.1.2.2 Grundlagen der Wellenausbreitung

An dieser Stelle kann keine ausführliche Behandlung der Wellentheorie erfolgen. Die wichtigsten Ergebnisse werden jedoch zusammenfassend aufgeführt, da sie für das Verständnis der zu behandelnden Effekte erforderlich sind. Der interessierte Leser wird für eingehendere Studien auf [9] verwiesen.

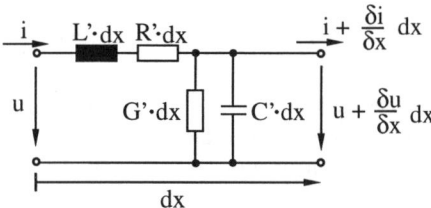

Abbildung 2.9: Ersatzschaltbild eines infinitesimalen Leitungsstückes der Länge dx

Zur Untersuchung der Leitungseigenschaften wird die Leitung in infinitesimal kleine Stücke der Länge dx zerlegt. Das Ersatzschaltbild aus Abb. 2.9 beschreibt eines dieser infinitesimalen Stücke mit konzentrierten Elementen. Die eingetragenen Strichgrößen werden als *Beläge*

bezeichnet, da sie längenbezogen sind. Man interessiert sich für die infinitesimale Spannungs–
und Stromänderung entlang der Strecke dx.

Mit Hilfe der Kirchhoffschen Gesetze wird der Spannungsabfall über R' und L'

$$-\frac{\delta u}{\delta x} = R' \cdot i + L' \cdot \frac{\delta i}{\delta t}$$

sowie der Strom durch G' und C'

$$-\frac{\delta i}{\delta x} = G' \cdot u + C' \cdot \frac{\delta u}{\delta t}$$

bestimmt. Das gefundene partielle Differentialgleichungssystem wird über die komplexen Zei-
gergrößen $U(x)$ und $I(x)$, die aus den Definitionen

$$u(x,t) = Re\{U(x)e^{j\omega t}\},$$
$$i(x,t) = Re\{I(x)e^{j\omega t}\}$$

hervorgehen, in den komplexen Bereich transformiert.

$$-\frac{\delta U}{\delta x} = (R' + j\omega L')I \tag{2.4}$$

$$-\frac{\delta I}{\delta x} = (G' + j\omega C')U \tag{2.5}$$

Nach Differentiation von (2.4) und Einsetzen von (2.5) erhält man die aus [10] bekannte Wellengleichung

$$\frac{\delta^2 U}{\delta x^2} = \gamma^2 U. \tag{2.6}$$

Die zunächst willkürlich eingeführte Hilfsgröße $\gamma = \sqrt{(R' + j\omega L)(G' + j\omega C')} = \alpha + j\beta$ wird
aufgrund ihrer noch zu klärenden Bedeutung als *Fortpflanzungskonstante* bezeichnet.

Mit den komplexen Konstanten U_{oh} und U_{or} wird der allgemeine Lösungsansatz formuliert

$$
\begin{aligned}
U(x) &= U_{oh}\, e^{-\gamma x} + U_{or}\, e^{\gamma x} \\
&= U_{oh}\, e^{-\alpha x - j\beta x} + U_{or}\, e^{\alpha x + j\beta x} \\
&= U_h(x) + U_r(x),
\end{aligned}
\tag{2.7}
$$

wobei die Indizes h und r für hinlaufend und rücklaufend stehen.

Neben anderen möglichen mathematischen Darstellungsformen ist diese die günstigste für die
physikalische Interpretation. Man stellt sich die Spannungsverteilung auf der Leitung als Überlagerung von hinlaufenden (dargestellt durch $e^{-\gamma x}$) und rücklaufenden Wellen (dargestellt durch
$e^{\gamma x}$) vor. Durch die komplexen Konstanten U_{oh} und U_{or} werden die *Amplitude* und die *Phasenlage* festgelegt. Die Bestimmung der beiden Konstanten kann durch gegebene Bedingungen am
Anfang bzw. am Ende der Leitung erfolgen (*Anfangswertproblem*).

Die komplexe Fortpflanzungskonstante γ wird in Real– und Imaginärteil zerlegt. Ihr Realteil, der
Dämpfungsbelag α, beschreibt die Abnahme bzw. Zunahme der Amplitude bei Veränderung der
Ortskoordinate. Der Imaginärteil, als *Phasenbelag* β bezeichnet, gibt die Phasenfortpflanzung
der laufenden Welle an.

Aus (2.4) kann unter Zuhilfenahme von (2.7) der komplexe Stromwert berechnet werden.

$$
\begin{aligned}
I(x) &= -\frac{1}{(R' + j\omega L')} \frac{\delta U}{\delta x} \\
&= \sqrt{\frac{G' + j\omega C'}{R' + j\omega L'}} \, (U_{oh} \, e^{-\gamma x} - U_{or} \, e^{\gamma x}) \\
&= \frac{U_{oh}}{Z_0} e^{-\gamma x} - \frac{U_{or}}{Z_0} e^{\gamma x} \\
&= I_{oh} \, e^{-\gamma x} + I_{or} \, e^{\gamma x} \\
&= I_h(x) + I_r(x)
\end{aligned}
\tag{2.8}
$$

Bei den Umformungen wurden drei neue Hilfsgrößen definiert:

$$
Z_0 := \sqrt{\frac{R' + j\omega L'}{G' + j\omega C'}}, \quad U_{oh} := Z_0 \cdot I_{oh} \quad \text{und} \quad U_{or} := -Z_0 \cdot I_{or}.
$$

Aus (2.8) folgt, daß auch der Strom als Superposition von hinlaufender und rücklaufender Strom-welle verstanden werden kann. Der *komplexe Wellenwiderstand* Z_0 gibt jeweils das Verhältnis von hinlaufender bzw. rücklaufender Spannungs– und Stromwelle an. Verwundern mag auf den ersten Blick das negative Vorzeichen in der Beziehung der rücklaufenden Welle. Eine Erklärung liefert Abb. 2.10. In der hier verwendeten Zählpfeilkonvention fließen positive Ströme in die Richtung der hinlaufenden Welle.

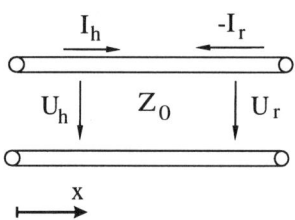

Abbildung 2.10: Zählpfeilkonvention der Wellengrößen

Durch Rücktransformation in den Zeitbereich erhält man die *physikalische Form* der Wellen-gleichung

$$
\begin{aligned}
u(x,t) &= Re\{U(x) \, e^{j\omega t}\} = Re\{U_{oh} \, e^{-\alpha x + j(\omega t - \beta x)} + U_{or} \, e^{\alpha x + j(\omega t + \beta x)}\} \\
&= Re\{U_{oh} \, e^{-\alpha x + j(\omega t - \beta x)}\} + Re\{U_{or} \, e^{\alpha x + j(\omega t + \beta x)}\} \\
&= \underbrace{u_h(x,t)}_{\text{hinlaufende Welle}} + \underbrace{u_r(x,t)}_{\text{rücklaufende Welle}}
\end{aligned}
\tag{2.9}
$$

und entsprechend

$$
\begin{aligned}
i(x,t) &= i_h(x,t) + i_r(x,t) \\
&= Re\{I_{oh} \, e^{-\alpha x + j(\omega t - \beta x)}\} + Re\{I_{or} \, e^{\alpha x + j(\omega t + \beta x)}\}
\end{aligned}
$$

für die Größe des Stroms. Abbildung 2.11 veranschaulicht die örtliche Spannungsverteilung zu einem festen Zeitpunkt $t = konst$. Der *Dämpfungsfaktor* $e^{\pm \alpha x}$ bildet die Hüllkurve, je größer der Dämpfungsbelag α, um so stärker klingt die Amplitude der Schwingung ab.

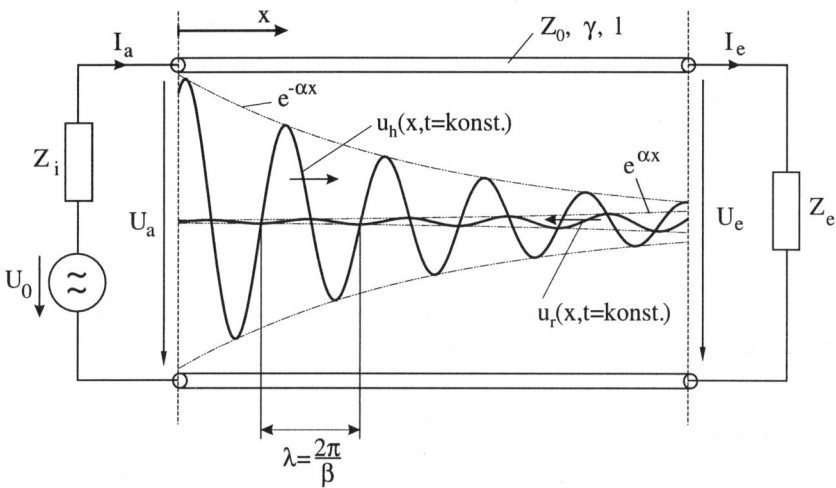

Abbildung 2.11: Wellenausbreitung auf einer Leitung

Die Phasenlage der Wellen zum Zeitpunkt t am Ort x kann bestimmt werden aus

$$\varphi_h(x,t) = \omega t - \beta x + \varphi_{oh} ,$$
$$\varphi_r(x,t) = \omega t + \beta x + \varphi_{or} .$$

In den Ausdrücken müssen die Phasenkonstanten φ_{oh} und φ_{or} berücksichtigt werden, die aus den komplexen Amplitudenfaktoren $U_{oh} = |U_{oh}| \cdot e^{j\varphi_{oh}}$ und $U_{or} = |U_{or}| \cdot e^{j\varphi_{or}}$ hervorgehen.

Diese Konstante kann als diejenige Phasenlage verstanden werden, mit der die Welle am Ursprung zur Zeit $t = 0$ losläuft bzw. ankommt.

Aus der Definition für die Phasengeschwindigkeit $\beta = \frac{2\pi}{\lambda}$ kann die *Wellenlänge* der Schwingung bestimmt werden

$$\lambda = \frac{2\pi}{\beta} .$$

Die *Ausbreitungsgeschwindigkeit* v der Welle berechnet sich aus

$$v = \lambda \cdot f = \frac{2\pi}{\beta} \cdot \frac{\omega}{2\pi} = \frac{\omega}{\beta} ,$$

mit f als *Frequenz* der betrachteten Welle.

2.1.2.3 Reflexion

Wenn eine hinlaufende Welle am Leitungsende auf einen Abschlußwiderstand Z_e stößt, können Reflexionen auftreten. Dieser Vorgang soll näher untersucht werden.

Der Abb. 2.11 sind die Randbedingungen $U(l) = U_e$ und $I(l) = I_e$ zu entnehmen, mittels derer die noch unbestimmten Konstanten U_{oh} und U_{or} bestimmt werden können. Die Spannungswelle hat mit diesen Randbedingungen die Form

$$U(x) = U_h(x) + U_r(x) = \frac{1}{2}\left(U_e + Z_0 I_e\right)e^{\gamma l} \cdot e^{-\gamma x} + \frac{1}{2}\left(U_e - Z_0 I_e\right)e^{-\gamma l} \cdot e^{\gamma x}.$$

Der *Reflexionsfaktor* beschreibt das Verhältnis von rücklaufender zu hinlaufender Spannungswelle am Leitungsende. Durch die Zwangsbedingung $U_e = Z_e \cdot I_e$ erhält dieser den Wert

$$r = \frac{U_r(l)}{U_h(l)} = \frac{Z_e - Z_0}{Z_e + Z_0}. \tag{2.10}$$

Der Reflexionsfaktor hängt ausschließlich vom Wellen– und vom Abschlußwiderstand ab. Die reflektierte Welle kann somit nach (2.10) aus

$$U_r = r \cdot U_h \tag{2.11}$$

berechnet werden.

Im allgemeinen Fall ist der Reflexionsfaktor komplex, die reflektierte Welle erfährt, wie in Abb. 2.11 angedeutet, eine Amplituden– und eine Phasenänderung.

Die rücklaufende Welle wird auf analoge Weise am Leitungsanfang reflektiert. Spezialfälle unterschiedlicher Abschlußwiderstände sind in Tabelle 2.2 wiedergegeben.

Leitungsabschluß	Abschlußwiderstand	Reflexionsfaktor
Leerlauf am Leitungsende	$Z_e = \infty$	$r = 1$
Kurzschluß am Leitungsende	$Z_e = 0$	$r = -1$
keine Reflexion, *Anpassung*	$Z_e = Z_0$	$r = 0$

Tabelle 2.2: Reflexionsfaktoren für spezielle Abschlußwiderstände

2.1.2.4 Brechung

Neben Reflexionen treten bei Stoßstellen, an denen sich der Wellenwiderstand ändert, Brechungen auf. Dabei wird an der Stoßstelle neben einer reflektierten auch eine gebrochene Welle auf der fortführenden Leitung angeregt.

Unter Zuhilfenahme von (2.11) und der aus Abb. 2.12 ersichtlichen Bedingung $U_b(x_0) = U_h(x_0) + U_r(x_0)$ kann die gebrochene Welle bestimmt werden.

$$U_b(x_0) = U_h(x_0) + r \cdot U_h(x_0) = (1 + r) \cdot U_h(x_0) = \underbrace{\frac{2Z_2}{Z_1 + Z_2}}_{b} \cdot U_h(x_0)$$

$$U_b(x_0) = b \cdot U_h(x_0)$$

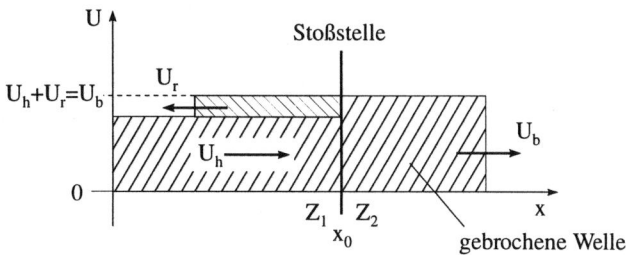

Abbildung 2.12: Leitungsstoßstelle durch Änderung des Wellenwiderstandes

Der *Brechungsfaktor*

$$b = \frac{2Z_2}{Z_1 + Z_2}$$

beschreibt das Verhältnis der gebrochenen Welle zur hinlaufenden Welle.

Alle wichtigen Beziehungen werden in der Tabelle 2.3 zusammengefaßt.

2.1.3 Spezialfälle von Leitungen in der digitalen Schaltungstechnik

Diese theoretisch abgeleiteten Beziehungen müssen zur Behandlung der in der Praxis auftretenden Fälle vereinfacht werden. Die in der Digitaltechnik verwendeten Leitungen werden hierzu in zwei Typklassen eingeteilt:

1. Leitungstypen in diskreten Aufbauten

In diskreten Aufbauten genutzte Verbindungen sind Koaxialanordnungen, Buskabel, Verschlagene 2–Drahtleitungen und Leiterbahnen auf gedruckten Platinen. Die Homogenität der Materialien kann als näherungsweise gewährleistet angesehen werden. Von den physikalischen Leitungsgrößen kann der Leitwertsbelag G' mit hinreichender Genauigkeit zu Null angenommen werden, der Widerstandsbelag ist vernachlässigbar gering gegenüber dem Induktivitätsanteil des komplexen Widerstandes.

Vergleicht man den Ausdruck für den Ausbreitungskoeffizienten γ aus dem Ansatz infinitesimaler Leitungslänge (Abb. 2.9) mit der Herleitung aus den Maxwell'schen Gleichungen (siehe Anhang A), so ergibt sich für homogene Leitungen der nützliche Zusammenhang

$$L' \cdot C' = \mu \cdot \epsilon = \mu_0 \cdot \mu_r \cdot \epsilon_0 \cdot \epsilon_r. \tag{2.12}$$

Diese Beziehung ist sehr hilfreich bei der Bestimmung der Beläge aus einer gegebenen geometrischen Anordnung. Da es sich bei μ und ϵ um materialabhängige Konstanten handelt, beschränkt sich die Berechnung auf eine der beiden Größen L' oder C'.

Für analytische Betrachtungen wird oft ein Spezialfall, die *verlustarme Leitung* ($R' \ll \omega L'$, $G' \approx 0$), verwendet. Die in der Praxis genutzten Leitungen entziehen dem übertragenen Signal keine Wirkleistung.

Bedeutung	Beziehung
Spannung auf der Leitung	$u(x,t) = Re\{\underbrace{U_{oh} \cdot e^{-\alpha x + j(\omega t - \beta x)}}_{\text{hinlaufende Welle}} + \underbrace{U_{or} \cdot e^{\alpha x + j(\omega t + \beta x)}}_{\text{rücklaufende Welle}}\}$
Wellenwiderstand	$Z_0 = \sqrt{\dfrac{R' + j\omega L'}{G' + j\omega C'}}$
Fortpflanzungskonstante	$\gamma = \sqrt{(R' + j\omega L')(G' + j\omega C')} = \alpha + j\beta$
Dämpfungsbelag	$\alpha = \dfrac{\omega\sqrt{L'C'}}{\sqrt{\cos\vartheta \cdot \cos\delta}} \cdot \sin\dfrac{\vartheta + \delta}{2}, \quad \vartheta = \arctan\dfrac{R'}{\omega L'}$
Phasenbelag	$\beta = \dfrac{\omega\sqrt{L'C'}}{\sqrt{\cos\vartheta \cdot \cos\delta}} \cdot \cos\dfrac{\vartheta + \delta}{2}, \quad \delta = \arctan\dfrac{G'}{\omega C'}$
Ausbreitungsgeschwindigkeit (Phasengeschwindigkeit)	$v = \dfrac{\omega}{\beta}$
Wellenlänge	$\lambda = \dfrac{2\pi}{\beta}$
Leitungslaufzeit	$\tau = \dfrac{l}{v}$
Reflexionsfaktor	$r = \dfrac{Z_e - Z_0}{Z_e + Z_0}$
Brechungsfaktor	$b = 1 + r$

Tabelle 2.3: Zusammenfassung der wichtigen Beziehungen

Ein weiterer Spezialfall ergibt sich unter der Bedingung $R'/L' = G'/C'$, die *verzerrungsfreie Leitung*. Der Wellenwiderstand Z_0, die Ausbreitungsgeschwindigkeit v und die Dämpfungskonstante α sind unabhängig von der Signalfrequenz, die Form des Signals wird daher nicht verändert!

2. **Leitungstypen in integrierten Schaltungen**

Im Gegensatz zu den Leitungen diskreter Aufbauten dominiert hier der ohmsche gegenüber dem induktiven Anteil. Die Werte für den Widerstandsbelag liegen im Bereich von einigen $10k\Omega/m$. Dieser Spezialfall wird als *RC–Leitung* ($R' \gg \omega L'$, $G' \approx 0$) bezeichnet.

Gewöhnlich ist der Induktivitätsbelag jedoch nicht ausreichend klein, um ihn vollständig zu vernachlässigen. Dieses Vorgehen ist daher durch ihren hohen Widerstandsanteil nur bei der stark verlustbehafteten Leitung erlaubt. Die Differentialgleichungen beschreiben wegen der fehlenden L'-Komponente keine Wellenausbreitung mehr. Die Annahme einer RC–Leitung ist jedoch beliebt, da für sie analytische Lösungen existieren, die eine RLC–

Leitung ausreichend approximieren.

Für exaktere Berechnungen verbleibt einzig die numerische Analyse des RLC–Modells.

Die Tabelle 2.4 liefert vorab eine Zusammenfassung der wichtigsten Leitungsparameter für die Spezialfälle in der digitalen Schaltungstechnik.

Parameter	Verlustarme Leitung $R' \ll \omega L'$ $G' \approx 0$	Verzerrungsfreie Leitung $\dfrac{R'}{L'} = \dfrac{G'}{C'}$	RC–Leitung $R' \gg \omega L'$ $G' \approx 0$
α	$\dfrac{R'}{2}\sqrt{\dfrac{C'}{L'}}$	$R'\sqrt{\dfrac{C'}{L'}}$	$\sqrt{\dfrac{\omega C' R'}{2}}$
β	$\omega\sqrt{L'C'}$	$\omega\sqrt{L'C'}$	$\sqrt{\dfrac{\omega C' R'}{2}}$
$v = \dfrac{\omega}{\beta}$	$\dfrac{1}{\sqrt{L'C'}}$	$\dfrac{1}{\sqrt{L'C'}}$	$\sqrt{\dfrac{2\omega}{C'R'}}$
Z_0	$\sqrt{\dfrac{L'}{C'}}$	$\sqrt{\dfrac{L'}{C'}}$	$\sqrt{\dfrac{R'}{j\omega C'}}$
Besonderheit	Z_0, v frequenzunabhängig $\Rightarrow$ verzerrungsfrei Leitungstyp für diskrete Aufbauten		Leitungstyp in integrierten Schaltungen

Tabelle 2.4: Spezialfälle von Leitungen in der digitalen Schaltungstechnik

2.1.3.1 Verlustarme, homogene Leitung

In diese Kategorie fällt, wie oben angedeutet, der Großteil der Leitungen in diskreten Aufbauten, deren geringe räumliche Ausdehnung nicht über Schaltschrankgröße hinausragt.

kürzeste Gatterlaufzeiten t_{pd} $(t_{r,f})$	höchste Taktfrequenzen	Leitungslängen	Leitungslaufzeiten $(v \approx 20\ cm/ns)$
$0,2\ ns$ (ECL)	$\approx 500\ Mhz$	$5\ mm..2\ m$	$25\ ps..10\ ns$
$0,5\ ns$ (CMOS)	$\approx 200\ Mhz$		

Tabelle 2.5: Leitungslängen und –laufzeiten von Standardtechnologien

Tabelle 2.5 läßt erkennen, daß, je nach Aufbautechnik und Anordnung der Bauelemente, die Leitungslaufzeiten weit oberhalb der Gatterlaufzeiten liegen können. Zudem ist aufgrund des geringen Widerstandsbelages R' die Dämpfung so gering, daß mehrfache Reflexionen und Brechungen auftreten können. Diese Tatsache ist von erheblicher Relevanz für die Leitungseffekte! Verlustarme Leitungen sind verzerrungsfrei, d. h. alle sinusförmigen Wellen breiten sich mit gleicher Geschwindigkeit $v = \frac{1}{\sqrt{L'C'}}$ aus und sind dem gleichen reellwertigen Wellenwiderstand $Z_0 = \sqrt{\frac{L'}{C'}}$ und der gleichen Dämpfung $\alpha = \frac{R'}{2} \cdot \sqrt{\frac{C'}{L'}}$ unterworfen. Ein Impuls kann als Überlagerung sinusförmiger Wellen verstanden werden (Fourierzerlegung). Er wird durch den Leitungseinfluß somit lediglich verzögert und gedämpft, jedoch nicht in seiner Form verändert. Wir formulieren daher als Merksatz:

--------------------- **Merksatz** ---------------------

Auf verzerrungsfreien und verlustarmen Leitungen werden Impulse unverzerrt übertragen.

Der Wellenwiderstand $Z_0 = \sqrt{\frac{L'}{C'}}$ dieser Leitungen ist rein ohmscher Natur. Bei reellwertigem Innenwiderstand der Signalquelle ist damit auch die eingekoppelte Spannung U_h rein reellwertig. Im Falle eines ohmschen Abschlußwiderstands ergibt sich ein reeller Reflexionsfaktor r, der eine ebenfalls reellwertige Spannung U_r erzeugt.

In den folgenden Unterabschnitten werden Verfahren vorgestellt, die Impulsausbreitung auf verzerrungsfreien Leitungen mit unterschiedlichen Abschlüssen analysieren. Vereinfachend wird hierzu von einer *Sprungfunktion am Eingang* und einem *verschwindenden Widerstandsbelag* ($R' \approx 0$) ausgegangen.

- **Reellwertige, lineare Reflexionsfaktoren**

  Handelt es sich bei dem Abschluß um einen linearen ohmschen Widerstand, so können die Ausgleichsvorgänge mit dem *Impulsfahrplan* dargestellt werden.

  Das Vorgehen soll an einem Beispiel erörtert werden:

  Der Ausgang eines Gatters mit $Z_i = 150\Omega$ ist über eine homogene Leitung mit dem Wellenwiderstand $Z_0 = 100\Omega$ und der Laufzeit $\tau = l/v = 1ns$ mit dem Eingang eines folgenden Gatters (Innenwiderstand $Z_e = 300\Omega$) verbunden (Abb. 2.13). Das Gatter schalte zur Zeit $t = 0$ in einem idealen Sprung von 0 auf 5 Volt.

  Zunächst müssen mit Hilfe von (2.7) die Reflexionsfaktoren r_a für die rücklaufende und r_e für die hinlaufende Welle bestimmt werden

  $$r_a = \frac{Z_i - Z_0}{Z_i + Z_0} = \frac{1}{5}, \quad r_e = \frac{Z_e - Z_0}{Z_e + Z_0} = \frac{1}{2}.$$

  Da sich das System im uneingeschwungenen Zustand befindet, „sieht" der von der Spannungsquelle U_0 ausgehende Sprungimpuls am Leitungsanfang den Wellenwiderstand $Z_0 = 100\Omega$. Der Spannungswert $U_a(t = 0)$ berechnet sich aus dem Spannungsteiler, der aus Z_i und Z_0 gebildet wird.

  $$U_a(0) = U_0 \cdot \frac{Z_0}{Z_0 + Z_i} = 5V \cdot \frac{100\Omega}{250\Omega} = 2V = U_{h1}$$

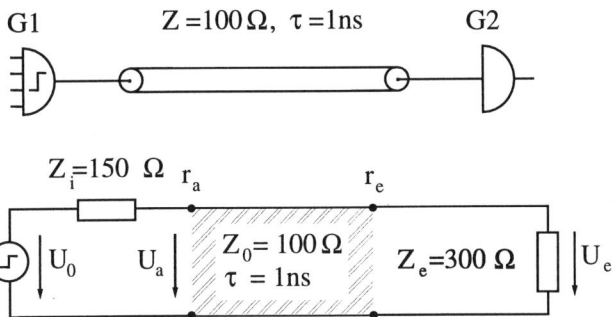

Abbildung 2.13: Schaltungsbeispiel zur Anwendung des Impulsfahrplanes

Die hinlaufende Welle $U_{h1} = 2V$ trifft nach $t = \tau$ auf das Leitungsende und erzeugt eine reflektierte Welle

$$\Delta U_e(\tau) = U_{r1} = r_e \cdot U_{h1} = r_e \cdot U_a(0) = \frac{1}{2} \cdot 2V = 1V \ .$$

Nach dem Eintreffen der reflektierten Welle am Leitungsanfang zum Zeitpunkt $t = 2\tau$ wird eine zweite hinlaufende Welle der Größe

$$\Delta U_a(2\tau) = U_{h2} = r_a \cdot U_{r1} = r_a \cdot r_e \cdot U_a(0) = 0,2V$$

angeregt. Die abwechselnden Reflexionen am Leitungsanfang und –ende wiederholen sich so lange, bis ein stationärer Zustand erreicht ist. Der diesen Vorgang darstellende *Impulsfahrplan* ist in Abb. 2.14 wiedergegeben.

Die Gesamtspannung auf der Leitung wird bestimmt durch die Aufsummierung aller laufenden Wellen. So ergeben sich beispielsweise $U_a(2\tau)$ und $U_e(3\tau)$ zu

$$
\begin{aligned}
U_a(2\tau) &= U_a(0) + \Delta U_e(\tau) + \Delta U_a(2\tau) \\
&= U_a(0) \cdot [1 + r_e + r_a \cdot r_e] \ , \\
U_e(3\tau) &= U_a(0) + \Delta U_e(\tau) + \Delta U_a(2\tau) + \Delta U_e(3\tau) \\
&= U_a(0) \cdot [1 + r_e + r_a \cdot r_e + r_a \cdot r_e^2] \ .
\end{aligned}
$$

Die Spannungsverläufe zum Impulsfahrplan sind für das Intervall $[0, 5\tau]$ in Abb. 2.15 dargestellt. Sie können allgemein angegeben werden mit

$$
U_a(n\tau) = \left[1 + (1 + r_a) \sum_{\nu=1}^{\nu \leq n/2} r_a^{\nu-1} r_e^{\nu}\right] \cdot U_a(0) = \left[1 + b_a \sum_{\nu=1}^{\nu \leq n/2} r_a^{\nu-1} r_e^{\nu}\right] \cdot U_a(0),
$$

$$
U_e(n\tau) = \left[(1 + r_e) \sum_{\nu=0}^{\nu \leq n/2} r_a^{\nu} r_e^{\nu}\right] \cdot U_a(0) = \left[b_e \sum_{\nu=0}^{\nu \leq n/2} r_a^{\nu} r_e^{\nu}\right] \cdot U_a(0).
$$

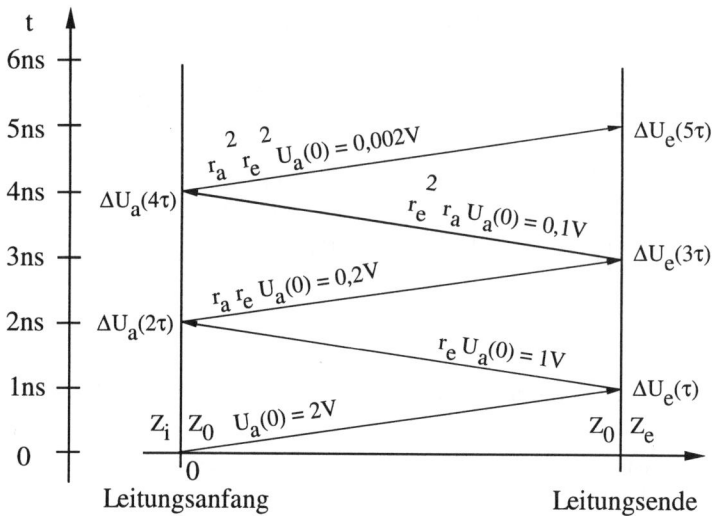

Abbildung 2.14: Beispiel zum Impulsfahrplan

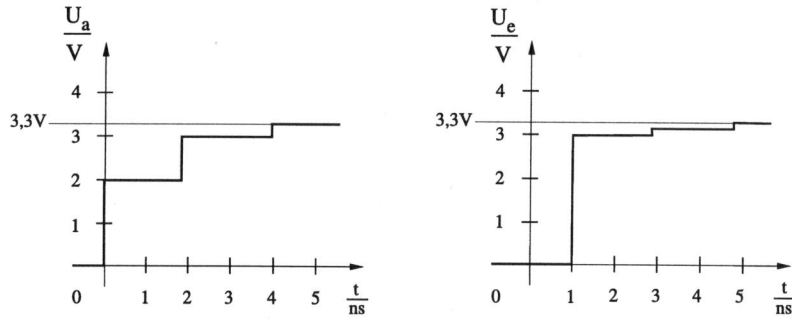

Abbildung 2.15: Spannungsverlauf zum Impulsfahrplan

- **Komplexwertige Reflexionsfaktoren**

Sind im Anschluß induktive oder kapazitive Anteile enthalten, wird der Reflexionsfaktor komplexwertig. Ein FET beispielsweise wirkt als Kapazität, eine freiliegende Verdrahtung als Induktivität. Die Bestimmung derartiger Ausgleichsvorgänge erfolgt gewöhnlich mit Hilfe der Laplace–Transformation.

In dem Beispiel aus Abb. 2.16 wird der komplexe Abschluß $Z_2 = 1/sC$ durch eine solche Kapazität gebildet. Am Leitungsanfang erfolgt zur Zeit $t = 0$ ein Spannungssprung der Höhe U_a. Der Reflexionsfaktor am Leitungsende ist festgelegt durch die Laplace–

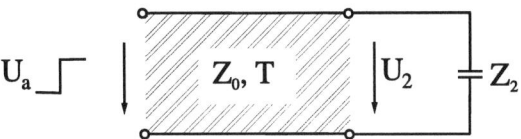

Abbildung 2.16: Leitung mit kapazitivem Abschluß

transformierten Widerstände

$$r = \frac{Z_2 - Z_0}{Z_2 + Z_0} = \frac{1/sC - Z_0}{1/sC + Z_0} = \frac{1 - sCZ_0}{1 + sCZ_0} \,.$$

Bei der Transformation der hinlaufenden Welle ist zu beachten, daß der Spannungssprung um τ verzögert am Ende auftritt. Unter Berücksichtigung des Verschiebungssatzes ergibt sich für die hinlaufende Welle am Leitungsende

$$U_h(s) = \frac{U_a}{s} e^{-s\tau} \,.$$

Die rücklaufende Welle bestimmt man aus

$$U_r(s) = r(s) \cdot U_h(s) \;\; = \;\; \frac{1 - sCZ_0}{1 + sCZ_0} \frac{U_a}{s} \, e^{-s\tau}$$

$$= \;\; \left[\frac{1}{s} - \frac{2}{s + \frac{1}{CZ_0}} \right] e^{-s\tau} \, U_a.$$

Durch Rücktransformation erhalten wir unter der Bedingung $t \geq \tau$ den zeitlichen Verlauf

$$t \geq \tau : \quad u_r(t) = U_a \left(1 - 2 \, \exp(-\frac{t - \tau}{CZ_0}) \right) \,,$$

der in Abb. 2.17 aufgetragen ist.

Werden beide Wellen überlagert, so ergibt sich als Resultat eine Aufladekurve an der Kapazität, die von $0V$ bis $2U_a$ verläuft. Die rücklaufende Welle nimmt anfänglich negative Werte an, denn sie muß den Spannungssprung derart ausgleichen, daß die Spannungsstetigkeit an der Kapazität eingehalten wird.

Die Gesamtspannung, die an der Kapazität abfällt, ergibt sich aus der Überlagerung der hinlaufenden und rücklaufenden Welle.

$$u_2(t) = u_h(t) + u_r(t).$$

Da die hinlaufende Spannungswelle konstant U_a beträgt, ergibt sich für die Kapazitätsspannung $u_2(t)$ eine exponentielle Ladekurve von $0V$ auf $2\,U_a$. Erstaunlich erscheint auf den ersten Blick der statische Endwert $2U_a$, obwohl am Leitungsanfang nur ein Sprung der Höhe U_a auftritt. Um diesen scheinbaren Widerspruch zu klären, muß auf die Entstehung der Sprungfunktion näher eingegangen werden.

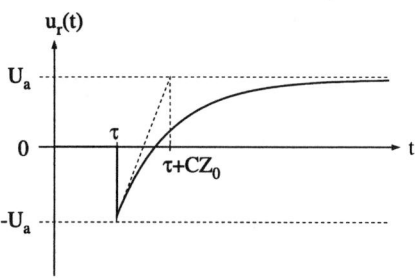

Abbildung 2.17: Spannungsverlauf am Leitungsende bei kapazitivem Abschluß

Zwei Möglichkeiten werden hierzu kurz diskutiert:

1. Sprungfunktion durch ideale Spannungsquelle

   Der Innenwiderstand der idealen Quelle beträgt 0Ω, der Reflexionsfaktor am Leitungsanfang beträgt 1. D. h. es werden weitere Reflexionen folgen, bis das System
   eingeschwungen ist. Die Überlagerung sämtlicher Wellen am Leitungsende wird im
   stationären Zustand den Wert U_a liefern.

2. Anpassung am Leitungsanfang

   Durch Anpassung am Leitungsanfang (Innenwiderstand Z_0) werden keine weiteren
   Wellen reflektiert und die Kapazität wird daher bis auf den Wert $2U_a$ aufgeladen. Die
   ideale Spannungsquelle hat anfänglich eine Sprungfunktion der Höhe $2U_a$ ausgelöst,
   die durch den Innenwiderstand auf U_a heruntergeteilt wurde. Im stationären Zustand
   fließt kein Strom mehr, die Kapazität ist auf den gesamten Spannungswert $2U_a$
   aufgeladen.

Der zeitliche Verlauf der Wellen läßt sich sehr anschaulich auf die Ortsachse transformieren. Abbildung 2.18 zeigt für unterschiedliche Zeiten die örtliche Verteilung der hin– und
rücklaufenden Wellen.

- **Nichtlineare, reellwertige Reflexionsfaktoren**

In der Digitaltechnik interessiert man sich besonders für das Einschwingverhalten an Gat-
tereingängen. Bei besonderen Schaltungsfamilien treten in erster Näherung nichtlineare,
reellwertige Reflexionsfaktoren auf. Der Ausgleichsvorgang kann in diesem Fall mit dem
Bergeron–Verfahren bestimmt werden.

Ein Reflexionsdiagramm enthält, wie in Abb. 2.19 dargestellt, die statischen I–U–Kennlinien des Treibers ($i_1(0)$ und $i_1(1)$) und der Last ($i_2(u)$). Der idealisierte binäre Treiber hat
— unter Vernachlässigung der Umschaltzeit — zwei Kennlinien: eine für den Einszustand
($i_1(1) = f(u_1, U_Q = U_+)$) und eine für den Nullzustand ($i_1(0) = f(u_1, U_Q = 0)$). U_Q sei
hierbei die ideale Spannungsquelle des Senders, die über einen nichtlinearen Widerstand
den Ausgang treibt. Im statischen Zustand und bei idealer Leitung ist $u_1 = u_2$ und $i_1 = i_2$,
d. h. die Schnittpunkte von Treiber– und Lastkennlinien geben die Ströme und Spannungen
für "Eins" und "Null" an (Punkte S_1 und S_0).

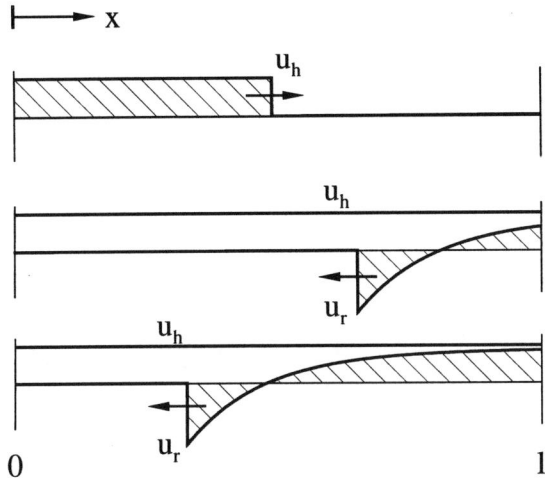

Abbildung 2.18: Örtliche Spannungsverteilung zu festen Zeiten $t = \frac{1}{2}\tau, \frac{4}{3}\tau, \frac{5}{3}\tau$

Senderseitig bildet sich beim Pegelwechsel von "0" auf "1" eine hinlaufende Welle aus, die durch die Spannung u_r und den Strom i_r charakterisiert wird. Als Index wurde hier r zur Bezeichnung einer rechtslaufenden Welle festgelegt, die als Vektor a in Abb. 2.19 eingetragen wurde.

Diese Größen bilden unabhängig von der Treiberkennlinie das feste Verhältnis

$$\frac{\Delta u_1}{\Delta i_1} = \frac{u_r}{i_r} = +Z_0 \,.$$

Der geometrische Ort von i_1 und u_1 im Strom–Spannungs–Diagramm bildet daher eine Gerade mit der Steigung $1/Z_0$ durch den statischen Ausgangspunkt. Der Schnittpunkt mit der gültigen Treiberkennlinie ergibt die neuen i_1 – und u_1 – Werte, die sich, eine unendlich kurze Umschaltzeit vorausgesetzt, sofort auf der Senderseite einstellen.

Die Größen i_2 und u_2 bleiben bis zur Laufzeit τ unverändert. Beim Eintreffen der ersten rechtslaufenden Welle am Leitungsende wird eine reflektierte, linkslaufende Welle (b) ausgelöst, die durch

$$\frac{\Delta u_2}{\Delta i_2} = \frac{u_l}{i_l} = -Z_0$$

gekennzeichnet ist. Geometrisch muß sich demnach die (i_2, u_2)–Koordinate aus der Vektorkonstruktion „Anfangsvektor plus ankommende Welle a plus reflektierte Welle b"ergeben, wobei die reflektierte Welle einen mit der Steigung $-1/Z_0$ fallenden Vektor bildet. Er muß außerdem auf der i_2/u_2–Lastkennlinie liegen, woraus sich die Größe der reflektierten Welle und der neue Spannungswert am Leitungsende ergibt.

Das Bergeron–Diagramm ist als graphische Methode sehr anschaulich, da durch Herunterloten der Schnittpunkte direkt der zeitliche Verlauf der Spannungen unter dem Diagramm erstellt werden kann.

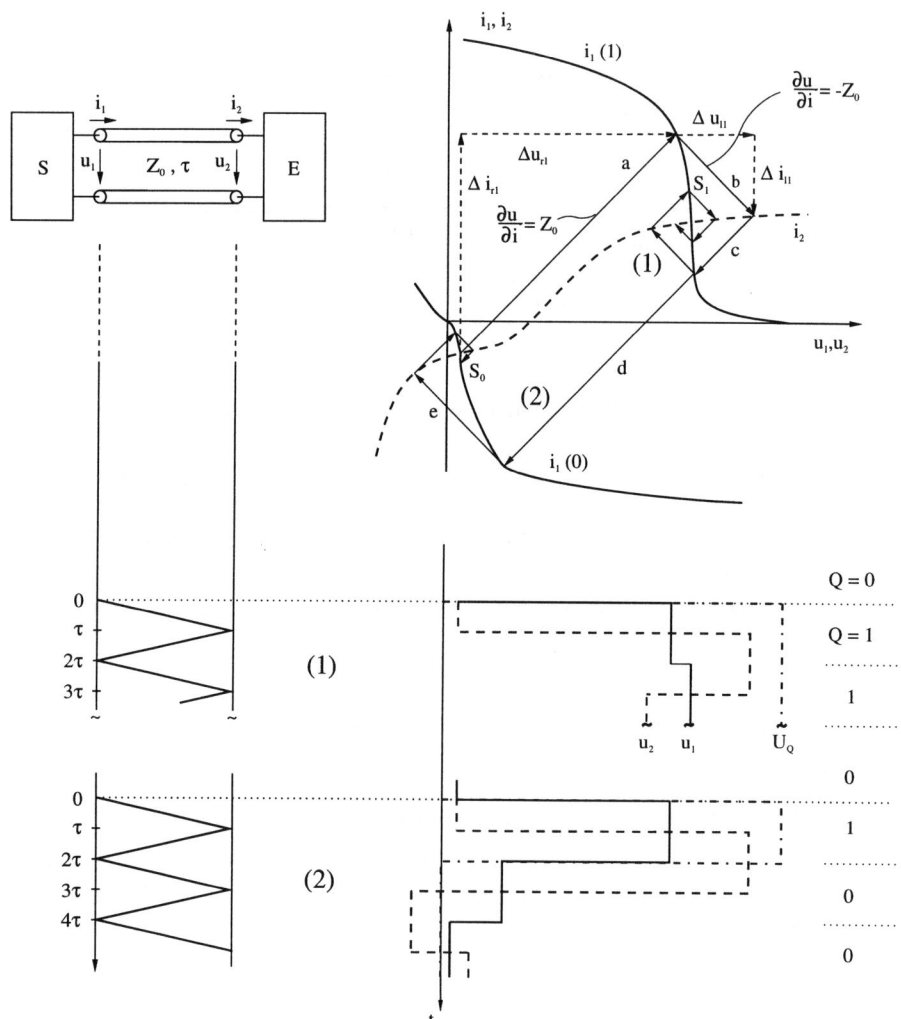

Abbildung 2.19: Anwendung des Reflexionsdiagramms

Das Konstruktionsverfahren wird fortgesetzt für den Zeitpunkt 2τ, wenn die am Ende reflektierte, linkslaufende Welle wieder am Anfang ankommt und eine neue rechtslaufende Welle (Vektor c) erzeugt.

Wenn nur ein Sprung im Verlauf von U_a enthalten ist, mündet der Einschwingvorgang nach weiteren Reflexionen im statischen Arbeitspunkt S_1, wobei u_1-, i_1- und u_2-, i_2-Werte letztendlich übereinstimmen und aus dem Schnittpunkt von Treiber– und Lastkennlinie abzulesen sind (1). Wenn jedoch in dem Moment, an dem die Welle zum Treiberende zurückkommt, ein neuer, inverser Sprung auftritt, so überlagert sich linear eine neue Welle (d) mit der ursprünglichen (c). Beide Wellen bilden geometrisch addiert die neue rechtslaufende Welle und werden wiederum auf der Lastseite reflektiert (2).

2.1.3.2 Beispiele verlustarmer, homogener Leitungen

Eingeleitet werden soll dieser kurze Abschitt mit einer Auflistung (Tabelle 2.6) von drei verlustarmen homogenen Leitungstypen, deren Wellenwiderstand analytisch bestimmt werden kann. Die meisten in digitalen Schaltungen verwendeten Leitungen lassen sich näherungsweise auf einen der drei Typen zurückführen. Ihr Wellenwiderstand kann somit durch eine Überschlagsrechnung bestimmt werden. In der Praxis werden gewöhnlich Standards verwendet, so sind z. B. Koaxialkabel für digitale Anwendungen auf $Z_0 = 50\Omega$ genormt.

	L'	C'	$Z_0 = \sqrt{\frac{L'}{C'}}$	Anwendung
A)	$\frac{\mu}{2\pi} \ln \frac{D}{d}$	$\frac{2\pi\epsilon}{\ln \frac{D}{d}}$	$\sqrt{\frac{\mu}{\epsilon}} \cdot \frac{1}{2\pi} \cdot \ln \frac{D}{d}$	Koaxialkabel: schnelle Rechen–anlagen, längere Leitungen, LAN
B)	$\frac{\mu}{\pi} arcosh \frac{D}{d}$	$\frac{\pi\epsilon}{arcosh\frac{D}{d}}$	$\sqrt{\frac{\mu}{\epsilon}} \cdot \frac{1}{\pi} \cdot arcosh\frac{D}{d}$	Verschlagene 2-Draht- Leitung (Telefonkabel): Bussysteme / LAN, längere Leitungen
	\multicolumn{3}{c}{$D \gg d$}	
	$\frac{\mu}{\pi} \ln \frac{2D}{d}$	$\frac{\pi\epsilon}{\ln \frac{2D}{d}}$	$\sqrt{\frac{\mu}{\epsilon}} \cdot \frac{1}{\pi} \cdot \ln \frac{2D}{d}$	
C)	\multicolumn{3}{c}{$a \ll c$}	Gedruckte Schaltungen: Busplatinen, Baugruppen, Hybridschaltungen
	$\frac{\mu a}{c}$	$\frac{\epsilon c}{a}$	$\sqrt{\frac{\mu}{\epsilon}} \cdot \frac{a}{c}$	
	\multicolumn{3}{c}{für $a \geq c$ Einschwenken auf ⓐ – Verlauf}	

Tabelle 2.6: Beispiele für homogene Leitungen in digitalen Schaltungen

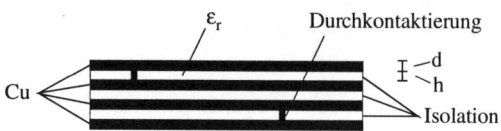

Abbildung 2.20: Aufbau einer Mehrlagen–Platine

In Abb. 2.20 ist die Aufbautechnik von Mehrlagen–Platinen skizziert. Der Entwickler kann über Geometrie und Material Einfluß auf die Leitungseigenschaften nehmen. Die wellenwiderstands-bestimmenden Parameter sind

- die Isolationsdicke $(h \geq 50\mu m)$,
- das Isolationsmaterial $(3 \leq \epsilon_r \leq 12)$,
- die Leiterbahndicke $(d \geq 15\mu m)$ und
- die Leiterbahnbreite $(w \geq 0,15mm)$.

Zur genaueren Bestimmung des Wellenwiderstandes einzelner Leitungssegmente müssen Kennlinien der Hersteller–Firmen herangezogen werden. Ein Beispiel zeigt Abb. 2.21.

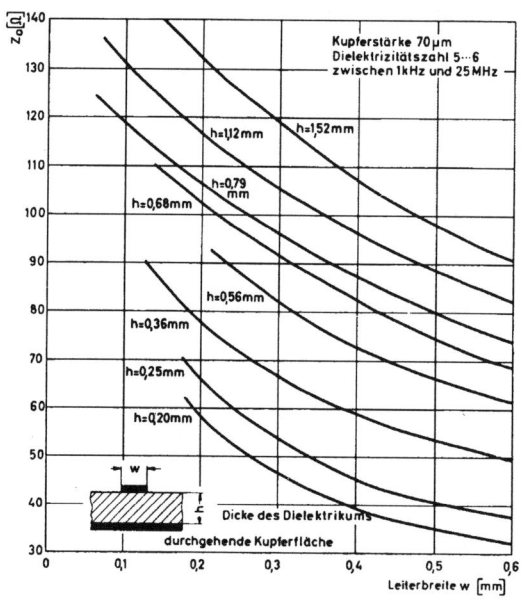

Abbildung 2.21: Wellenwiderstände von Kupferbahnen

2.1.3.3   Beispiele für Brechung und Reflexion auf verlustarmen, homogenen Leitungen

Abbildung 2.22 listet einige Beispiele für das Auftreten von Stoßstellen auf.

a) Verbindung zwischen Platinen

Verbindungen zwischen Platinen werden vor allem für Taktleitungen mit Koaxialkabel realisiert. Diese haben einen genormten Wellenwiderstand von 50Ω, während der der Leiterbahnen gewöhnlich höher liegt.

An den Stoßstellen zu beiden Seiten lassen sich nur durch zusätzliche Schaltungselemente Mehrfachreflexionen vermeiden.

b) Verzweigte Leitungen

Wenn ein Gatterausgang mehrere Eingänge treiben muß, treten an der Leitungsverzweigung Reflexionen auf. Der Reflexionsfaktor beträgt bei konstantem Wellenwiderstand im dargestellten Beispiel $r = \dfrac{Z_0/2 - Z_0}{Z_0/2 + Z_0} = -\dfrac{1}{3}$, der Brechnungsfaktor $b = 1 + r = \dfrac{2}{3}$.

c) Lagenwechsel auf Platinen

Dieser Einfluß ist erst bei hohen Signalfrequenzen zu berücksichtigen. Die Widerstandsänderung durch einen Lagenwechsel kann bei niederfrequenten Anwendungen gegenüber anderen Stoßstellen gewöhnlich vernachlässigt werden.

d) Änderung des Wellenwiderstandes durch benachbarte Signalleitungen

Sofern Signalleitungen dicht nebeneinander verlaufen, kann die Leiterbahn nicht mehr als Einzelleitung betrachtet werden. Der Wellenwiderstand geht in eine Widerstandsmatrix über, die sich durch Variieren des Leitungsabstands verändert. Auf die komplexe Behandlung von Mehrfachleitungen soll an dieser Stelle nicht eingegangen werden, theoretische Hintergründe werden ausführlich in [11] behandelt.

Sorgt man dafür, daß keine oder geringe Reflexionen auf der Leitung auftreten, kann man eine verzerrungsfreie (bzw. verlustarme) Leitung näherungsweise als stabiles Laufzeitglied betrachten. Durch Abgleich von Leitungs– und Gatterlaufzeiten ist es damit beispielsweise möglich, synchrone Digitalsysteme in Schrankgröße mit Taktzykluszeiten von wenigen Nanosekunden zu betreiben.

2.1.3.4   RC–Leitungen

Abb. 2.23 veranschaulicht die Lage einer Verbindungsleitung auf integrierten Schaltungen. Sie besteht aus Aluminium oder Polysilizium und verläuft auf einer isolierenden Siliziumoxid–Schicht über dem Silizium–Substrat. In einem vereinfachten Modell kann der Einfluß des Substrates vernachlässigt und das Substrat als Bezugsfläche verstanden werden. Bei der Berechnung des Kapazitätsbelages soll neben dem homogenen elektrischen Feld auch das inhomogene Randfeld berücksichtigt werden. Die Näherungsgleichung

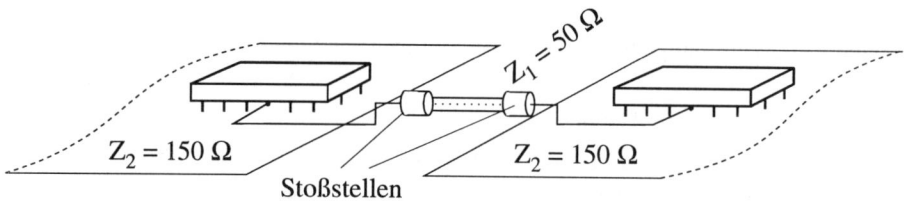

a) Koaxialverbindung zwischen Platinen

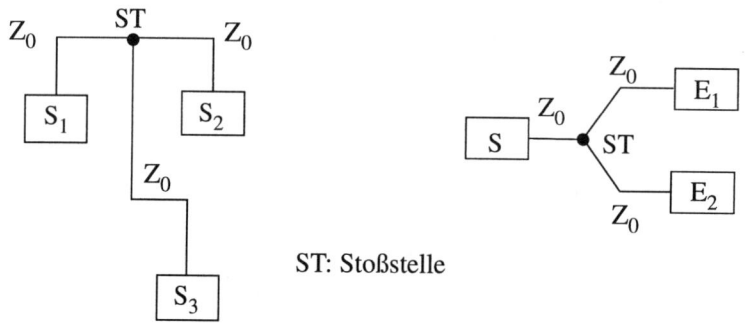

b) Verzweigen von Leitungen

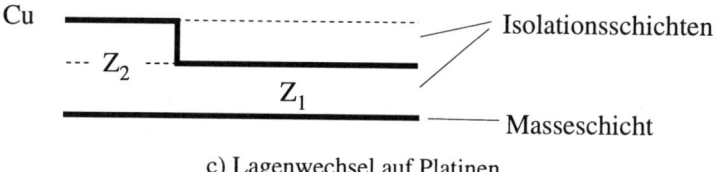

c) Lagenwechsel auf Platinen

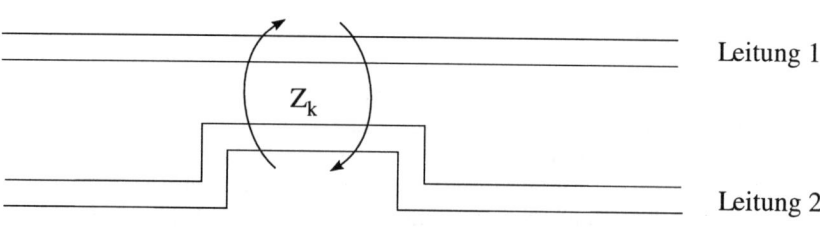

d) Abstandswechsel benachbarter Signalleitungen

Abbildung 2.22: Beispiele von Stoßstellen auf Leitungen

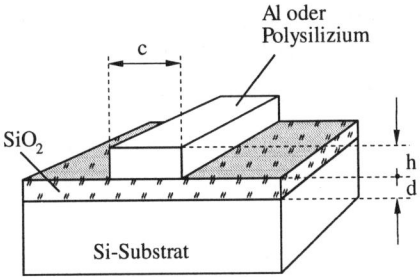

Abbildung 2.23: Verbindungsleitung auf integrierten Schaltungen

$$C' = C'_{\text{Rand}} + C'_{\text{Platte}} \approx \epsilon_0 \cdot \epsilon_r \left[\underbrace{\frac{2\pi}{ln(1 + \frac{2d}{h}(1 + \sqrt{1 + \frac{h}{d}}))}}_{\text{"sidewall" Kapazität}} + \underbrace{\frac{c - h/2}{d}}_{\text{Plattenkond.}} \right]$$

für den Kapazitätsbelag wurde aus [12] übernommen.

Der Widerstandsbelag läßt sich nach bekannter Formel aus dem spezifischen Widerstand bestimmen

$$R' = \frac{\rho_{AL/Poly}}{c \cdot h} \ .$$

Die meisten längeren Leitungen auf integrierten Schaltungen sind in Metall ausgelegt und werden oft als konzentrierte Kapazitäten modelliert. Wie aus der Berechnung des Widerstandsbelages hervorgeht, steigt dieser mit abnehmender Leiterbahnbreite. Die Vernachlässigung des Leiterbahnwiderstandes ist daher nicht immer zulässig. In Tabelle 2.7 sind typische Werte der Beläge für eine $1\mu m$ Siliziumtechnik angegeben. Der Induktivitätsbelag L' wurde hierzu mit Hilfe von (2.12) bestimmt. Da in diesem Modell das Dielektrikum als homogen betrachtet und dem Substrat eine gegen unendlich strebende Leitfähigkeit zugeordnet wird, breitet sich das Signal als TEM–Welle [13] aus, und die verwendete Gleichung (2.12) von Seite 31 erhält Gültigkeit.

Leitermaterial	R'	C'	$L' = \mu\epsilon/C'$
Polysilizium	$10 - 50\,\Omega/\mu m$	$\approx 0,005..0,1fF/\mu m$	$\approx 0,4..0,8pH/\mu m$
Aluminium	$30 - 80\,m\Omega/\mu m$		

Tabelle 2.7: Leitungsbeläge für 1 μm Siliziumtechnologie

Im folgenden soll anhand eines Beispiels auf die Relevanz von Leitungseffekten für integrierte Schaltungen näher eingegangen werden. Ausgehend von einer CMOS–Technologie mit $t_{r,f} = 0,1ns$ und $t_{pd} = 0,4ns$ treten Frequenzen im Bereich von näherungsweise mindestens

$$\nu \approx \frac{1}{4 \cdot t_{r,f}} = 2,5GHz$$

auf. Daraus folgt für die Kreisfrequenz $\omega \approx 1,6 \cdot 10^{10} s^{-1}$. Die Beläge werden angenommen zu $C' = 0,1 fF/\mu m$, $R' = 50 m\Omega/\mu m$ und $L' = 0,4 pH/\mu m$. Der Vergleich der Impedanzen

$$\omega L' = 6 m\Omega/\mu m < 50 m\Omega/\mu m = R'$$

läßt gerade noch eine Betrachtung als RC–Leitung zu. Mit Hilfe der Tabelle 2.4 und einer angenommenen maximalen Leitungslänge von $l = 20 mm$ können die physikalischen Parameterwerte bestimmt werden

$$\beta \approx \alpha \approx \sqrt{\frac{\omega C' R'}{2}} \approx 198 \frac{1}{m} \Longrightarrow v = \frac{\omega}{\beta} \approx 7,9 \frac{cm}{ns} \, ,$$

$$Z_0 \approx 178\Omega \cdot e^{-j\frac{\pi}{4}} \, ,$$

$$\tau = \frac{l}{v} = 0,25 ns \gtrsim t_{r,f} \, .$$

Die Signallaufzeit über eine Länge von $20 mm$ liegt damit bereits in der Größenordnung der Anstiegs– und Abfallzeiten. Eine genauere Berechnung (siehe Abschnitt 2.1.3.5) ergibt mit $\tau = 0,27 ns$ einen geringfügig größeren Wert für die Laufzeit. Der Vergleich zeigt, daß die Annahme einer RC–Leitung noch gerechtfertigt ist.

Die Dämpfung der Amplitude einer hinlaufenden Welle über eine Länge von $l = 10 mm$ beträgt

$$\left| \frac{u_h(l,\tau)}{u_h(0,0)} \right| = e^{-\alpha l} \approx 0,065 \, .$$

Die Amplitude am Leitungsende ist auf ca. 6 % des Anfangswertes abgesunken. Der Störabstand ist damit weit unterschritten und die verbleibende Amplitude reicht nicht zum Schalten des Folgegatters aus. In dieser Rechnung sind noch nicht die Kontaktwiderstände berücksichtigt, die R' und damit α noch weiter erhöhen.

Aus der Laplace–Transformierten der Gleichung (2.7) ermitteln wir unter Vernachlässigung der Wellenreflexion die Übertragungsfunktion F(s) der betrachteten Leitung:

$$U_e(s) = U_a(s) \, e^{-\gamma l}$$

$$\Longrightarrow \quad F(s) = \frac{U_e(s)}{U_a(s)} = e^{-\gamma l} \, .$$

Die Indizes a und e bezeichnen den Leitungsanfang bzw. das –ende. Mit

$$\gamma = \sqrt{(R' + sL')(G' + sC')}$$

und den zulässigen Vereinfachungen $R' \gg sL'$, $G' \approx 0$ ergibt sich die *Übertragungsfunktion der RC–Leitung mit Anpassung am Leitungsende* zu

$$F(s) = e^{-\sqrt{sR'C'} \cdot l} \, .$$

Gehen wir von einer Sprungfunktion $U_a(s) = U_0/s$ am Leitungsanfang aus, erhält man für den Spannungsverlauf am Leitungsende

$$U_e(s) = U_0 \cdot \frac{1}{s} \cdot e^{-\sqrt{sR'C'} \cdot l} \, .$$

Da sich die Rücktransformation dieser Funktion als sehr aufwendig herausstellt, wird die Lösung aus einer Formelsammlung übernommen oder z.B. mit dem Programm *Mathematica* bestimmt.

$$u_e(t) = U_0 \, \frac{2}{\sqrt{\pi}} \int\limits_{\frac{l}{2}\sqrt{\frac{R'C'}{t}}}^{\infty} e^{-a^2} da$$

Dieser spezielle Integralausdruck ist mit einem Normierungsfaktor als komplementäre Fehlerfunktion $erfc(z) = \frac{2}{\sqrt{\pi}} \int_z^{\infty} e^{-a^2} da$ bekannt. Die *Sprungantwort einer stark gedämpften Leitung* wird daher durch den Zusammenhang

$$u_e(t) = U_0 \, erfc\left(\frac{l}{2} \sqrt{\frac{R'C'}{t}}\right) \tag{2.13}$$

beschrieben, dessen normierter Verlauf mit Hilfe von *PV–Wave* in Abb. 2.24 wiedergegeben ist.

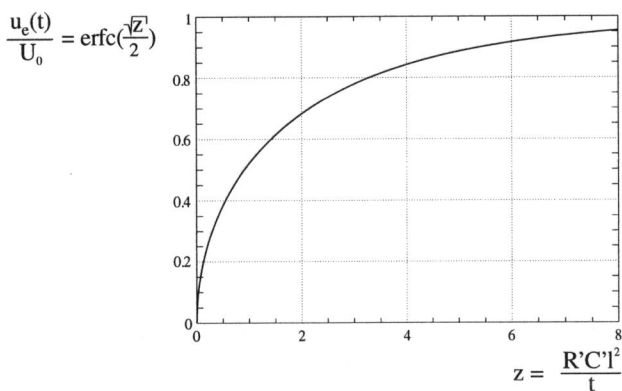

Abbildung 2.24: Sprungantwort einer stark gedämpften RC–Leitung

Als Anstiegszeiten auf 80 % und 90 % des Spannungshubes ergeben sich aus unserem Beispiel mit l = 10 mm

$$\text{für} \quad u_e(t) = 0,8 \cdot U_0 \quad (z \approx 4,6) \implies t = 2,3ns \text{ und}$$
$$\text{für} \quad u_e(t) = 0,9 \cdot U_0 \quad (z \approx 8) \implies t = 4ns.$$

Die Anstiegszeit t_r und die Abfallzeit t_f waren als Verzögerungszeit zwischen Erreichen von 10 % und 90 % des Signalhubes definiert. Damit ergibt sich für die Leitung auf $10mm$ Länge ein $t_{r,f} \approx 4ns$, was bereits das achtfache der Verzögerungszeit eines Gatters ($t_{pd} = 0, 5ns$) ausmacht. Diese Überlegung zeigt, daß die Leitungseffekte nicht unberücksichtigt bleiben dürfen. Ist man auf geringere Laufzeiten bei langen RC–Leitungen angewiesen, müssen Kompromisse beim Störabstand geschlossen werden.

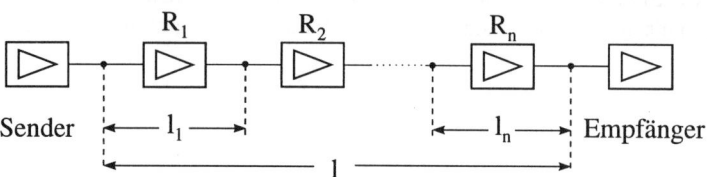

Abbildung 2.25: Einsatz von Leitungs-Repeatern

Ein anderer Ansatz beruht auf dem Einsatz von Repeatern. Nach (2.13) wächst die RC–Leitungslaufzeit bei festem Spannungshub — was mit konstantem Argument der Fehlerfunktion gleichzusetzen ist — quadratisch mit der Leitungslänge $l : t \sim l^2$. Durch Einsatz von Repeatern (Abb. 2.25) läßt sich ein linearer Zusammenhang erreichen:

$$T(l) \approx \sum_{i=1}^{n} \left(T_i(l_i) + t_{pdR_i} \right) = n \cdot (T(\tfrac{l}{n}) + t_{pdR})$$

$$\text{für} \quad l_1 = l_2 = \ldots = l_n \quad \text{und} \quad t_{pdR_1} = t_{pdR_2} = \ldots \ .$$

Durch die quadratische Abhängigkeit der Laufzeit von der Leitungslänge sinkt die Laufzeit $T(l/n)$ für den n-ten Teil der gesamten Leitung um den Faktor $1/n^2$. Die Laufzeit wird damit im Vergleich zur Leitung ohne Repeater auf den n–ten Teil vermindert. Dieser Zeitgewinn wird durch zusätzliche Energiezufuhr erkauft, die die Repeater dem jeweils folgenden Leitungsstück als zusätzliche Treiberleistung zur Verfügung stellen.

2.1.3.5   RLC–Leitungen

Der folgende Abschnitt soll zeigen, daß die Leitung auf der integrierten Schaltung aufgrund der Substrateigenschaften nicht homogen ist. Die im vorherigen Abschnitt verwendete Annahme einer unendlichen Leitfähigkeit des Substrates kommt den realistischen Verhältnissen nicht ausreichend nahe. Das magnetische Feld breitet sich bis ins Substrat hinein aus, dadurch steigt der Induktivitätsbelag, und Gleichung (2.12) ist für diesen Fall ungültig. Die Feldverteilung soll anhand von Abb. 2.26 diskutiert werden. Aus [14] wissen wir, daß auch bei einer Masseführung auf benachbarten Leiterbahnen Abb. 2.26 als äquivalentes Modell verwendet werden darf.

Das elektrische Feld breitet sich fast ausschließlich in der Isolationsschicht aus und dringt durch Ladungsansammlung an der Oberfläche nicht in das Substrat ein. Das magnetische Feld hingegen durchdringt auch das Substrat, da der Stromfluß nicht im Substrat, sondern über die Metallisierung erfolgt. Die Voraussetzungen für die Ausbreitung von TEM–Wellen sind damit nicht mehr erfüllt. Die Gleichung (2.12) darf hier nicht angewandt werden, und der Induktivitätsbelag muß aus der geometrischen Anordnung berechnet werden. Sofern die Bedingung $R' \gg \omega L'$ nicht mehr erfüllt ist, kann nicht wie zuvor von einer RC–Leitung ausgegangen werden.

Aufgrund von $c \ll D$ kann der Induktivitätsbelag näherungsweise aus $L' = \mu/\pi \ ln(2D/c)$ (Tabelle 2.6 Fall B) berechnet werden. Mit $c = 1\mu m$ und $D = 400\mu m$ erhält man $L' = 2,6pH/\mu m$. Die Ungleichung $R' \gg \omega L'$ ist für diese Werte ($R' = 50m\Omega/\mu m$ und $\omega = 3 \cdot 10^{10}s^{-1}$) nicht mehr erfüllt.

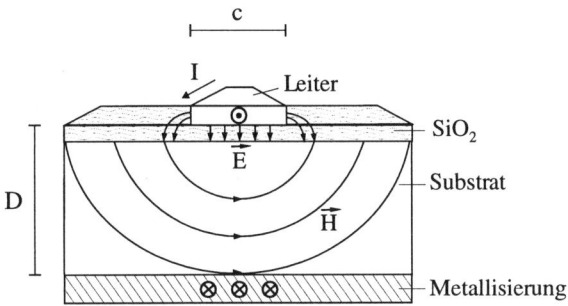

Abbildung 2.26: Feldverteilung im Substrat

Zur Beurteilung der Leitungseffekte müssen die genauen Berechnungsvorschriften aus Tabelle 2.3 herangezogen werden. Wir gehen für dieses Beispiel von einer $0,7\mu m$–Technologie mit $R' = 100m\Omega/\mu m$ und $C' = 0,2fF/\mu m$ aus. Mit $\omega = 3 \cdot 10^{10}s^{-1}$ ergibt sich

$$\vartheta = arctan \, \frac{R'}{\omega L'} = arctan \, 1,28 = 52,04^o,$$

$$\delta = 0, \text{ da } G' \approx 0,$$

$$\alpha = \frac{\omega\sqrt{L'C'}}{\sqrt{cos\vartheta \cdot cos\delta}} \, sin \, \frac{\vartheta + \delta}{2} = 380 \, \frac{1}{m},$$

$$\beta = \frac{\omega\sqrt{L'C'}}{\sqrt{cos\vartheta \cdot cos\delta}} \, cos \, \frac{\vartheta + \delta}{2} = 780 \, \frac{1}{m},$$

$$\Longrightarrow v = \frac{\omega}{\beta} = 3,8 \, \frac{cm}{ns}.$$

Die Welle breitet sich verglichen mit der Geschwindigkeit auf Leiterplatten ($v \approx 20cm/ns$) wesentlich langsamer aus. Die Ausbreitungs–Mode der vorliegenden Welle wird auch als *Slow–Wave Mode* [14] bezeichnet.

Unter diesen Voraussetzungen werden bereits kürzere Leitungen zu einem Problem. Bei einer Seitenlänge eines Mikroprozessors von rund $10mm$ sind $l = 0,5mm$ und $l = 2mm$ realistische Werte für übliche Leitungslängen. Wir interessieren uns für den Amplitudenabfall

$$l = 0,5mm: \quad e^{-\alpha l} = e^{-0,19} = 0,83,$$

$$l = 2mm: \quad e^{-\alpha l} = e^{-0,76} = 0,47.$$

Bei einer Leitungslänge von $2mm$ beträgt der Amplitudenabfall bereits 53 %. Die Höhe der ankommenden Flanke ist in diesem Falle nicht ausreichend für die erforderliche Schaltschwelle.

In einem zweiten Beispiel soll das Dämpfungsverhalten von zellbasierten Aufbauten, wie sie in ASIC–Schaltungen vorkommen, untersucht werden (Kapitel 5). Die Abb. 2.27 erlaubt einen

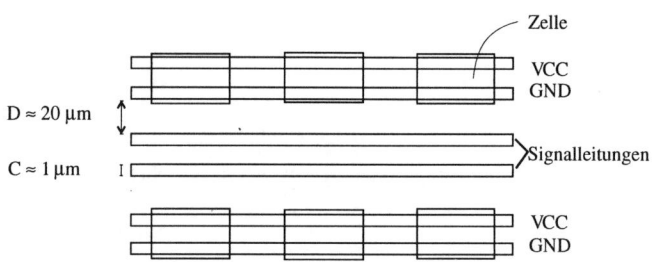

Abbildung 2.27: Schematische Darstellung einer zellbasierten Struktur

Überblick über die geometrischen Verhältnisse. Sämtliche Makrozellen haben eine einheitliche Höhe. Über ihnen verlaufen in einer Metallage die Versorgungsleitungen. Die zur Verbindung der Ports benötigten Signalleitungen verlaufen parallel zu den Versorgungsleitungen in den Verdrahtungskanälen zwischen den Zellreihen.

Nach [14] unterscheidet sich die magnetische Feldverteilung bei parallel laufenden Versorgungsleitungen nicht von der in Abb. 2.26 skizzierten, wenn der Abstand der Leiterbahnen hinreichend groß gegenüber ihrer Breite ist.

Mit $D = 20\mu m$ und $C = 1\mu m$ ergibt sich für den Induktivitätsbelag ein Wert von

$$L' = \frac{\mu}{\pi} \, ln \, \frac{2D}{C} = 1,5pH/\mu m \;.$$

Er ist gesunken im Vergleich zum vorherigen Beispiel, was bei gleichbleibendem Widerstandsbelag zu einer Erhöhung der Dämpfung führen muß. Diese Überlegung soll überprüft werden:

$$\vartheta = arctan \, \frac{R'}{\omega L'} = arctan \, 2,22 = 65,77^{\circ},$$

$$\alpha = \frac{\omega\sqrt{L'C'}}{\sqrt{cos\vartheta}} \, sin \, \frac{\vartheta}{2} = 440 \, \frac{1}{m},$$

$$\beta = \frac{\omega\sqrt{L'C'}}{\sqrt{cos\vartheta}} \, cos \, \frac{\vartheta}{2} = 681 \, \frac{1}{m},$$

$$v = \frac{\omega}{\beta} = 4,4 \, \frac{cm}{ns} \;.$$

Der Anstieg des Dämpfungsbelages führt bei einer Leitungslänge von $l = 0,5mm$ auf einen erhöhten Amplitudenabfall von 20 %: $e^{-\alpha l} = e^{-0,22} = 0,80 \;.$

Aus den Resultaten dieser Überlegungen wird zusammenfassend folgender Schluß gezogen:

───────────────── **Folgerung** ─────────────────

Bereits bei einer sehr kurzen Leitungslänge ab $0.5mm$ treten spürbare RLC–Einflüsse auf.

───

Die Berücksichtigung von Leitungen im heutigen Chipentwurf ist extrem wichtig geworden. Entscheidend ist vor allem, daß die Programme und Modelle im rechnergestützten Schaltungsentwurf spätestens ab den $0, 5\mu m$–Technologien an diese Probleme angepaßt werden.

2.1.4   Taktleitungen

In den zurückliegenden Abschnitten wurden die Leitungen bezüglich ihrer physikalischen Eigenschaften untersucht. Die Dimensionierung und die geometrische Lage der Signalleitungen hängt jedoch auch von der schaltungstechnischen Bedeutung des Signals ab. Das wichtigste Beispiel hierzu ist die Taktleitung. In synchronen Systemen ist die Verteilung des Taktsignals oftmals ein zentrales Problem, denn es sind zwei sich widersprechende Forderungen zu erfüllen:

1. Das Taktnetz ist sehr umfangreich und muß alle synchronen Teilsysteme versorgen. Je nach Komplexität des Aufbaus sind unterschiedliche Leitungscharakteristika sowie viele Knotenpunkte (Brechung) aufeinander abzustimmen.

2. Laufzeitunterschiede und –schwankungen des Taktsignals bestimmen die Mindestabstände von Entscheidungs– und Übergangsintervallen (siehe Abschnitt 4.1.2) und sind Voraussetzungen für die korrekte Funktionsweise einer Schaltung. Um hohe Taktraten erzielen zu können, muß der Einfluß dieser Laufzeitgrößen minimiert werden.

Weitverzweigte Netze weisen im allgemeinen größere Laufzeitunterschiede und –toleranzen auf. Dies gilt besonders für RC–Leitungen, wo große Anstiegs– und Abfallzeiten zu unsicheren Schaltzeitpunkten der angeschlossenen Gatter führen. Die folgenden Unterabschnitte behandeln verschiedene Ansätze zur Verteilung des Taktsignals.

2.1.4.1   Standardansätze

Unabhängig von der Höhe der Taktfrequenz sollten bei der Auslegung von Taktnetzen einige Grundsätze beachtet werden.

- Verwendung eines zentralen Taktgenerators mit niedrigem Ausgangswiderstand, der an das Taktnetz angepaßt ist, oder

- Verwendung eines mehrstufigen Baumes aus Treiberschaltungen (Abb. 2.28). Dieses Vorgehen ist besonders bei RC–Leitungen zu empfehlen.

- Das globale Taktnetz sollte möglichst niederohmig und mit kurzen Zuleitungen bei Anpassung am Leitungsende ausgelegt werden.

- Anpassung der Leitungslängen zur Minimierung der Taktabweichung (*Clock–skew*).

- Aus einem globalen Taktnetz mit wenigen Knoten können mehrere lokale Taktsignale abgeleitet werden.

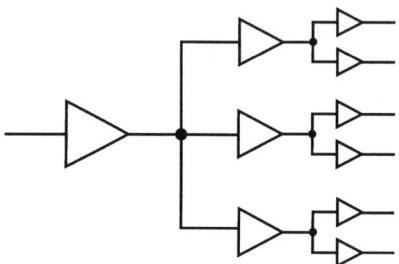

Abbildung 2.28: Taktverteilung über einen Taktbaum

2.1.4.2 Systeme mit hoher Taktfrequenz

- **H–Takt–Baum**

  Entscheidend für die korrekte Funktionsweise einer Schaltung ist, daß das im Takttreiber erzeugte Triggersignal möglichst gleichzeitig und unverzerrt an allen taktgesteuerten Schaltelementen eintrifft. Geeignet für reguläre Strukturen und daher gewöhnlich nur in integrierten Schaltungen einsetzbar ist der in Abb. 2.29 skizzierte H–Takt–Baum.

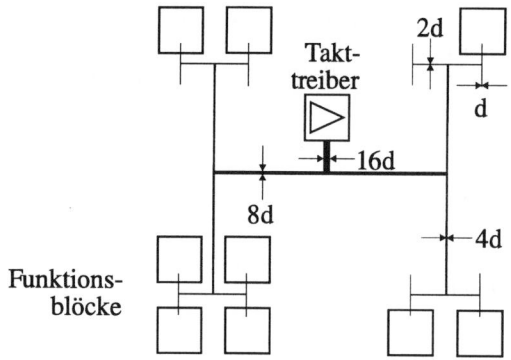

Abbildung 2.29: Auslegung des H-Takt-Baumes

Die hierarchische H–Struktur kann auch über große Chip–Flächen ausgelegt werden. Zu beachten ist das Vermeiden von Reflexionen an den Knotenpunkten, was bei RC–Leitungen durch Halbierung der Leiterbahnbreite erreicht wird. Alle Taktleitungen zu den Funktionsblöcken sind durch diese geometrische Anordnung gleich lang. Bei der vorliegenden Struktur können Verzögerungszeiten vom Takttreiber zu den Funktionsblöcken in Kauf genommen werden. Entscheidend für den Einsatz ist die gelungene Minimierung der Zeitdifferenz zwischen den einzelnen Triggerzeitpunkten der unterschiedlichen Funktionsblöcke.

● **PLL–Synchronisation lokaler Takte**

Will man den Datenaustausch zwischen unterschiedlichen Modulen eines Systems über einen synchronen Kommunikations–Bus abwickeln, so dürfen die Synchronisationszeitpunkte auf den Modulen zeitlich nicht differieren. Da die lokalen Takte erst durch unterschiedliche Takttreiber bzw. –generatoren aus dem globalen Takt abgeleitet werden und somit differierenden Verzögerungszeiten unterliegen, kann diese Forderung ohne Zusatzmaßnahmen nicht eingehalten werden.

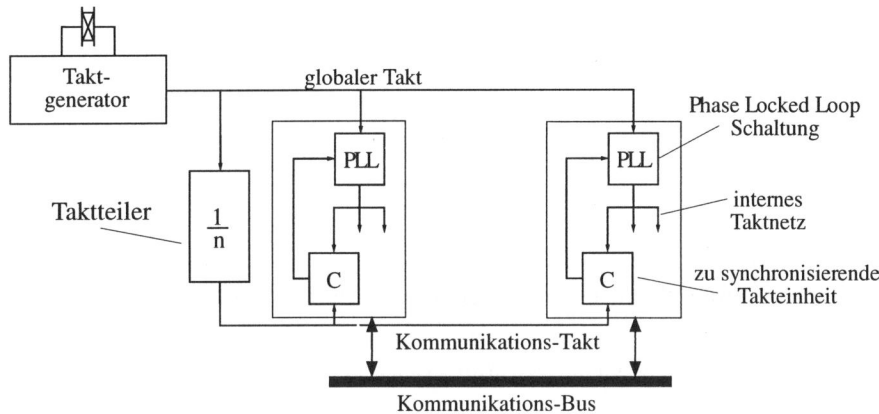

Abbildung 2.30: Synchronisation der Taktflanken mittels Phase–Locked–Loop Schaltung

Die in Abb. 2.30 dargestellte Phase–Locked–Loop Schaltung [15] synchronisiert die lokalen Taktsignalflanken mit Hilfe eines einstellbaren Verzögerungsgliedes zu einem externen Referenztakt. Vom Entwickler ist darauf zu achten, daß der erforderliche Referenztakt zeitgleich an den Modulen eintrifft. Zeitverzögerungen zwischen den Modulen können durch die PLL–Synchronisation nicht ausgeglichen werden!

Wie eine solche PLL–Schaltung aufgebaut werden kann, ist z.B. in [16] beschrieben. Abbildung 2.31 a) zeigt das Blockschaltbild eines solchen Regelkreises. Über einen Phasendetektor wird eine von der Phasenverschiebung zwischen Soll– und Istgröße abhängige Steuerspannung erzeugt. Mit Hilfe dieser Steuerspannung kann der Referenztakt über eine spannungsgesteuerte Verzögerungsleitung (Abb. 2.31 b)) zeitlich verschoben werden. Durch eine Erhöhung der Steuerspannung werden zusätzliche Kapazitäten in die Inverterkette eingebracht, die zur Veränderung der Laufzeiten beitragen. Nach der Einregelung verlaufen der externe und der Takt auf dem Chip synchron, erzielt durch eine Phasenverschiebung von 360° oder einem ganzzahligen Vielfachen. Wie in Abb. 2.30 angedeutet, muß die Synchronisation nicht bei jeder Flanke erfolgen, sondern kann auch auf das n-fache einer Taktperiode ausgelegt werden.

Eine Anwendung findet die PLL–Synchronisation in schnellen Meßsystemen und bei der Ableitung des internen Takts von heutigen Mikroprozessoren.

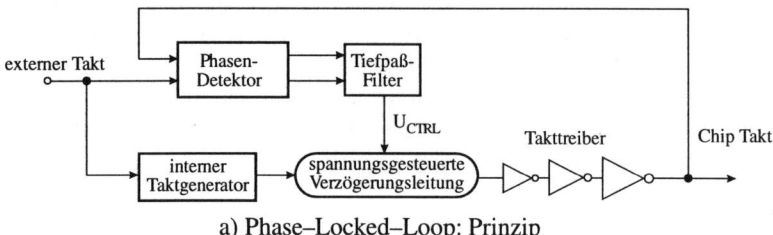

a) Phase–Locked–Loop: Prinzip

b) Aufbau der spannungsgesteuerten Verzögerungsleitung

Abbildung 2.31: Aufbau einer PLL-Schaltung

- **Alternative: Asynchrone Kommunikation**

  Diese Alternative ist besonders für RC–Leitungen mit ihren hohen Verzögerungszeiten interessant. Durch das Wegfallen des Synchronisationssignals (Takt) müssen zusätzliche Quittungssignale, auch Handshake–Leitungen genannt, hinzugefügt werden. Die korrekte Kommunikation wird durch gegenseitiges Anfordern (*request*) und Bestätigen (*acknowledge*) gewährleistet. Abbildung 2.32 verdeutlicht das Schaltungsprinzip. Die einzelnen Schaltungsblöcke können intern synchron arbeiten, ihre Takte brauchen nicht zueinander korrelieren. Hierzu hatte sich eine eigene asynchrone Schaltungstechnik entwickelt, die in den letzten Jahren auch in praktischen Systemen vereinzelt eingesetzt wurden. Der Leser sei auf [17, 18, 19] verwiesen.

2.2   Störungen

Bisher wurden nur Einflüsse der Systemkomponenten auf das sich ausbreitende Quellsignal behandelt. Dieses Signal kann jedoch durch Vorgänge in der Umgebung beeinflußt und verändert werden. Diese unbeabsichtigten Effekte werden als Störungen bezeichnet, die in zwei Kategorien eingeteilt werden:

- *interne Störungen* : Gegenseitige Beeinflussung von Schaltvorgängen

- *externe Störungen* : Störungen auf dem Versorgungsnetz, Elektromotoren, statische Aufladung, etc.

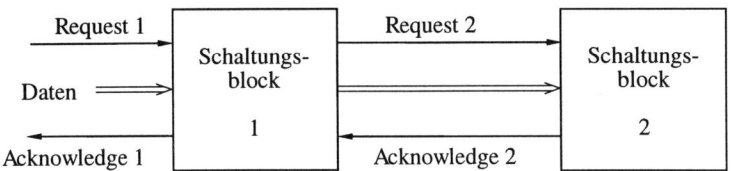

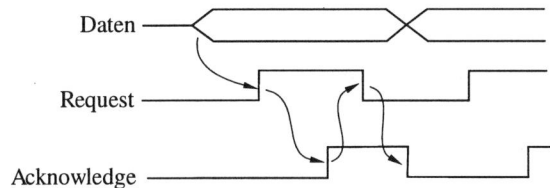

Abbildung 2.32: Asynchrone Kommunikation mit Quittungssignalen

2.2.1 Interne Störungen

2.2.1.1 Galvanische Kopplung über die Stromversorgungsleitungen

Die galvanische Kopplung durch die Versorgungsleitungen ist eine Hauptstörungsart in digitalen Schaltungen. Ihre Ursache liegt in schaltenden Gattern, die ihre Stromaufnahme ändern und durch sich ausbreitende Störimpulse auf den Versorgungsleitungen die Ausgänge anderer Gatter beeinflussen können. Abbildung 2.33 zeigt das Prinzip. Die Versorgungsleitung ist zur Verringerung der Verlustleistung im allgemeinen am Ende offen, und auch der Innenwiderstand der Stromversorgung ist generell nicht angepaßt. Unbeabsichtigte Reflexionen sind die Folge.

Die Störimpulse führen zu einem temporären Spannungsabfall über die Masseleitung, durch den das Bezugspotential (Masse) ortsabhängig wird. Störimpulse werden somit direkt in die Signalleitungen eingekoppelt.

Sei $U_{Ast}(t)$ die gestörte Signalspannung und $U_A(t)$ die ungestörte, dann gilt für die *galvanische Störung*

$$U_{Ast}(t) = U_A(t) + U_{st}(t) \,.$$

Allgemeines Ziel beim Schaltungsaufbau sollte daher eine Reduktion des Wellenwiderstands Z_0 sein, um die Amplitude des Störimpulses $U_{st}(t)$ für einen gegebenen Schaltstrom I_s zu minimieren. Der Wellenwiderstand der verlustarmen Versorgungsleitung bestimmt sich aus $Z_0 = \sqrt{L'/C'}$. Der Induktivitätsbelag sollte daher möglichst klein, der Kapazitätsbelag möglichst groß sein. Der Anwender hat die Möglichkeit, durch Dimensionierung der Versorgungsleitungen (Beispiel in Abb. 2.21) auf Leiterplatten diese Größen positiv zu beeinflussen. Auf Busplatinen werden sogar ganze Lagen als Versorgungsebenen deklariert. Die Lage des Versorgungsnetzes, wie es üblicherweise auf integrierten Schaltungen angelegt ist, verdeutlicht Abb. 2.34. Mehrere

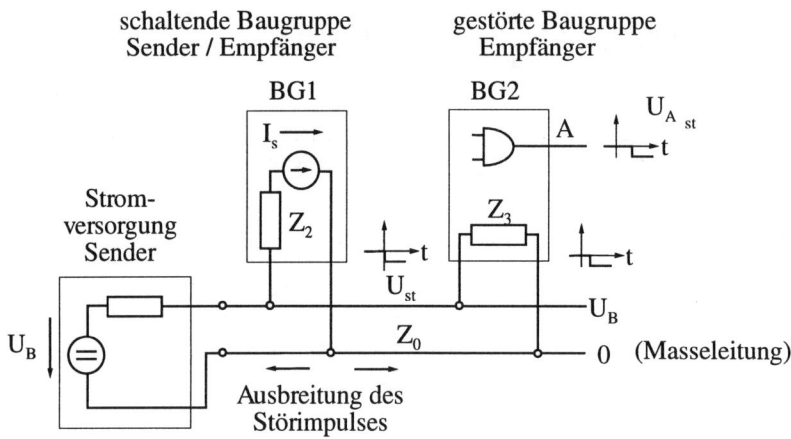

Abbildung 2.33: Ausbreitung einer Störung durch galvanische Kopplung

Versorgungs–Pins teilen die Lastströme auf und vermindern somit zusätzlich Störeffekte, wie z.B. den Ground Bounce.

2.2.1.2 Ground Bounce

Diese Störung wird durch die hohe Induktivität der Versorgungsleitung verursacht. Abbildung 2.35 veranschaulicht die Störungsart anhand des Umschaltens eines 8–Bit Busses. Die Induktivität des Versorgungs–Pins (Abb. 2.34) wird durch L_{Chip} modelliert, die der Zuleitungen außerhalb des Chips durch L_Z [20]. Die angedeutete Stützkapazität $C_{Stütz}$ bleibe bei den folgenden Überlegungen unberücksichtigt.

Angenommen, sieben der acht Busleitungen schalten innerhalb einer Zeitspanne von $t_f = 4ns$ von $3,5V$ auf $0,5V$, dann ergeben sich für die beiden Schaltzustände Treiberströme von

$$I_{aH} = \frac{-1V}{50\Omega} = -20mA \quad \text{für } U_a = 3,5V \quad \text{und}$$

$$I_{aL} = \frac{2V}{50\Omega} = 40mA \qquad \text{für } U_a = 0,5V \;.$$

Bei fallendem Ausgangspegel entsteht ein Strom von $I_{aL} = 40mA$ über die Massezuleitung, während der Strom zur Betriebsspannung unterbrochen wird. Wir interessieren uns hier nur für die Massezuleitung. Die Störspannung über den Induktivitäten während des Schaltvorganges berechnet sich mit A als Anzahl der schaltenden Treiber aus

$$U_{st} = A \cdot (L_{chip} + L_Z) \cdot \frac{dI_a}{dt} \approx A \cdot (L_{Chip} + L_Z) \cdot \frac{I_{aL} - 0A}{t_f}$$

$$\approx 7 \cdot 30nH \cdot \frac{40mA}{4ns} = 2,1V.$$

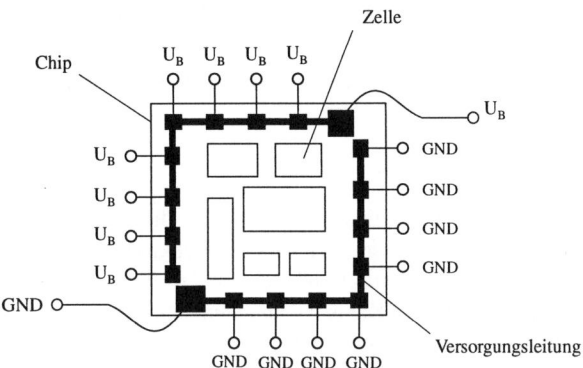

Abbildung 2.34: Beispiel für die Anordnung von Versorgungsleitungen auf integrierten Schaltungen

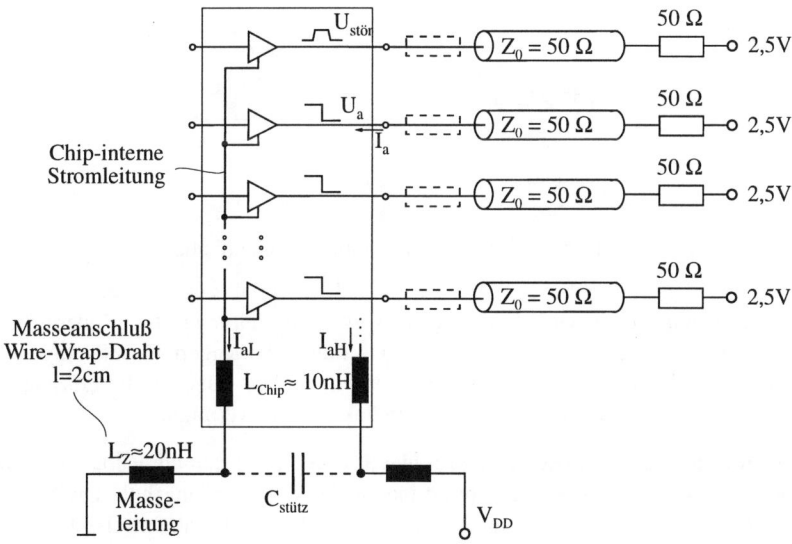

Abbildung 2.35: Entstehung des *Ground Bounce* durch Leitungsinduktivität

Für die Dauer von $4ns$ ist eine Störspannung von $U_{st} = 2, 1V$ der achten Leitung überlagert. Dieser kurze Spannungs–Peak hat bereits eine kritische Höhe, die zum Schalten der FACT–Serie (siehe Abb. 1.7) genügen könnte.

Der Effekt des Ground Bounce kann durch Gegenmaßnahmen vermindert werden:

- Erhöhung der Kapazität durch

  1. *Stützkondensatoren*,

     die dicht an den Störern plaziert werden, d.h. direkt an den Versorgungs–Pins des ICs. Aufgrund ihrer geringen parasitären Induktivität werden vorzugsweise Keramikkondensatoren von etwa $100nF$ verwendet. Hinzu kommen Elektrolytkondensatoren, die mit ihrer hohen Kapazität anhaltende Störungen abfangen und gewöhnlich an der Versorgungsschnittstelle der Leiterplatte positioniert werden. Mit Hilfe der Abb. 2.35 wird deutlich, daß diese Maßnahme jedoch nur die durch L_Z hervorgerufene Störspannung verhindern kann.

  2. Verbesserung der *Stromversorgungsebenen*

     Bei Mehrlagenplatinen, auch als Busplatinen bezeichnet, werden ganze Lagen als Versorgungsebenen ausgelegt. Das verringert L bei gleichzeitiger Erhöhung von C. Die Einführung von Stromversorgungsebenen auf Leiterplatten vermindert zugleich die elektromagnetische Kopplung unterschiedlicher Signalleitungen. Bevorzugt werden asynchrone von synchron schaltenden Signalen (z. B. Busse) getrennt (Tabelle 2.8).

     Eine weitere Möglichkeit ist die Verwendung von Flachbandkabeln (Abb. 2.36) anstelle einzelner Kabel. Eine zusätzliche Abschirmung bewirkt die Verbesserung der Belaggrößen.

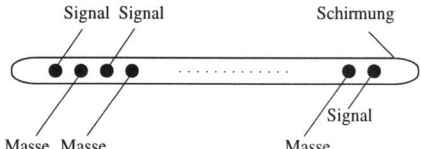

Abbildung 2.36: Aufbau eines Flachbandkabels

- Der Kopplungseffekt wird durch eigene Versorgungsleitungen für größere Störer oder durch sternförmige Auslegung des Masseanschlusses verringert. Großflächige integrierte Schaltungen beinhalten zusätzlich mehrere Versorgungs–Pins, um die Leitungswege auf dem Chip kurz zu halten und die Gesamtinduktivität zu vermindern.

- Eine Begrenzung der Anzahl gleichzeitiger Schaltvorgänge (*simultaneous switching limit*) oder eine Strombegrenzung garantiert maximalen Störspannungshub. Die Strombegrenzung (gestrichelt eingezeichneter Widerstand in Abb. 2.35) hat als entscheidenden Nachteil eine Fehlanpassung am Gatterausgang.

- Negative Störspannungen können durch Schutzdioden (siehe Abschnitt 3.1.1.3) begrenzt werden.

Lage	Zwischenschicht	ϵ_r	Dicke (μm)
Pads			17
	HPGC	3,2	50
Ground			17
	PDP 77GS	2,8	500
Signal			17
	HPGC	3,2	50
Signal			17
	PDP 77GS	2,8	500
Power			17
	HPGC	3,2	50
Ground			17
	PDP 77GS	2,8	500
Signal			17
	HPGC	3,2	50
Signal			17
	PDP 77GS	2,8	500
Power			17
	HPGC	3,2	50
Pads			17

Gesamtdicke = 2,43 mm

Tabelle 2.8: Beispiel für den Aufbau einer 10–Lagen–Platine (nach [21])

2.2.1.3 Induktivität an den Verbindungsstellen

Eine weitere Schwachstelle bei der Entstehung galvanischer Störungen ist die Induktivität von Verbindungsstellen. In Abb. 2.37 a) ist die Verbindung eines IC zum Pin skizziert, bestehend aus einem Bond–Draht, der Leitung im Gehäuse und dem Anschluß–Pin. Nach [22] beträgt die Induktivität des Bond–Drahtes $0,25 - 2nH$, die des Gehäuse–Pins $10 - 50nH$.

Die Abb. 2.37 b) veranschaulicht die Verbindung eines Boards über einen Busstecker. Bei einem genormten Stecker mit $D = 2,54mm$ und $d = 0,6mm$ ergibt sich eine Induktivität von rund $10nH$ zum benachbarten Steckkontakt.

2.2.1.4 Skin–Effekt

Die Störspannungen, die allgemein beobachtet werden, sind oftmals größer als das Modell der verlustarmen Leitung erwarten läßt. Grund hierfür ist der *Skin–Effekt*, der R' für hohe Frequenzen ansteigen läßt.

Bei hohen Frequenzen verteilt sich der Strom nicht mehr gleichmäßig über den Querschnitt eines Leiters, sondern drängt an die Oberfläche. Die Ursache sind elektrische Wirbelfelder, die im

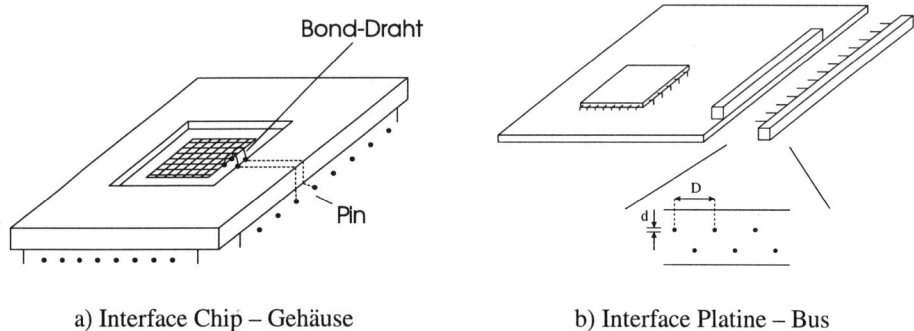

a) Interface Chip – Gehäuse   b) Interface Platine – Bus

Abbildung 2.37: Parasitäre Induktivitäten an Verbindungsstellen

Leiterinnern durch den Stromfluß induziert werden. Die Stromdichte ist nach einer *Eindringtiefe*

$$d = \sqrt{\frac{\varrho}{\pi \cdot \mu \cdot \omega}}$$

auf den e–ten Teil abgefallen. Dadurch sinkt der effektive Leiterquerschnitt für hohe Frequenzen, und R' steigt proportional zu $\sqrt{\omega}$.

Der Skin–Effekt wird wirksam, weil

a) die Versorgungsleitungen i.a. einen größeren Durchmesser als Signalleitungen besitzen und

b) bei manchen Schaltvorgängen, besonders der Taktung, hohe Schaltströme auftreten.

Im folgenden Beispiel sei zur Vereinfachung der Strom bei der Eindringtiefe d anstatt auf 1/e auf Null abgefallen. Bei einem Kupferleiter mit $D = 1mm$ Durchmesser ergibt sich für den statischen Fall ein Widerstandsbelag von

$$R' = \frac{4 \cdot \varrho_{cu}}{\pi \cdot D^2} = \frac{4 \cdot 1,6 \mu \Omega cm}{\pi \cdot 1mm^2} = 20m\Omega/m.$$

Für Schaltzeiten im Bereich von $t_s = 1ns$ folgt

$$\omega \geq 6 \cdot 10^9 s^{-1}: \quad d = \sqrt{\frac{\varrho_{cu}}{\pi \cdot \mu \cdot \omega}} = 0,85 \mu m$$

$$\Rightarrow R' = \frac{4 \cdot \varrho_{cu}}{\pi \cdot [D^2 - (D - 2d)^2]} = 6\Omega/m .$$

Bei Schaltströmen von $I_{Schalt} = 100mA$ fällt über eine Leitungslänge von $l = 20cm$ eine Spannung von $\Delta U \approx 0, 12V$ ab. Dieser Effekt ist zwar vergleichsweise gering, er sollte jedoch nicht unbeachtet bleiben. Auf modernen Prozessorplatinen können nämlich durchaus Gesamtströme von $I_{Schalt} = 10A$ geschaltet werden.

Als Gegenmaßnahmen werden Leitergeometrien mit großer Oberfläche gewählt sowie Stützkondensatoren an die Anschlüsse zu den Stromversorgungsschienen gesetzt.

2.2.1.5 Alternative Gegenmaßnahme für alle galvanischen Störungen

Werden die Signale, wie in Abb. 2.38 angedeutet, symmetrisch übertragen, so beeinflußt die galvanische Störspannung Empfänger und Sendeseite. Es wird quasi die gestörte Masse als Referenz übertragen. Durch eine differentielle Detektion des Eingangssignals verliert die Störung ihren Einfluß.

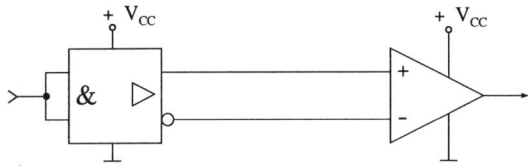

Abbildung 2.38: Prinzip der symmetrischen Signalübertragung

2.2.1.6 Kapazitive und induktive Kopplung von Signalleitungen

In digitalen Schaltungen sind Kopplungseffekte zwischen mehreren Leitungen i. a. nicht beabsichtigt, sondern treten als Störeffekte auf. In Abb. 2.39 ist die elektromagnetische Kopplung zwischen parallel laufenden und sich kreuzenden Leitungen angedeutet. Schaltvorgänge auf einer Leitung rufen Störungen auf der benachbarten hervor, die wiederum auf die störende Leitung zurückwirken.

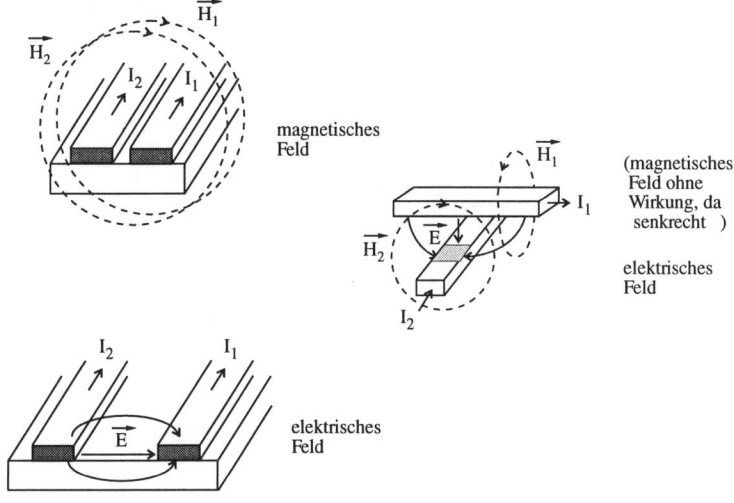

Abbildung 2.39: Kopplungseffekte zwischen Signalleitungen

Bei der Betrachtung von Leitungssystemen müssen zu Belägen aus Abb. 2.9 die Gegeninduktivitätsbeläge M'_{12} und M'_{21}, die Querkapazitätsbeläge C'_{12} und C'_{21} sowie die Queradmittanzbeläge G'_{12} und G'_{21} berücksichtigt werden. Die komplexen Differentialgleichungen (2.4) und (2.5) für beide Leitungen verändern sich zu

$$-\frac{dU_1}{dx} = (R'_1 + j\omega L'_1)I_1 + j\omega M'_{12}I_2\,,$$

$$-\frac{dU_2}{dx} = (R'_2 + j\omega L'_2)I_2 + j\omega M'_{21}I_1\,,$$

$$-\frac{dI_1}{dx} = (G'_1 + j\omega C'_1)U_1 - (G'_{12} + j\omega C'_{12})(U_2 - U_1)\,,$$

$$-\frac{dI_2}{dx} = (G'_2 + j\omega C'_2)U_2 - (G'_{21} + j\omega C'_{21})(U_1 - U_2)\,.$$

Zur Bestimmung der Kopplungseffekte betrachtet man die Leitungen zusammen als ein *System von Leitungen*, auf dem sich Wellen ausbreiten. Wie in [11] beschrieben, kann man ein orthogonales System von Eigenwellen bestimmen, durch deren Superposition sich alle Ausbreitungsvorgänge beschreiben lassen.

Flachbandkabel und Busse können bewußt als homogene Mehrfachleitung ausgelegt werden, wenn alle Signale synchron getaktet werden. In Abb. 2.36 entfallen dann die trennenden Masseleitungen, was einer Kostenersparnis entspricht. Die Berechnung derartiger Ausbreitungsvorgänge ist hinreichend untersucht worden (siehe Bsp. in [23]).

Bei geeigneter Leiterbahngeometrie kann die Überkopplung verringert oder sogar vollständig beseitigt werden (durch Kompensation der Effekte von magnetischem und elektrischem Feld: Richtkoppler). Evtl. verbleibende Kopplungseffekte werden in ihrem Spannungshub abgeschätzt und als Störungen betrachtet. Exakte Berechnungen erweisen sich als schwerfällig, da eine Leitung selten über eine längere Strecke gleiche Kopplungswiderstände aufweist (Bsp. Abb. 2.40).

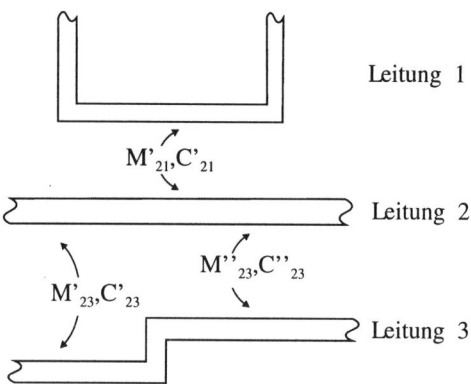

Abbildung 2.40: Veränderung der Kopplung durch geänderte Leitungsführung

In der Praxis verhelfen im wesentlichen drei Maßnahmen zur Reduzierung der Einflüsse der Leitungskopplung:

1. **Vermeidung von über eine längere Wegstrecke parallel verlaufender Leitungen**.

   Die Gegeninduktivität und die Kopplungskapazität verhalten sich proportional zur Leitungslänge

   $$M_{12} = M'_{12} \cdot l \,,$$
   $$C_{12} = C'_{12} \cdot l \,.$$

   Der Hauptansatz bei integrierten Schaltungen ist daher, eine parallele Leitungsführung möglichst kurz zu halten.

2. **Leitungen räumlich dicht zur Masseleitung führen**.

   Durch diese Maßnahme wird zunächst der Kapazitätsbelag bezüglich der Masse erhöht. Der Vorteil dieses Vorgehens wird klar, wenn man (2.14) nach U_1 auflöst.

   $$U_1 = -\frac{dI_1}{dx} \cdot \frac{1}{j\omega(C'_1 + C'_{12})} + \underbrace{U_2 \cdot \frac{C'_{12}}{C'_1 + C'_{12}}}_{\text{Störspannung}}$$

   Der Störeinfluß durch den kapazitiven Spannungsteiler C'_{12} , C'_1 (Abb. 2.41) wird durch Erhöhen von C'_1 vermindert, da der überwiegende Spannungsanteil über C'_{12} abfällt.

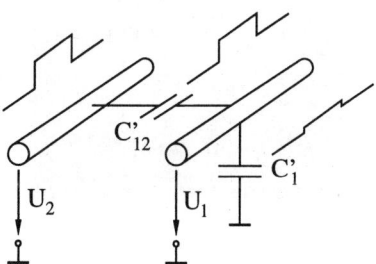

Abbildung 2.41: Kapazitiver Spannungsteiler bei gekoppelten Signalleitungen

Ein in Abb. 2.42 angedeuteter Nebeneffekt der räumlich dichten Masseleitung ist eine Abschwächung des Streufeldes M_{12}.

3. **Symmetrische Signalführung durch** *Verschlagen* **der Leitung** (Abb. 2.44).

   Durch das Verschlagen wirken elektrische und magnetische Störfelder auf beide Leiter symmetrisch ein. Eingekoppelte Störungen heben sich weitgehend auf. Dieser Effekt wird bei der Auslegung von LAN–Netzen, Bussen bis hin zu integrierten Halbleiterspeichern (ab 16 Mbit RAM) ausgenutzt. Einen Ausschnitt aus einem Mitsubishi DRAM zeigt die aus [24] entnommene Abb. 2.43. Sie zeigt das Verschlagen einer Wortleitung (Kapitel 5).

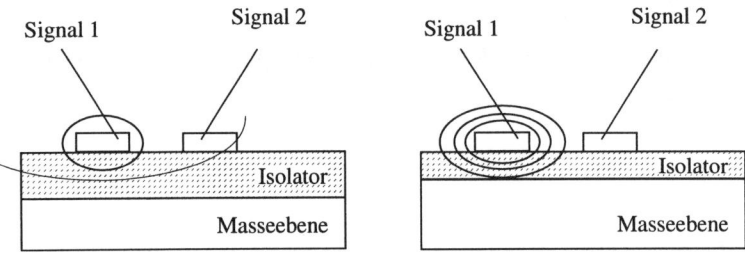

Abbildung 2.42: Schwächung der induktiven Kopplung durch Verringerung der Isolationsschicht

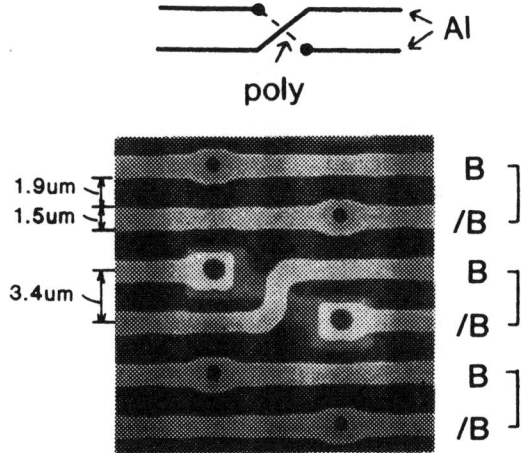

Abbildung 2.43: Verschlagene Bitleitung eines 16Mbit DRAMs (aus [24])

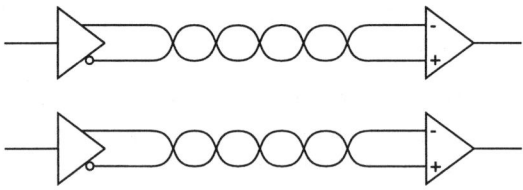

Abbildung 2.44: Symmetrische Signalübertragung durch Verschlagen der Leitungen

Bei Störspannungen außerhalb des Bereiches eines definierten Schaltverhaltens ist zusätzlich zur symmetrischen Übertragung eine galvanische Entkopplung erforderlich. Als Möglichkeit zur Entkopplung stehen Übertrager und Optokoppler (Abb. 2.45) zur Verfügung.

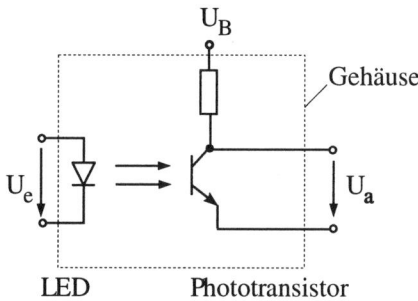

Abbildung 2.45: Prinzip eines Optokopplers

2.2.2   Externe Störungen

Das Stichwort zu externen Störungen lautet *Elektromagnetische Verträglichkeit* (EMV). Schutzmaßnahmen gegen die elektromagnetische Einkopplung externer Störer sind

- Abschirmung

  a) elektrische Felder: Schirm aus elektrisch gut leitendem Material, z. B. Kupfer

  b) magnetische Felder: ferromagnetischer Schirm

- Tiefpaß–Filter auf (Versorgungs–)Leitungen gegen galvanische Kopplung

- Symmetrische Signalübertragung (siehe oben) gegen alle Störungen

- Optische Signalübertragung

Auch die von digitalen Schaltungen ausgehenden Störungen sind beim Entwurf zu beachten und unterliegen strengen gesetzlichen Regelungen. Grundsätzlich kann eine Schirmung der Geräte und Leitungen gegen extreme Ausbreitung elektrischer und magnetischer Felder Abhilfe bringen, aber dies ist oft zu teuer. In Anhang D werden einige Grundregeln zur Verringerung der Störungen durch digitale Schaltungen gegeben. Im übrigen gibt es hier auch erste CAD–Programme, die solche Entwurfsregeln qualitativ überprüfen. Eine genaue quantitative Analyse ist sehr rechenzeitaufwendig, da sie auf Feldberechnungen im Gesamtsystem hinausläuft. Hier bleiben im Zweifelsfall nur praktische Experimente.

2.2.2.1   Optische Signalübertragung

Die optische Signalübertragung bietet durch schnelle Weiterentwicklung der Komponenten eine zunehmend lohnende Alternative zur elektromagnetischen Übertragung (billige Halbleiterlaser aus der Konsumelektronik, z.B. CD–Abspielgeräte). Das Prinzip (Abb. 2.46) ist die Einkopplung von Lichtimpulsen einer festen Wellenlänge in Lichtleiter (Glas– oder Kunststoffaser).

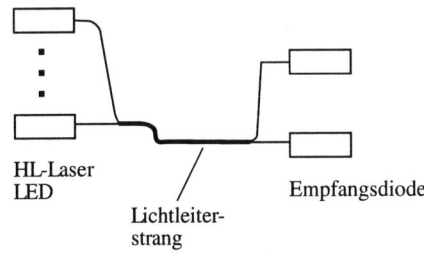

HL-Laser
LED
Lichtleiter-
strang
Empfangsdiode

Abbildung 2.46: Optische Signalübertragung

Vorteile:

- hohe Impulsrate (derzeit schon $> 10GHz$)

- keine Beeinflussung durch magnetische oder elektrische Felder, was eine große Packungs-dichte der Fasern und kleine Abmessungen erlaubt

- Störsicherheit

Nachteile:

- hoher Aufwand

- Verarbeitung der Leitungen sowie der Leitungsverbinder

- hohe Dämpfung

Aufgrund der Nachteile wird die optische Übertragung heute nur auf Systemebene [25] und in LAN–Netzen eingesetzt. Die Forschung beschäftigt sich derzeit intensiv mit Verbund–Halbleitern (Chip–Chip–Verbindungen auf optischem Wege) [26].

2.2.3   Bemerkungen zum praktischen Schaltungsentwurf

2.2.3.1   Bestimmung und Modellierung von Leitungseffekten

Generell wird das Leitungsverhalten in Programmen zum rechnergestützten Schaltungsentwurf (CAE) durch eine begrenzte Anzahl konzentrierter Bauelemente oder kurzer Leitungsstücke nachgebildet. Wir unterscheiden die beiden Fälle

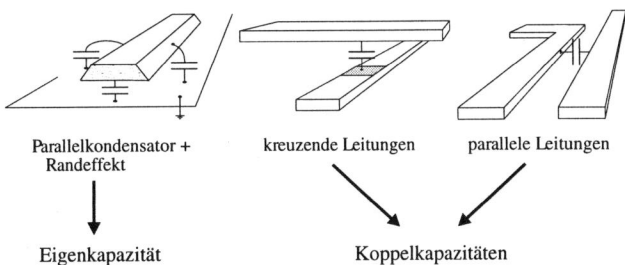

Parallelkondensator +   kreuzende Leitungen   parallele Leitungen
Randeffekt

Eigenkapazität   Koppelkapazitäten

Abbildung 2.47: Extraktion von Leitungskapazitäten (nach [27])

- **Integrierte Schaltungen**

  Leitungen auf integrierten Schaltungen werden häufig nur durch ein einziges RC–Glied modelliert, manchmal gar nur als (zusätzliche) Kapazität berücksichtigt. Mit abnehmender Strukturgröße nimmt jedoch die Bedeutung von Leitungslaufzeiten und Kopplungen zu. Diese simple Modellbildung wird dann zu ungenau.

  Man behilft sich in diesen Fällen mit einer rechnergestützten Analyse des Schaltungslayouts (*Parameter–Extraktion* siehe Abb. 2.47 und Abb. 2.48). Wie in [27] gezeigt, werden die Leitungen in kurze Leitungsabschnitte zerlegt und durch konzentrierte Bauelemente modelliert. Der Aufwand der Zerlegung bestimmt die Genauigkeit des Modells.

- **Leiterplattenentwurf**

  Wie bei den integrierten Schaltungen nimmt die Bedeutung der Leitungseffekte zu. Gründe hierfür sind zunehmende Taktfrequenzen, abnehmender dynamischer Störabstand sowie automatisierter Layoutentwurf, der anstatt auf geringe Störungen auf geringe Leitungslängen optimiert ist.

  Ähnlich wie bei den integrierten Schaltungen helfen rechnergestützte Analysen mittels Parameter–Extraktoren bei der Modellierung.

2.2.3.2   Berücksichtigung von Leitungseffekten im Schaltungsentwurf auf Gatterebene

Drei Effekte sind beim Entwurf zu berücksichtigen:

- **Leitungslaufzeiten**

  Diese werden den Zeiten t_r , t_f oder t_{pd} zugeschlagen oder durch Einführung von Laufzeitelementen berücksichtigt.

- **Reflexionen**

  Die Zeit bis zum Abklingen der Reflexionen wird als Verzögerungszeit behandelt und wird wie die Leitungslaufzeiten in t_r , t_f und t_{pd} berücksichtigt.

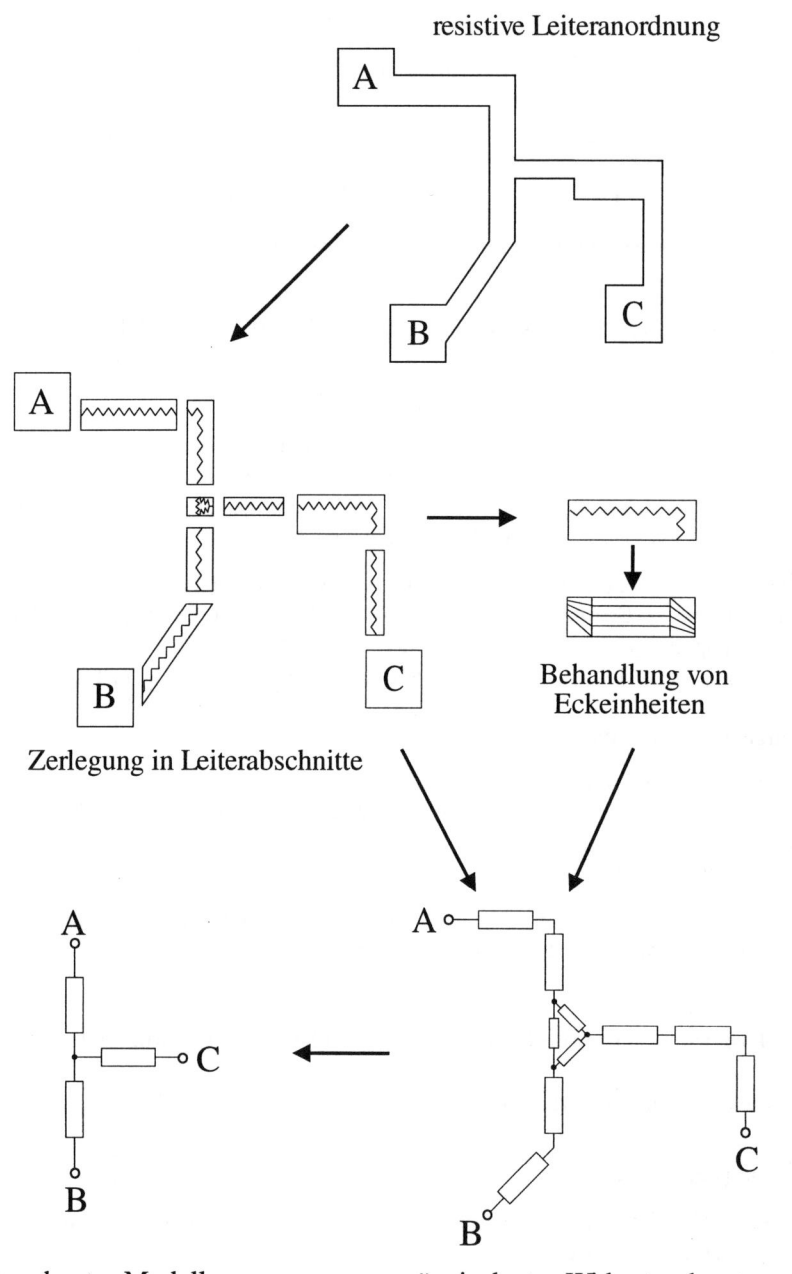

resistive Leiteranordnung

Zerlegung in Leiterabschnitte

Behandlung von
Eckeinheiten

berechnetes Modell

äquivalentes Widerstandsnetzwerk

Abbildung 2.48: Vorgehensweise bei der Extraktion von Leitungswiderständen (nach [27])

- **Störungen**

  Die Schaltung ist grundsätzlich so auszulegen, daß dynamische Störungen vermieden werden, da sie auf Logikebene nicht modelliert werden können. Eine Ausnahme bilden synchrone Signale. Die Störungen haben dort keinen Einfluß, sofern sie bis zum Abtast-zeitpunkt abgeklungen sind.

  Ein Beispiel für eine kapazitive Kopplung zwischen Leiterbahnen zeigt Abb. 2.49. Der am Ausgang der oberen Gatterkette auftretende *Glitch* kann durch eine rein logische Analyse nicht aufgedeckt werden.

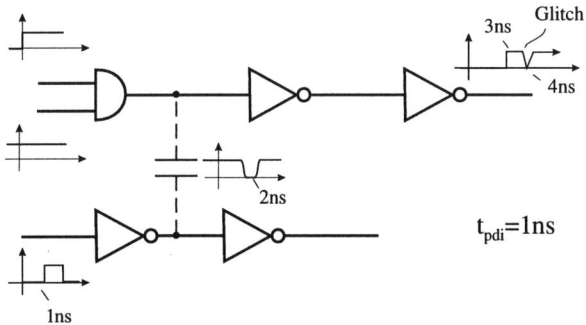

Abbildung 2.49: Entstehung eines *Glitches* durch Leitungskopplung

Kapitel 3

Digitalschaltungsfamilien

3.1 Bipolare Digitalschaltungsfamilien

Die bipolaren Digitalschaltungsfamilien bauen auf Bipolartransistoren auf. Dem npn–Transistor wird der Vorzug gegenüber dem pnp–Transistor gegeben, da beim npn–Transistor der Strom durch die Basis (Minoritätsträgerstrom) aus Elektronen besteht, die eine höhere Beweglichkeit μ_n besitzen als der Defektelektronenstrom im pnp–Transistor ($\mu_n \approx 3 \cdot \mu_p$). Dies gestattet ein schnelleres Schalten und einen größeren Stromfluß bei gleicher Geometrie. Abb. 3.1 zeigt schematisch einen Schnitt durch die in der Bildtiefe geschlossene Struktur eines vertikalen npn–Transistors. Wie noch zu sehen sein wird, haben die parasitären Kapazitäten einen entscheidenden Einfluß auf die dynamischen Eigenschaften der Gatter. Im Laufe der technologischen Entwicklung legte man daher besonderes Augenmerk auf eine Verringerung dieser Kapazitäten, z.B. durch Einbringen einer Isolierung um den Bereich des BC-Übergangs (SiO_2), durch Verkleinerung der Basis sowie durch Verringerung der Widerstände (kleine Basisdicke, n^+–Dotierung bis zum Kollektoranschluß).

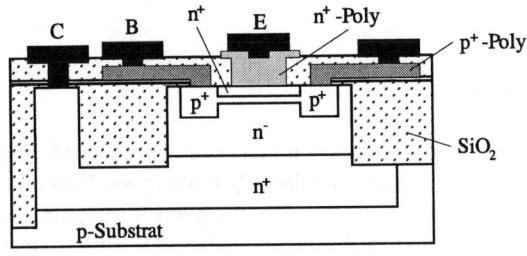

Abbildung 3.1: Struktur eines vertikalen npn–Transistors

3.1.1   Noch einmal : TTL

Die TTL–Technik ist heute nicht mehr von industriellem Interesse. Sie ist jedoch von ihrer Entwicklung her von größerer Bedeutung, da sie das Wechselspiel von Fortschritten der Bauelemente–Technologie und der Schaltungstechnik leicht verständlich aufzeigt, was beim Variantenreichtum und den vielfältigen Abhängigkeiten der gegenwärtigen Technologien schwieriger ist. Mit Ausnahme der dynamischen Logik gibt sie auch einen Einblick in die wichtigsten Prinzipien der Digitalschaltungen.

Da das Funktionsprinzip eines TTL–Gatters mit Multiemittertransistor, Phasenaufspaltung und Totem–Pole–Gegentaktendstufe bereits in Abschnitt 1.2 ausführlich diskutiert wurde, sei zur Erinnerung lediglich in Abb. 3.2 ein TTL–NAND–Grundgatter mit zwei Eingängen dargestellt. Im folgenden werden wir aus diesem Grundgatter Spezialschaltungen ableiten.

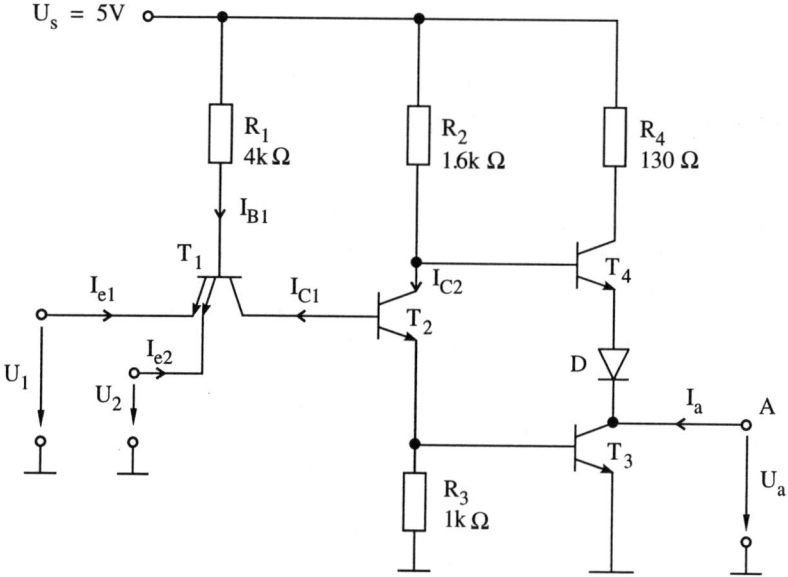

Abbildung 3.2: Standard TTL–Gatter der Familie 7400

3.1.1.1   Wired AND/OR

Normalerweise werden logische Funktionen *innerhalb* eines Gatters realisiert. Es gibt jedoch eine Reihe von Anwendungen, wo die räumliche Verteilung von Funktionen sinnvoll ist. Hierzu steht in TTL–Technik die *Open Collector* Schaltung zur Verfügung. Dabei besteht die Ausgangsstufe des Grundgatters aus Abb. 3.2 ausschließlich aus dem Transistor T_3 (siehe Abb. 3.3). Um ein funktionsfähiges Gatter aufzubauen, muß dieser „offene " Kollektor über einen externen Widerstand R_C mit der Versorgungsspannung U_S verbunden werden. Wie in Abb. 3.3 dargestellt, können in diesem Fall mehrere Ausgänge direkt miteinander verbunden werden, um gemeinsam eine Funktion zu realisieren. U_a nimmt L–Pegel an, wenn mindestens einer der Ausgangstransistoren leitet, H–Pegel hingegen nur, wenn alle Transistoren sperren. Für positive Logik stellt dieses eine verteilte UND–Verknüpfung dar, in negativer Logik eine verteilte ODER–Verknüpfung.

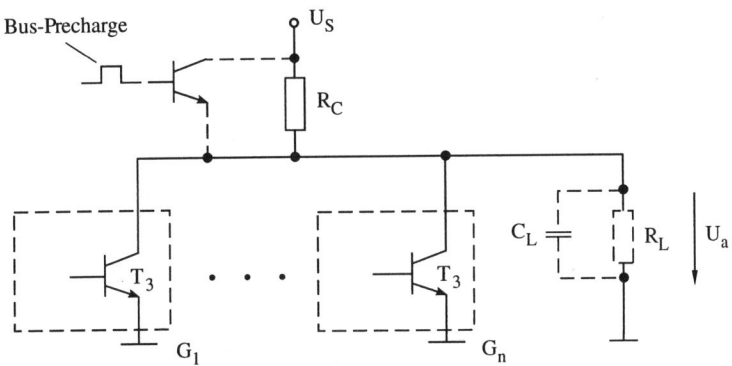

Abbildung 3.3: Verteilte UND–/ODER-Verknüpfung

Mit diesem Aufbau lassen sich einige Aufgaben elegant lösen. Als Beispiel denke man an eine Steuerleitung eines Busses. Um einen Übertragungsfehler zu signalisieren, wird eine Busleitung reserviert, an die jede Baugruppe mit einem *Open Collector* angeschlossen ist. Sobald eine Baugruppe mit einem L–Pegel einen Fehler signalisiert, ist der Fehlerzustand allen anderen bekannt, die mit je einem Eingang an die Leitung angeschlossen sind. Damit wird eine weit kostenintensivere Einzelverdrahtung oder ein zeitaufwendiges Protokoll vermieden. Eine wichtige Rolle spielen die verteilten Funktionen in den regulären Schaltungsstrukturen (Kapitel 5).

Nachteil dieser verteilten Funktionen ist der Verzicht auf die Gegentaktendstufe. Zum einen wird die Verlustleistung im Falle eines L–Pegels durch Querströme erhöht. Dabei steigt U_{OL} an und das Fan–Out sinkt, denn T_3 muß nicht nur die Eingangsströme der angeschlossenen Gatter aufnehmen, sondern auch den Strom über R_C. R_C ist nicht beliebig groß wählbar, denn bei H–Pegel fließen die Eingangsströme über diesen Widerstand. Dabei muß eine Mindestspannung für U_{OH} eingehalten werden.

Zugleich vergrößert sich die Zeitkonstante beim Pegel–Wechsel von L $\rightarrow$ H, da die Lastkapazität C_L durch die Parallelschaltung der Widerstände R_C und R_L mit der Zeitkonstanten

$$\tau = \frac{R_L R_C}{R_L + R_C} \cdot C$$

aufgeladen wird. Die Dimensionierung von R_C ist abhängig von R_L (Fan–Out) und der Lastkennlinie von T_3.

Bei dominierendem C_L kann das dynamische Verhalten durch die Parallelschaltung eines Transistors zum Widerstand R_C, der C_L taktgesteuert auflädt (*Bus–Precharge*), verbessert werden (Abb. 3.3). Dieser Transistor ersetzt T_4 aus der Gegentaktendstufe in Abb. 3.2. Falls alle T_3 sperren, lädt er die Lastkapazität in einer „Precharge"–Phase schnell auf H–Pegel auf. Ansonsten fließt in der „Precharge"–Phase kurzzeitig ein Querstrom. Die Precharge–Technik ist für TTL aufgrund der hohen Eingangsströme uninteressant, ist aber bei modernen Familien (CMOS) verbreitet.

3.1.1.2   Tri–State Ausgang

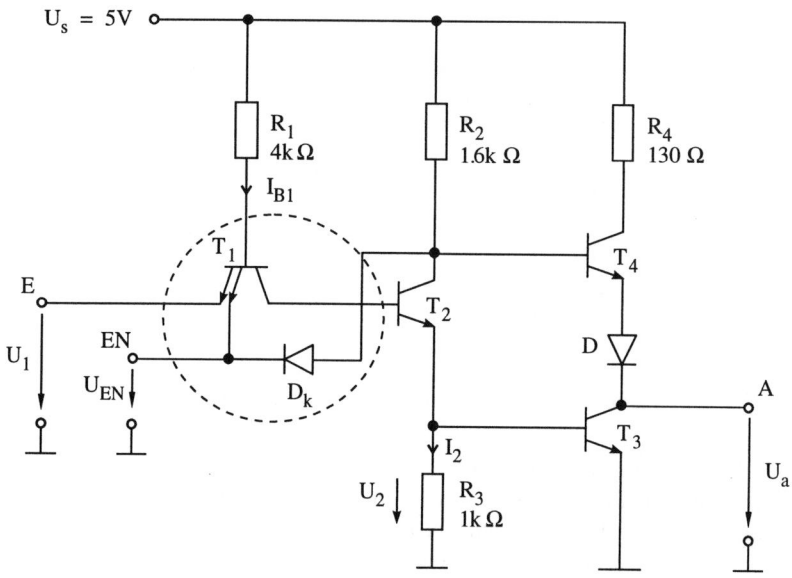

Abbildung 3.4: TTL-Gatter mit Tri–State–Ausgangsstufe

Fügt man dem Gatter aus Abb. 3.2 eine zusätzliche Diode D_K hinzu, so kann am Ausgang neben den aktiven Pegeln L und H zusätzlich ein dritter, hochohmiger Zustand (*Tri–State*) eingestellt werden. Der entsprechende Multiemittereingang wirkt als Steuereingang mit *Enable*–Funktion (Abb. 3.4). Die Wirkungsweise hängt vom Pegel für U_{EN} ab:

- $U_{EN} = U_S$:

  Die Zusatzschaltung bleibt ohne Effekt, da D_K sperrt und der Zustand von T_1 durch die Eingangsspannung U_1 bestimmt wird.

- $U_{EN} \leq U_{IL}$:

  T_2 und dadurch auch T_3 sperren, D_K leitet

  $$U_{BE,T4} = U_{DK} + U_{EN} - U_a - U_D \approx U_{EN} - U_a \leq U_{IL} - U_a \overset{!}{\leq} 0,6V$$

  $\Rightarrow \quad T_4$ sperrt für $U_a \geq U_{EN} - 0,6V \geq U_{IL} - U_{BE,F} = 0,2V$

  Liegt also am Ausgang eine Mindestspannung von $0,2V$ (z.B. durch Verbindung zu einem weiteren gleichartigen Gatter mit aktivem L–Pegel) an, so sperren beide Transistoren T_3 und T_4 und der Ausgang A ist hochohmig.

EN	E	A
L	X	Z
H	L	H
H	H	L

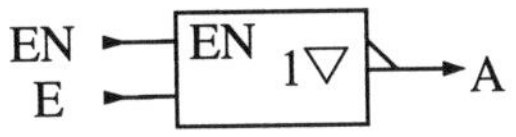

EN ●—
E ●— [EN 1▽] →A

a) Funktionstabelle   b) Schaltsymbol

Abbildung 3.5: Inverter mit Tri–State–Ausgang

Ein Gatter mit Tri–State–Ausgangsstufe hat drei definierte Ausgangszustände: H–Pegel, L–Pegel und einen hochohmigen Zustand Z. Schaltsymbole und Funktionstabelle können der Abb. 3.5 entnommen werden.

Tri–State–Ausgangsfunktionen werden immer dann angewandt, wenn *mehrere* Ausgänge an eine Leitung angeschlossen werden sollen, beispielsweise im Fall von Busleitungen. Damit kann eine verteilte Multiplex–Funktion sehr kostengünstig realisiert werden. Von den angeschlossenen Ausgängen muß dazu *genau einer* aktiv mit L– oder H–Pegel treiben (Abb. 3.6). Treiben mehrere Ausgänge, so kann der Signalpegel bei unterschiedlichen Ausgangszuständen undefiniert sein, und es fließen Querströme. Treibt kein Ausgang, wird das von den angeschlossenen TTL–Eingängen problemlos als H–Pegel interpretiert. Bei anderen Schaltungsfamilien, wie der weiter hinten behandelten CMOS–Familie, kann eine hochohmige Busleitung zu großer Störempfindlichkeit und hohen Querströmen in allen angeschlossenen Gattern führen. Ein derartiger Zustand ist dort unzulässig. Tri–State–Funktionen bedürfen also besonderer Aufmerksamkeit bei der Schaltungsentwicklung.

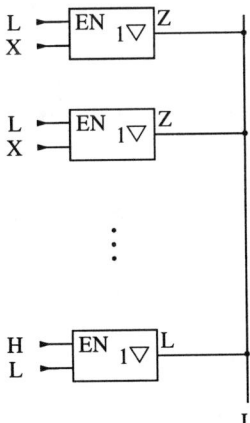

Abbildung 3.6: Ansteuerung einer Busleitung durch Tri–State–Treiber

3.1.1.3   Verbesserung der TTL–Grundschaltung: Schottky–Technik

Die erste größere Verbesserung erfolgte durch die Einführung der Schottky–TTL–Technik. Dabei wurde eine technologische Verbesserung , die Nutzung von Schottky–Kontakten, mit schaltungstechnischen Verbesserungen durch zusätzliche Elemente kombiniert. Der Schottky–Kontakt [28] ist ein Metall–Halbleiter–Übergang, der ein ähnliches Verhalten wie ein pn–Übergang zeigt [29]. Ein Al–n–Übergang weist bei gleichem Stromfluß eine geringere Spannung von etwa 0,4V (im Gegensatz zu 0,7V) auf. Damit läßt sich durch eine sehr einfache Konstruktion, nämlich die Verlängerung des Basis–Metallanschlusses über den Kollektorbereich, ein Schottky–Transistor schaffen (siehe Transistorersatzschaltbild in Abb. 3.7), bei dem $U_{CB} > -0,4V$ sichergestellt ist. Der Transistor gelangt folglich nicht in die (tiefe) Sättigung und die Anreicherung von Minoritätsträgern in der Basis wird vermieden. Damit wird ein wesentlich schnelleres Schalten möglich.

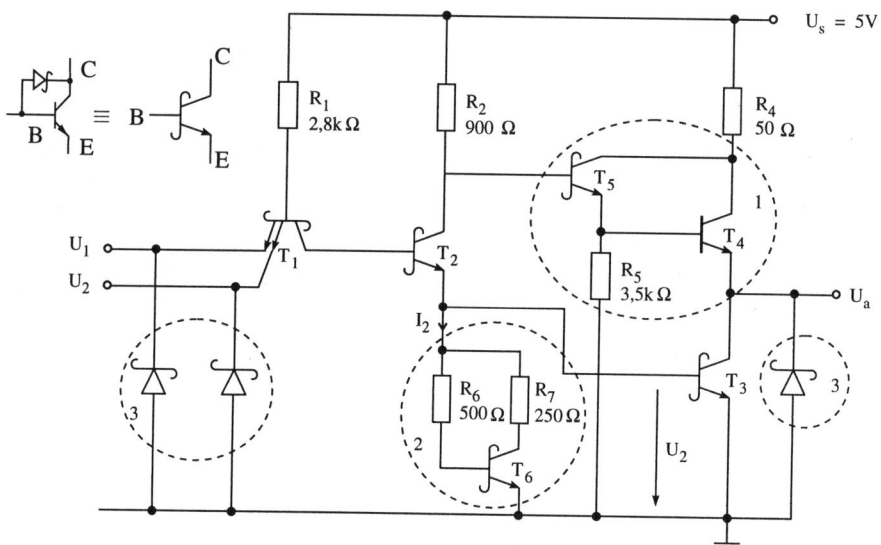

Abbildung 3.7: TTL–Gatter in Schottky–Technik

Anhand der Abb. 3.7 sollen die schaltungstechnischen Verbesserungen der Schottky–Technik diskutiert werden.

1. Darlington–Transistorschaltung $T_5 T_4$:

Die Stromverstärkung steigt auf $\beta = \beta_{T4} \cdot \beta_{T5}$ an. Der Transistor T_4 ist aufgrund $U_{CB,T4} = U_{CE,T5} > 0$ sättigungssicher. Der Widerstand R_5 dient der schnellen Entladung der Sperrschichtkapazität von T_4 beim Übergang in den Sperrzustand. Durch den zusätzlich eingeführten Transistor T_5 entfällt die Diode D.

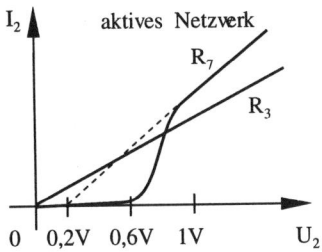

Abbildung 3.8: Aktives Netzwerk als Emitter–Widerstand für R_3 (nach [6])

2. Aktives Netzwerk statt Widerstand R_3:

Anhand der Kennlinie $I_2(U_2)$ aus Abb. 3.8 wird deutlich, daß im Gegensatz zur Version mit passivem Widerstand R_3 der Transistor T_2 nicht bereits bei $U_{B,T2} \approx 0,7V$, sondern erst bei $U_{B,T2} = U_{BE,T6} + U_{BE,T2} \approx 1,3V$ beginnt, Strom zu führen. Diese Maßnahme bewirkt durch das ebenfalls verzögerte Einschalten von T_3 eine Verbesserung der Übertragungskennlinie (Abb. 3.9) gegenüber der Standard–TTL, mit der Folge eines verbesserten Störabstands und geringerer Stromaufnahme.

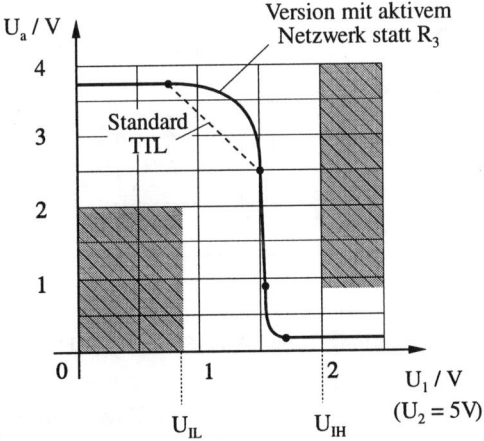

Abbildung 3.9: Übertragungskennlinie bei aktivem Netzwerk (nach [6])

3. Clamp–Dioden:

Sie dienen an den angegebenen Positionen als Schutzschaltung, da sie negative Spannungsspitzen kleiner als $-0,4V$ auf den Signalleitungen abschneiden und gleichzeitig die Einschwingvorgänge verkürzen sowie die Störeinflüsse vermindern.

Wie aus Abb. 3.10 ersichtlich, werden in der moderneren FAST–Technologie weitere

Clamp–Dioden eingesetzt. Nachdem durch den Schottky–Kontakt die Sättigung als Ursache für hohe Schaltzeiten ausgeschaltet wurde, sind die Sperrschichtkapazitäten, insbesondere die Kollektor–Basis–Kapazitäten C_{CB}, bestimmend für die Schaltzeiten. Die Dioden D_3, D_4 und D_7 dienen als beschleunigende Entladestrecke der internen Kapazitäten. D_3 oder D_4 entladen die Sperrschichtkapazität von T_2, wenn einer der beiden Eingänge auf L–Pegel wechselt. D_7 leistet gleiche Dienste für den Transistor T_6, der beim H–L–Pegelwechsel am Ausgang zusätzlich über T_2 entladen wird. Durch Einfügen einer weiteren Diode D_8 wird das Entladen der externen Lastkapazität C_L beschleunigt, deren Ladung über D_8 und T_2 den Basisstrom von T_3 und damit verstärkt den Entladestrom $I_{C,T3}$ erhöht. Dem energieeffizienten Ansatz, Ladungen auf Lastkapazitäten für den Entladevorgang dieser Kapazitäten zu nutzen, werden wir im Verlauf dieses Kapitels wiederholt begegnen.

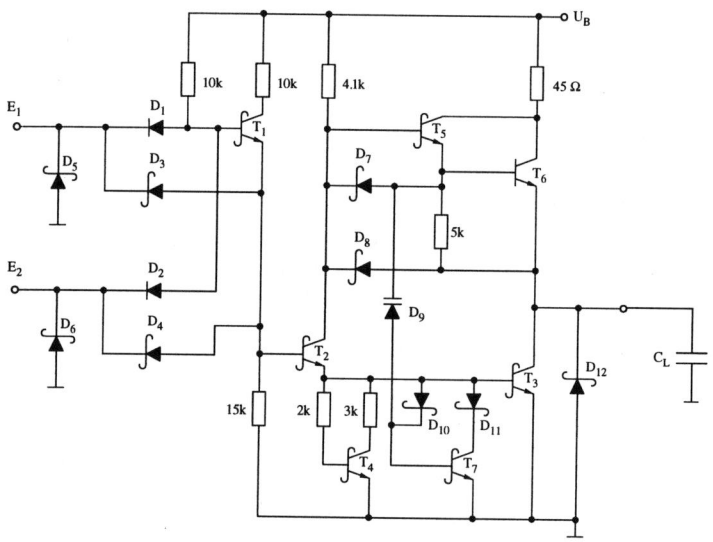

Abbildung 3.10: FAST–Schottky–TTL

Nach Einfügen der Dioden D_3 und D_4 wird die Transistorwirkung des Multiemitter–Eingangstransistors nicht mehr benötigt. Zur Verringerung des Eingangsstroms wurde seine Funkton aufgespalten in eine neue Eingangsstufe mit T_1 (hoher Eingangswiderstand, da Kollektorschaltung) und in die Dioden D_1 und D_2.

Sehr aufwendig gestaltet sich die Entladung der Kapazität $C_{CB,T3}$. Durch den Miller–Effekt, ein allgemeines Phänomen der Emitterschaltung bzw. der Source–Schaltung, erscheint die Koppelkapazität zwischen Basis und Kollektor vergrößert als effektive Kapazität am Eingang [30].

$$C_{eff} = C_{CB} \cdot \frac{\mid \Delta U_{CB} \mid}{\mid \Delta U_e \mid}$$

Für das vorliegende Beispiel gilt $U_e = U_{BE,T3}$, womit die effektive Kapazität abgeschätzt werden kann zu

$$C_{eff} = C_{CB,T3} \cdot \frac{\mid \Delta U_{CB,T3} \mid}{\mid \Delta U_{BE,T3} \mid} \approx \frac{3,4V}{0,7V} \cdot C_{CB,T3} = 4,86 \cdot C_{CB,T3}.$$

Die annähernd um den Faktor fünf erhöhte Kapazität soll für beide Flankenrichtungen möglichst schnell umgeladen werden.

- L–H–Übergang am Ausgang

  Die Spannung am Emitter von T_5 steigt, dadurch wird T_7 kurzzeitig bis zur Ladung des Varaktors D_9 (Diode mit Kapazität: wirkt als Bootstrap–Kapazität) leitend und entlädt $C_{CB,T3}$ über D_{11} und T_7. D_{11} wirkt hierbei als Begrenzer für die Entladung von $C_{CB,T3}$, um bei erneutem Pegelwechsel Zeit beim Wiederaufladen zu sparen.

- H–L–Übergang am Ausgang

  T_2 wird leitend, und D_9 kann sodann über D_7, T_2 und D_{10} entladen werden.

Da die parasitären Kapazitäten gegenüber der älteren Technologie kleiner sind, kann die FAST–Technologie intern größere Widerstände verwenden. Der positive Nebeneffekt ist die Verringerung der Verlustleistung P_{VG}. Der niedrigere Ausgangswiderstand erlaubt es zudem, 50Ω–Leitungen direkt zu treiben.

Die Abb. 3.11 a) zeigt die Entwicklungslinien der TTL–Technologien auf. Abbildung 3.11 b) veranschaulicht anhand des Verlustleistungs–Verzögerungs–Diagramms, daß die Schottky–Technologie hinsichtlich der Erhöhung der Schaltgeschwindigkeit, die Low–Power–Technologie in bezug auf geringe Verlustleistung optimiert ist.

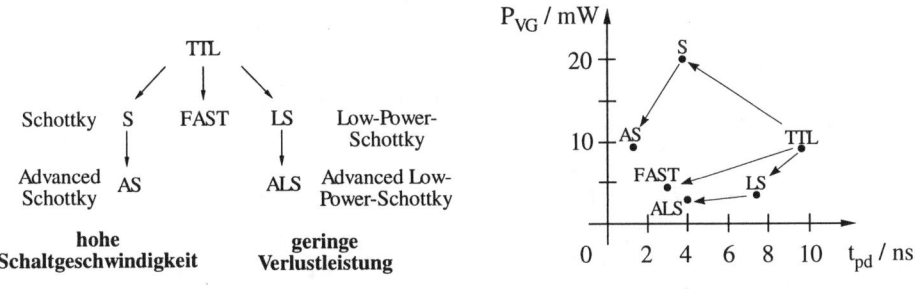

a) Entwicklungslinien   b) Verlustleistungs–Verzögerungs–Diagramm

Abbildung 3.11: Übersicht über die TTL–Technologien

Wie an den vorausgehenden Ausführungen erkennbar wird, ist ein enormer Schaltungsaufwand eingesetzt worden, um die anfänglich simplen Grundgatter den ständigen Forderungen nach Geschwindigkeitssteigerung und Verlustleistungsminimierung anzupassen. Heute kann die

TTL–Technik bereits als veraltet angesehen werden, da neuere Technologien mit weniger Aufwand zu besseren Resultaten gelangen. Von den „ökonomischeren" Technologien haben sich die ECL– und die CMOS–Technologie durchgesetzt.

3.1.2 Emittergekoppelte Logik ECL (Emitter Coupled Logic)

3.1.2.1 Prinzip

Die ECL–Technik ist eine *Stromschaltertechnik* (*current mode logic CML*), dessen grundlegendes Element der Differenzverstärker [31] aus Abb. 3.12 ist.

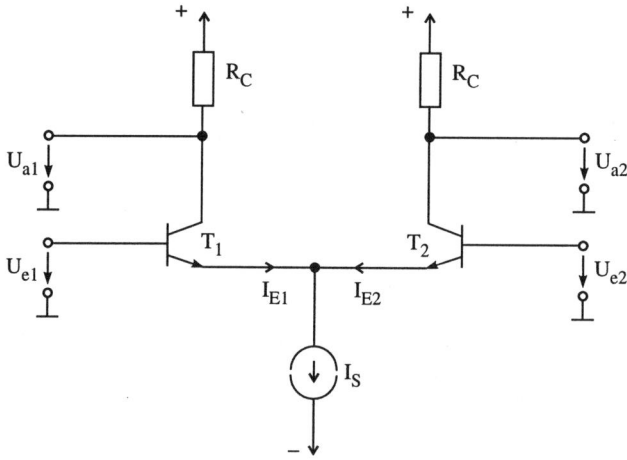

Abbildung 3.12: Grundstruktur des Differenzverstärkers

Wir interessieren uns für das Verhältnis der Ströme I_{E1} und I_{E2} in Abhängigkeit von der angelegten Differenzspannung $U_D = U_{e1} - U_{e2}$. Die Grundgleichungen der Bipolartransistoren lauten

$$I_{E1} = I_{SE1} \cdot \exp\left(\frac{U_{BE1}}{U_T}\right), \qquad I_{E2} = I_{SE2} \cdot \exp\left(\frac{U_{BE2}}{U_T}\right),$$

mit der Temperaturspannung $U_T = kT/q$ und den Sperrströmen der Emitter–Basis–Übergänge $I_{SE1/2}$. Das Verhältnis

$$\frac{I_{E1}}{I_{E2}} = \frac{I_{SE1}}{I_{SE2}} \cdot \exp\left(\frac{U_{BE1} - U_{BE2}}{U_T}\right) = \frac{I_{SE1}}{I_{SE2}} \cdot \exp\left(\frac{U_D}{U_T}\right)$$

vereinfacht sich unter der Voraussetzung gleicher Transistorparameter ($I_{SE1} = I_{SE2}$), was bei monolithischer Integration in guter Näherung gegeben ist, zu

$$\frac{I_{E1}}{I_{E2}} = \exp\left(\frac{U_D}{U_T}\right).$$

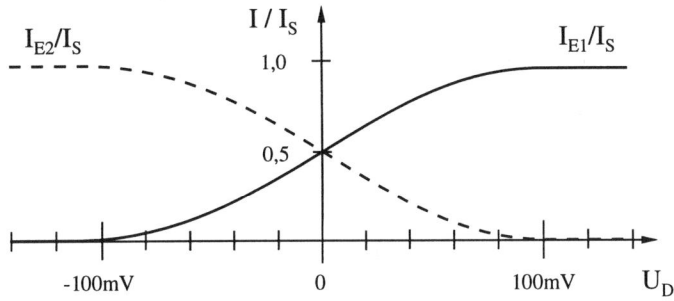

Abbildung 3.13: Kennlinie des Differenzverstärkers für $U_T = 26mV$

Die starke Temperaturabhängigkeit des Sperrstroms I_{SE} stellt in dieser Anwendung keinen Nachteil dar, da sie durch die Schaltungsintegration eliminiert wird.

Ausgehend von $U_T \approx 26mV$ ergibt sich in einem Zahlenbeispiel für $U_D = 100mV$ ein Verhältnis von $I_{E1}/I_{E2} \approx e^4 \approx 55$, d.h. bereits bei der geringen Eingangsdifferenz von $U_D = 100mV$ fließen 98 % von I_S durch T_1. Der Differenzverstärker wirkt als *Stromschalter*, der den Strom I_S zwischen den beiden Zweigen umschaltet. Die Kennlinien $I_{E1/2}(U_D)$ in Abb. 3.13 verdeutlichen anschaulich den Umschaltvorgang.

Der Einsatz des Stromschalters im ECL–Gatter soll am Beispiel einer OR/NOR–Verknüpfung aus Abb. 3.14 diskutiert werden.

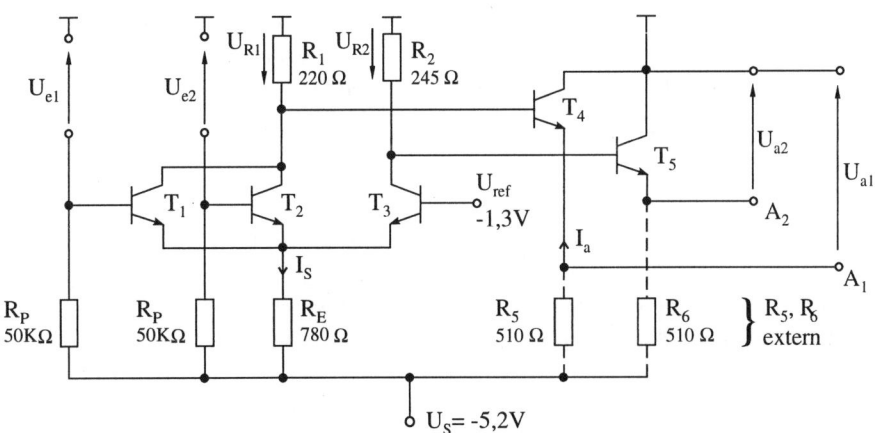

Abbildung 3.14: OR/NOR–Gatter der MECL-Serie

Die Schaltung besteht aus einem Stomschalter mit zwei parallelen Transistoren in dem einen Zweig und einem Transistor mit fester Referenzspannung in dem anderen Zweig. Nachgeschaltet ist je eine Kollektorschaltung, die die Ausgänge A_1 und A_2 ansteuern. Als Spannungswerte für

L– und H–Pegel seien $U_L = -1,7V$ und $U_H = -0,8V$ angenommen. Ein symmetrischer Verlauf der Kennlinie des Stromschalters ergibt sich, wie aus Abb. 3.13 ersichtlich, für eine Referenzspannung U_{ref}, die zwischen dem H– und dem L–Pegel angeordnet ist. Das beste Störverhalten ergibt sich allgemein für den Umschaltpunkt

$$U_{ref} = \frac{U_H + U_L}{2}. \tag{3.1}$$

Für die hier aufgeführten Beispiele gilt $U_{ref} = -1,3V$. Die Basis–Emitter–Spannung eines Transistors im aktiven Betriebszustand sei $U_{BE,F} \approx 0,7V$.

1. **Fall:** $U_{e1/2}{}^1 = -0,8V$

   Aus $U_{e1/2} > U_{ref} \Rightarrow U_D > 100mV \Rightarrow I_S$ fließt über T_1 und/oder T_2, T_3 ist stromlos.

   $$\begin{aligned}
   I_S &= \frac{-U_{BE,F} + U_e - U_S}{R_E} = \frac{-0,7V - 0,8V + 5,2V}{780\Omega} = 4,7mA \\
   \Rightarrow \quad U_{R1} &= R_1(I_S + I_{B,T4}) \approx R_1 \cdot I_S = 220\Omega \cdot 4,7mA \approx 1V \\
   \Rightarrow \quad U_{a1} &= -U_{BE,F} - U_{R1} \approx -0,7V - 1V = -1,7V \qquad \overset{\wedge}{=} \qquad \text{L–Pegel} \\
   U_{R2} &= I_{B,T5} \cdot R_2 \approx \frac{I_a}{\beta_{T5}} \cdot R_2 < 0,1V \\
   \Rightarrow \quad U_{a2} &= -U_{BE,F} - U_{R2} \approx -0,7V - 0,1V = -0,8V \qquad \overset{\wedge}{=} \qquad \text{H–Pegel}
   \end{aligned}$$

2. **Fall:** $U_{e1} = U_{e2} = -1,7V$

   Aus $U_{e1/2} < U_{ref} \Rightarrow U_D < -100mV \Rightarrow I_S$ fließt über T_3, T_1 und T_2 sind stromlos.

   $$\begin{aligned}
   I_S &= \frac{-U_{BE,F} + U_{ref} - U_S}{R_E} = \frac{-0,7V - 1,3V + 5,2V}{780\Omega} = 4,1mA \\
   \Rightarrow \quad U_{R2} &= R_2 \cdot (I_S + I_{B,T5}) \approx R_2 \cdot I_S = 245\Omega \cdot 4,1mA \approx 1V \\
   \Rightarrow \quad U_{a2} &= -U_{BE,F} - U_{R2} \approx -0,7V - 1V = -1,7V \qquad \overset{\wedge}{=} \qquad \text{L–Pegel} \\
   U_{R1} &= I_{B,T4} \cdot R_1 \approx \frac{I_{R5}}{\beta_{T4}} \cdot R_1 < 0,1V \\
   \Rightarrow \quad U_{a1} &= -U_{BE,F} - U_{R1} \approx -0,7V - 0,1 = -0,8V \qquad \overset{\wedge}{=} \qquad \text{H–Pegel}
   \end{aligned}$$

Die ODER–Verknüpfung wird durch die beiden parallel verschalteten Transistoren T_1 und T_2 realisiert: Sobald mindestens ein Eingang auf H–Pegel liegt, wird der Differenzzweig über T_3 stromlos.

Die Übertragungskennlinie für $U_{a2}(U_e)$ aus Abb. 3.15 weicht für $U_{e1/2} > U_{ref}$ von der üblichen Differenzverstärkerkennlinie ab. Der Grund ist der Einsatz des Widerstands R_E anstelle einer Stromquelle. Wenn im Bereich von $U_{e1/2} > U_{ref}$ T_3 stromlos wird (ab Punkt a), wirken $T_{1/2}$, R_1 und R_E als Emitterschaltung mit Stromgegenkopplung und einer Verstärkung von

$$A \approx -\frac{R_1}{R_E}.$$

---

[1]Mit Schrägstrich getrennte Indizes kennzeichnen zusammengefaßte Alternativen: $U_{e1/2}$ steht für U_{e1} bzw. U_{e2}

Diese negative Verstärkung bewirkt den linearen Abfall zwischen den Punkten a und b mit der Steigung A. Durch ein weiteres Ansteigen der Spannung U_e über den Punkt b hinaus geht der Transistor T_1 bzw. T_2 in die Sättigung (ab $U_{CB,T1/2} \approx 0,6V$). Sie setzt ein bei

$$U_e = -U_{CB,T1/2} - U_{R1} = -U_{CB,T1/2} - R_1 \cdot I_S$$

$$= -U_{CB,T1/1} - \frac{R_1}{R_E}(-U_{BE,F} + U_e - U_S)$$

$$\frac{R_1 + R_E}{R_E} \cdot U_e = -U_{CB,T1/2} - \frac{R_1}{R_E} \cdot (-U_{BE,F} - U_S)$$

$$U_e = -\frac{R_E}{R_1 + R_E} \cdot U_{CB,T1/2} + \frac{R_1}{R_1 + R_E} \cdot (U_{BE,F} + U_S) \approx -0,4V.$$

Der Kollektorstrom wird anschließend geringer, das Kollektorpotential steigt demzufolge langsam wieder an. Das Absinken des Stroms erfordert eine obere Grenze für die Eingangsspannung, die beispielsweise für die MECL10K–Serie bei $U_a = -0,8V$ liegt.

Die Kennlinie für U_{a2} verläuft im Bereich von $U_E < U_{IL}$ horizontal, da das Basispotential von T_3 konstant auf U_{ref} liegt. Der Strom I_S ist dadurch unabhängig von der Eingangsspannung.

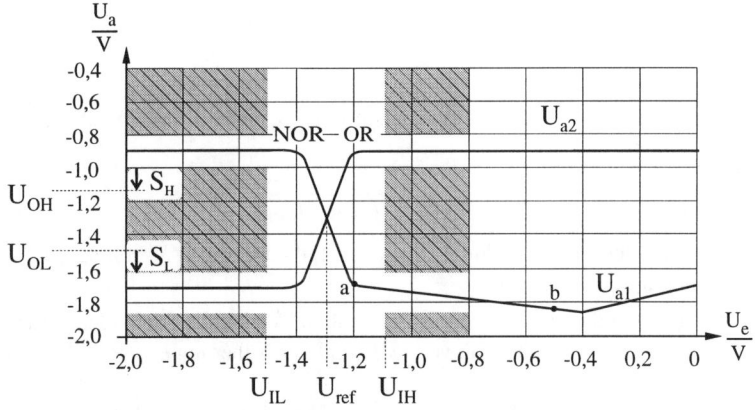

Abbildung 3.15: Übertragungskennlinie des ECL–Gatters

Zusammenfassend realisiert das angegebene Gatter eine OR–Funktion am Ausgang A_1 und die dazu komplementäre NOR–Funktion an A_2. Die Ausgangstransistoren T_4 bzw. T_5 wirken einerseits als Stromverstärker, die den Stromschalter vom Ausgang trennen und damit den L–Spannungspegel unabhängig von der Ausgangslast stabil halten (Impedanz–Wandler) und andererseits zur Pegelanpassung der Ausgangs– und Eingangspegel, indem sie die Kollektorpotentiale an T_1, T_2 und T_3 um $0,7V$ herabsetzen. Die Widerstände R_1 und R_2 sind so ausgelegt, daß durch I_S an ihnen eine gleiche Spannung von $1V$ für den jeweiligen L–Pegel an A_1 oder A_2 abfällt.

3.1.2.2 Schaltungstechnische Besonderheiten

1. Dimensionierung

Wie zu zeigen sein wird, stehen die Widerstände R_1, R_2 und R_E für festgelegte Pegel H und L in einem festen Verhältnis zueinander. Da sich für L– und H–Pegel an U_e ein unterschiedlicher Strom I_S einstellt, sind R_1 und R_2 nicht identisch. Wir unterscheiden

(a) **H–Pegel** an den Ausgängen: $U_{a1H} \overset{!}{=} U_{a2H} \quad \Leftrightarrow \quad U_{R1H} \overset{!}{=} U_{R2H}$

Falls die beiden Widerstände R_1 und R_2 nicht zu stark voneinander abweichen, ist diese Bedingung zufriedenstellend erfüllt, denn aufgrund der geringen Basisströme der Transistoren T_4 und T_5 gilt: $U_{R1H} \approx U_{R2H} < 0,1V$.

(b) **L–Pegel** an den Ausgängen: $U_{a1L} \overset{!}{=} U_{a2L} \quad \Leftrightarrow \quad U_{R1L} \overset{!}{=} U_{R2L}$

Für H–Pegel am Eingang fließt der gesamte Strom I_S über den Strompfad mit dem Widerstand R_1. Bildet man den Quotienten der beiden Spannungen

$$U_{R1L} = R_1 \cdot I_S = -U_L - U_{BE,F} \qquad \text{und}$$
$$U_{RE} = R_E \cdot I_S = -U_{BE,F} + U_H - U_S,$$

so erhalten wir das gesuchte Verhältnis R_1/R_E.

$$\frac{R_1}{R_E} = \frac{-U_L - U_{BE,F}}{U_H - U_{BE,F} - U_S} \tag{3.2}$$

Für den inversen Fall (L–Pegel am Eingang), führt die entsprechende Überlegung auf R_2/R_E.

$$\frac{R_2}{R_E} = \frac{-U_L - U_{BE,F}}{U_{ref} - U_{BE,F} - U_S} \tag{3.3}$$

Es wurde lediglich U_H durch U_{ref} ersetzt, da der Strom I_S nun durch die Referenzspannung festgelegt wird.

Aus (3.2) und (3.3) wird durch Division das Verhältnis der Widerstände R_1 und R_2 ermittelt, welches mit Hilfe von (3.1) und der Näherung $U_H \approx -U_{BE,F}$ vereinfacht werden kann.

$$\frac{R_1}{R_2} = 1 - \frac{U_H - U_{ref}}{U_H - U_{BE,F} - U_S} \approx 1 - \frac{R_1}{2R_E}$$

Durch eine entsprechende Auslegung der Widerstände wird die ausgehende Forderung $U_{a1L} \overset{!}{=} U_{a2L}$ erfüllt.

HINWEIS: Falls der Emitterwiderstand R_E durch eine Stromquelle ersetzt wird, sind diese Dimensionierungsvorschriften hinfällig! Aufgrund des konstanten Stromflusses stimmen dann die Widerstände R_1 und R_2 überein.

$$R_1 = R_2 = \frac{U_{R1,2L}}{I_S} = \frac{-U_L - U_{BE,F}}{I_S}$$

2. Betriebsspannungsdurchgriff

Die Festlegung auf eine negative Betriebsspannung wird durch folgende Untersuchung deutlich:

In Abb. 3.14 werde die Versorgungsspannung U_S allgemein durch eine Spannungsquelle U_- ersetzt, zusätzlich seien R_1 und R_2 nicht mit Masse, sondern mit einer zweiten Betriebsspannung U_+ verbunden. Wir untersuchen exemplarisch den Ausgang A_2 beim Auftreten eines L-Pegels:

$$
\begin{aligned}
U_{a2L} &= -U_{BE,F} - U_{R2} + U_+ \\
&= -U_{BE,F} - \frac{R_2}{R_E}\left(U_{ref} - U_{BE,F} - U_-\right) + U_+ \\
\Rightarrow \frac{\partial U_{a2L}}{\partial U_S} &\approx \frac{R_2}{R_E}\frac{\partial U_-}{\partial U_S} + \frac{\partial U_+}{\partial U_S}.
\end{aligned}
$$

1. $U_+ = 0,\ U_- = U_S \quad \Longrightarrow \quad \dfrac{\partial U_{a2L}}{\partial U_S} \approx \dfrac{R_2}{R_E}$

2. $U_+ = U_S,\ U_- = 0 \quad \Longrightarrow \quad \dfrac{\partial U_{a2L}}{\partial U_S} \approx 1$

Aus $R_2/R_E < 1$ folgt, daß der Einfluß von Betriebsspannungsschwankungen auf die Signalpegel am geringsten ist, wenn eine negative Betriebsspannung U_S gewählt wird.

Im Beispiel ergibt sich aus $\partial U_{a2L}/\partial U_S \approx 245\Omega/780\Omega \approx 0,31$ bei einer fünfprozentigen Betriebsspannungsschwankung ein Durchgriff von

$$
\Delta U_{aL} \approx 0,31 \cdot \Delta U_S = 0,31 \cdot 0,05 \cdot 5,2V \approx 80mV\ .
$$

Der Störabstand ist damit von ursprünglich $130mV$ auf $50mV$ abgesunken. Eine Folgerung aus dieser Überlegung ist der Einsatz einer Transistorstromquelle anstelle des Emitterwiderstandes R_E, die den Durchgriff bis zur Vernachlässigbarkeit herabsetzt.

Äquivalent errechnet sich der Betriebsspannungsdurchgriff für L–Pegel am Ausgang A_1 zu

$$
\frac{\partial U_{a1L}}{\partial U_S} \approx \frac{R_1}{R_E}\ ,
$$

der aufgrund der Bedingung $R_1 < R_2$ geringer ausfällt. Der Durchgriff bei H–Pegel ist vernachlässigbar gering.

3. Thermisches Verhalten

Bei der hohen Verlustleistung und dem geringen Störabstand treten Probleme durch die Temperaturdrift der Kenndaten auf. Die Temperaturdrift der Ausgangsspannungen wird durch die Transistoren T_4 und T_5 bestimmt. Es gilt

$$
\begin{aligned}
\frac{\partial U_{a1/2H}}{\partial \vartheta} &\approx -\frac{\partial U_{BE,F}}{\partial \vartheta} = 1,5\ldots2,2mV/K\ , \\
\frac{\partial U_{a2L}}{\partial \vartheta} &= \frac{\partial\left(-U_{R2} - U_{BE,F}\right)}{\partial \vartheta}
\end{aligned}
$$

$$\frac{\partial U_{a2L}}{\partial \vartheta} \approx \frac{\partial \left(\frac{R_2}{R_E}(U_{BE,F} + U_{ref}) - U_{BE,F} \right)}{\partial \vartheta} = -\left(1 - \frac{R_2}{R_E} \right) \frac{\partial U_{BE,F}}{\partial \vartheta} + \frac{R_2}{R_E} \frac{\partial U_{ref}}{\partial \vartheta},$$

$$\frac{\partial U_{a1L}}{\partial \vartheta} \approx -\left(1 - \frac{R_1}{R_E} \right) \frac{\partial U_{BE,F}}{\partial \vartheta} + \frac{R_1}{R_E} \frac{\partial U_{ref}}{\partial \vartheta}.$$

Am Ausgang A_1 ist wegen $R_1 < R_2$ eine stärkere Temperaturdrift zu beobachten. Die Abb. 3.16 gibt die Abhängigkeit der Übertragungskennlinie von der Temperatur für die ECL10K–Familie wieder. Aus ihr geht gleichzeitig hervor, daß sich die Referenzspannung U_{ref} bei einer Temperaturveränderung verschiebt. Bei einer temperaturstabilen Referenzspannung läge der Schnittpunkt der beiden Ausgangskennlinien bei einer konstanten Eingangsspannung U_e. Da U_{ref} intern generiert wird, ist sie ohne Kompensation nicht temperaturstabil.

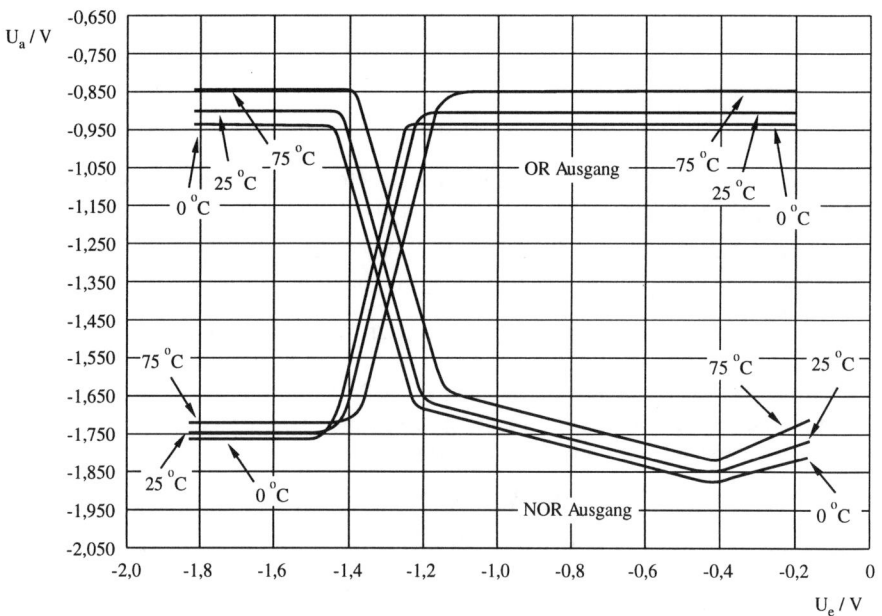

Abbildung 3.16: Temperaturabhängigkeit der ECL 10K Übertragungskennlinie (nach [34])

Durch Auswertung der Übertragungskennlinie für unterschiedliche Temperaturen kann das Diagramm in Abb. 3.17 gewonnen werden, in dem die Verläufe der Grenzspannungen U_{IH} und U_{IL} sowie die Grenzen U_{OLmax} und U_{OHmin} des definierten Pegelbereiches in Abhängigkeit von der Temperatur dargestellt sind. Die Kennlinie zeigt, daß der Störabstand bei gleichen Sperrschichttemperaturen in Sender und Empfänger erhalten bleibt, für unterschiedliche Temperaturen jedoch bis auf $50 mV$ absinken kann. Aus dieser Erkenntnis können zwei Schlüsse gezogen werden:

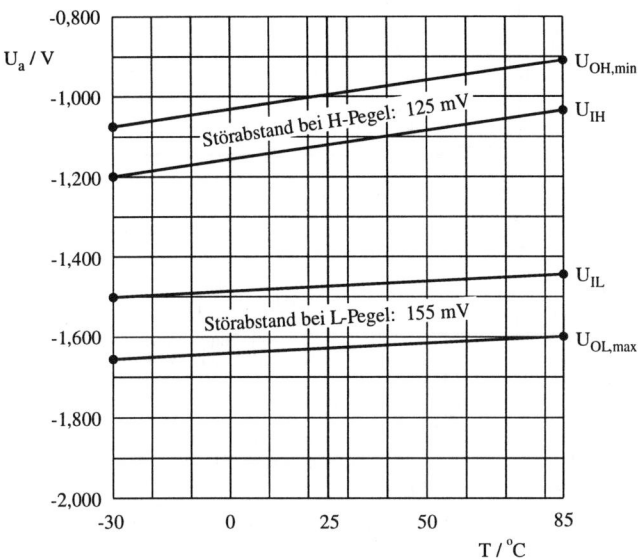

Abbildung 3.17: Verschiebung der ECL 10K Kenndaten durch die Sperrschichttemperatur (nach [34])

- Bei Verwendung der ECL–Technologie in integrierten Schaltungen treten geringe Temperaturdriftprobleme auf.

- Für diskrete Aufbautechnik ist zur Erhaltung des Störabstands eine Temperaturkompensation erforderlich. Gewöhnlich wird die Referenzspannung U_{ref} intern aus der Versorgungsspannung abgeleitet. Daß sie bei den einfachen Schaltkreisen einer gewissen Temperaturabhängigkeit unterliegt, ging bereits aus Abb. 3.16 hervor. In einem ersten Schritt ist folglich eine Temperaturkompensation von U_{ref} vorzunehmen, die über den interessierenden Temperaturbereich konstant gehalten werden muß.

Die Temperaturschwankungen der Ausgangspegel können ebenfalls kompensiert werden. Abbildung 3.18 zeigt eine Lösung. Wir untersuchen sie exemplarisch für den Fall $U_{e1/2} > U_{IH}$. Für diesen Fall wird T_3 stromlos und I_S fließt im wesentlichen über R_1, ein geringer Teil über die Reihenschaltung von R, D_1 und R_2. Der Verlauf von I_S ist geeignet zu beeinflussen, so daß die Temperaturdrift von T_4 kompensiert wird.

$$\frac{\partial U_{aL}}{\partial \vartheta} = -\frac{\partial U_{BE,F}}{\partial \vartheta} - \frac{\partial U_{R1}}{\partial \vartheta} \approx 1,5 mV/K - \frac{\partial U_{R1}}{\partial \vartheta} \overset{!}{=} 0 \qquad (3.4)$$

T_6 und R_E bilden eine Stromquelle, deren Strom durch eine Temperaturdriftkompensation der Steuerspannung U_{RS} so einzustellen ist, daß Gleichung (3.4) erfüllt wird.

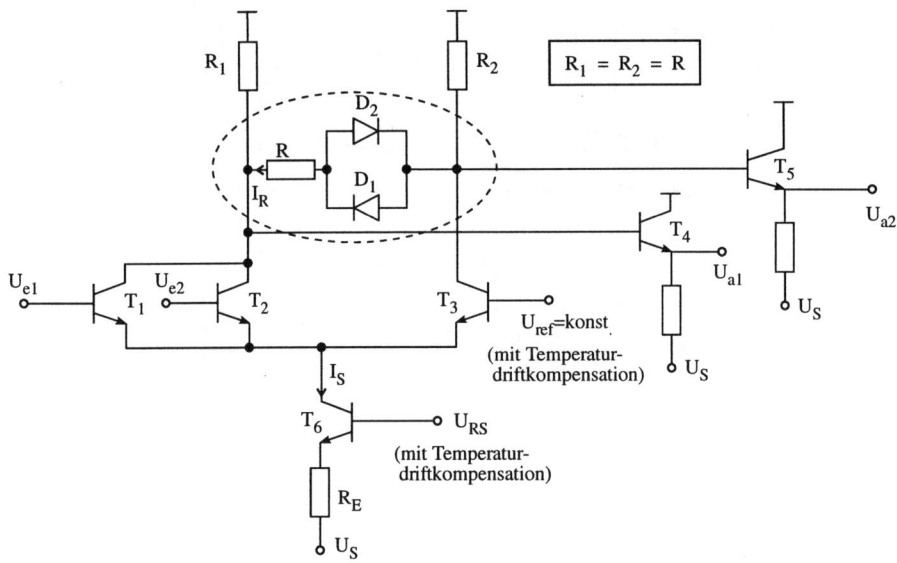

Abbildung 3.18: Prinzip der Temperaturkompensation bei ECL–Gattern (nach [33])

Eine ähnliche Funktionsweise wird angewandt, um die Ausgangsspannung U_{a2H} zu stabilisieren.

$$\frac{\partial U_{a2H}}{\partial \vartheta} = -\frac{\partial U_{BE,F}}{\partial \vartheta} - R_2 \frac{\partial I_R}{\partial \vartheta} = -\frac{\partial U_{BE,F}}{\partial \vartheta} - \frac{R_2}{R+R_2} \frac{\partial (U_{R1} - U_{D1})}{\partial \vartheta}$$

$$\approx 1,5mV/K - \frac{R_2}{R+R_2} \cdot 3mV/K \overset{!}{=} 0$$

Durch die differentiellen Spannungsänderungen von U_{D1} und U_{R1} verändert sich der Querstrom I_R, der bei geeigneter Dimensionierung des Widerstands

$$R = R_1 = R_2$$

gerade die Temperaturdrift von T_5 kompensiert.

Die Überlegungen gelten entsprechend für $U_{e1} = U_{e2} < U_{IL}$. In der Praxis werden Werte von $\partial U_{aL}/\partial \vartheta \approx 0,1mV/K$ und $\partial U_{aH}/\partial \vartheta \approx 0,06mV/K$ erreicht [33].

Aufgrund des hohen Innenwiderstands der Stromquelle, gebildet aus R_E und T_6, muß $R_1 = R_2$ gewählt werden.

3.1.2.3   Erweiterung der Funktionalität

Um sämtliche Logikfunktionen zu realisieren, sind zusätzliche Varianten in der ECL–Schaltungstechnik entwickelt worden. Diese Komplexgatterschaltungen sowie die Besonderheiten in der Nutzung der Ausgangsstufe werden in den folgenden Unterabschnitten erläutert.

1. Serielle Verknüpfung (*series gating*)

Die Funktionsweise des *series gating* soll am Beispiel der AND/NAND–Schaltung aus Abb. 3.19 erläutert werden. Die Stromschalter T_2, T_3 und T_4, T_5 sind zur Realisierung der Funktion seriell angeordnet. Unter dieser Voraussetzung müssen E_1 *und* E_2 H–Pegel aufweisen, damit der Strom I_S über R_1 geführt wird. Nur dann bleiben T_3 *und* T_5 stromlos. Um die Sättigung von T_4 zu verhindern, wird das Potential U_{e1} zur Ansteuerung des

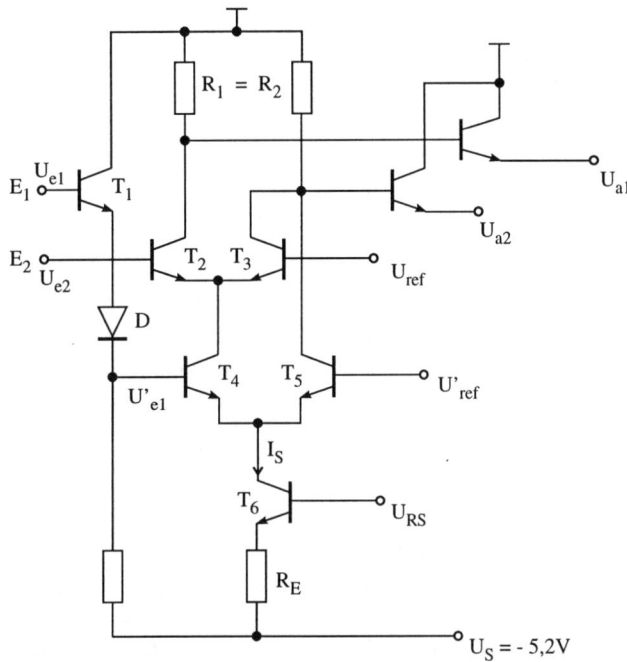

Abbildung 3.19: AND/NAND–Schaltung als Beispiel für *series gating* (nach [33])

Stromschalters T_4, T_5 von Transistor T_1 mit Hilfe der Diode D zunächst abgesenkt. Das Basispotenial von T_4 bei H–Pegel am Eingang E_1 beträgt

$$U'_{e1} = U_{e1} - U_{BE,F} - U_{D,F} \approx U_{e1} - 2 \cdot U_{BE,F} = -0,8V - 2 \cdot 0,7V = -2,2V. \quad (3.5)$$

Die niedrigste Spannung am Kollektor von T_4 tritt für $U_{E2} = U_L$ auf.

$$U_{CB,T4} = -U_{BE,F} + U_{ref} - U'_{e1} \approx -0,7V - 1,3V + 2,2V = 0,2V \quad (3.6)$$

Der sättigungsfreie Betrieb ist demnach gesichert.

2. Parallelschaltung von Stromschaltern (*collector dotting*)

Beim *collector dotting* werden mehrere Stromschalter parallel geschaltet, wobei die Transistoren des Referenzzweigs mit ihren Kollektoren verbunden werden und einen gemeinsamen Lastwiderstand R_3 benutzen (Abb. 3.20). Die Zusatzschaltung aus Transistor T_7

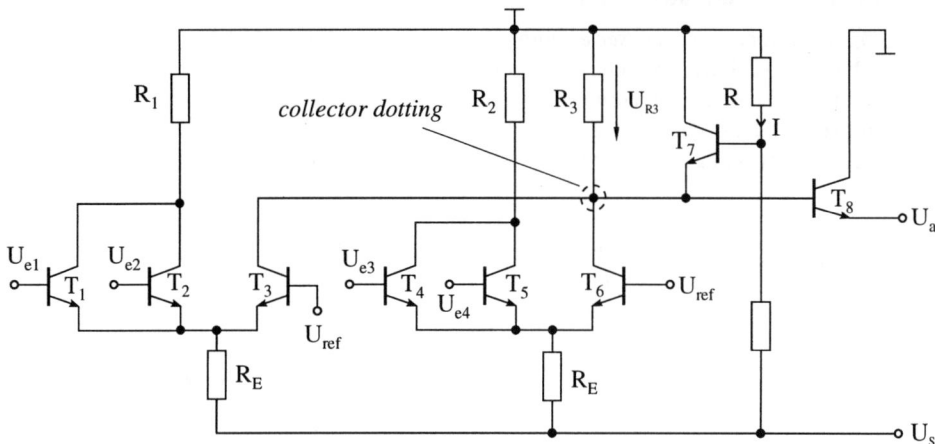

Abbildung 3.20: AND/OR–Schaltung als Beispiel für *collector dotting* (nach [33])

und Widerstand R_3 ist zur Strombegrenzung erforderlich, da mehrere parallelgeschaltete Transistoren (im Beispiel T_3 und T_6) gleichzeitig stromführend sein können.

$$U_{R3} = R \cdot I + U_{BE,T7} \leq R \cdot I + U_{BE,F} = U_{R3,max}$$

Sowie das Kollektorpotential von T_3 und T_6 die Spannung $U_{R3,max}$ erreicht, schaltet T_7 ein. Zusätzliche Stromanteile werden sodann über diesen Transistor geleitet.

Durch Kombination von *series gating* und *collector dotting* werden komplexe Gatterfunktionen realisiert. Abbildung 3.21 zeigt das Beispiel eines 6–fach XOR Komplexgatters. Diese Makrozelle implementiert eine logische Funktion, für die im Normalfall 32 6-fach UND–Gatter, ein 32–fach ODER–Gatter und eine Reihe von Invertern notwendig gewesen wären (> 350 Transistoren). Diese Platzeinsparung wird in vielen Teilen mit größeren Verzögerungszeiten gegenüber den Elementargattern erkauft. Makrozellen werden typisch auf Gate Arrays eingesetzt. Diese Aufbauform wird in Abschnitt 5.3 behandelt.

3. **Besonderheiten der Ausgangsstufe**

    (a) Wired OR/AND

        Die Abb. 3.22 zeigt ein Beispiel zur Wired OR/AND–Verknüpfung. Die Lastwiderstände R_5, R_6 sind aus genau diesem Grunde extern vorgesehen. Gegenüber der TTL–Technik wird auch bei verteilter ODER– bzw. UND–Verknüpfung ein niedriger Ausgangswiderstand erreicht.

    (b) Treiben von Leitungen

        • Asymmetrische Leitung mit Parallelabschluß

            Durch den geringen Ausgangswiderstand ist ein ECL–Gatter besonders gut zum direkten Treiben von niederohmigen Leitungen geeignet. Den entsprechenden

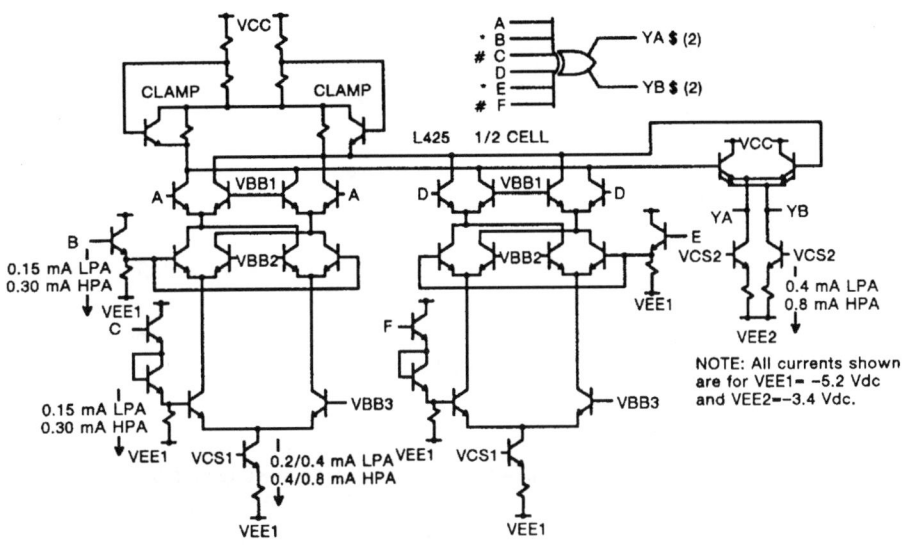

Abbildung 3.21: 6–fach XOR Komplexgatter (aus [32])

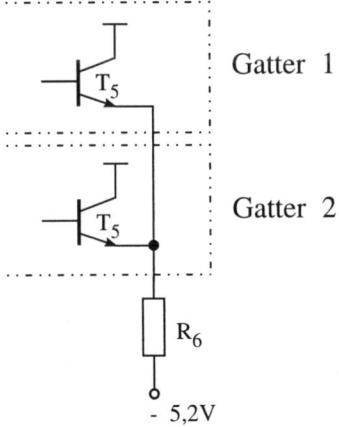

Abbildung 3.22: Wired OR/AND–Verknüpfung

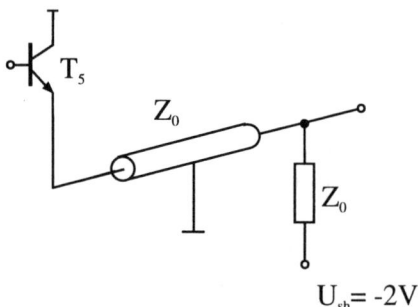

Abbildung 3.23: Asymmetrische Leitung mit Parallelabschluß

Aufbau skizziert Abb. 3.23. Für die Hilfsspannung wird beispielsweise $U_{sh} = -2V$ gewählt, damit die im Abschlußwiderstand umgesetzte Verlustleistung möglichst gering ist.

- Symmetrische Leitung

  Im Beispiel von Abb. 3.24 werden vorliegende Störungen in beide Signalleitungen in gleichem Maße eingekoppelt. Das Resultat ist eine erhöhte Störsicherheit bei der Übertragung, da Störungen nicht zum Umschalten des Stromschalters T_1, T_3 führen können. Jedoch kann bei größeren Störspannungen ($U_{Stör} > 1V$) der stromführende Transistor in Sättigung getrieben und damit letztlich der Ausgangspegel verändert werden.

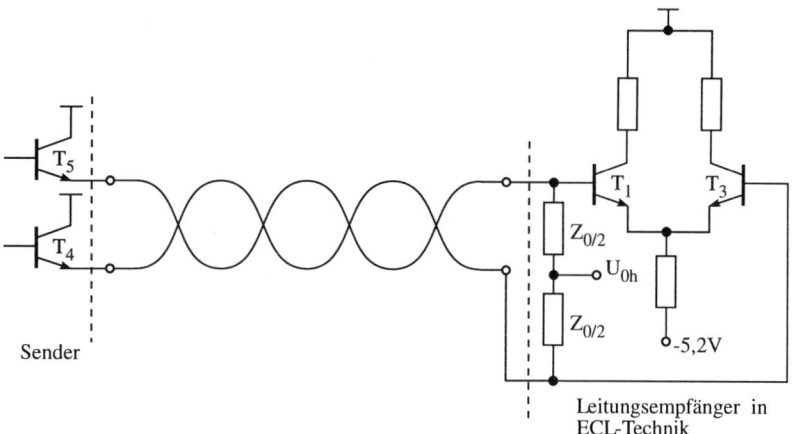

Abbildung 3.24: Symmetrische Leitungsübertragung (nach [33])

- Multiemitterausgänge

  Der Ausgangstransistor kann, wie aus Abb. 3.25 ersichtlich, durch einen Multiemitterausgang ersetzt werden, der folgende Vorzüge aufweist:
  - direkter Anschluß mehrerer Leitungen möglich

- Serienanpassung für Leitungen unterschiedlicher Wellenwiderstände realisierbar

- Entkopplung von Leitungen bei Reflexionen durch Fehlanpassung am Leitungsanfang

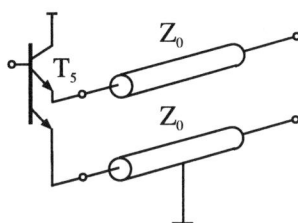

Abbildung 3.25: ECL–Ausgangstransistor mit Multiemitter

3.1.2.4 Wichtige Merkmale der ECL–Familie

Als wesentliche Merkmale lassen sich zusammenfassen:

- Im normalen Betriebszustand erreicht keiner der Transistoren die Sättigung. Die ECL–Familie wird daher als *ungesättigte* oder *nichtgesättigte Logik* bezeichnet. Dieses Merkmal garantiert kurze Schaltzeiten und kleine Gatterlaufzeiten. Das Beispiel aus Abb. 3.14 verfügt über eine Verzögerung von $t_{pd} = 2ns$, die modernsten Gatter erreichen bereits Schaltzeiten unter $0,1ns$.

- Die Schaltgeschwindigkeit wird durch eine hohe Verlustleistung erkauft. Das Gatter im Beispiel verbraucht eine Verlustleistung von $P_{VG} = 25mW$, die externen Widerstände zusätzlich $P_{VR} = 30mW$. Durch verbesserte Schaltungstechnik [32] erreicht man heute $P_{VG} \approx 0,8 \ldots 3mW$ pro Gatterfunktion.

- Geringer Störabstand :
  Abbildung 3.15 zeigt die Übertragungskennlinie eines ECL–Gatters. In [34] werden für eine externe Last von $R_L = 50\Omega$ folgende Standardwerte für den Ausgang angegeben:

  H–Pegel: $U_{OHmax} = -0,8V > U_a > -0,98V = U_{OHmin}$

  L–Pegel: $U_{OLmax} = -1,63V > U_a > -1,85V = U_{OLmin}$

  Aus $U_{IL} = -1,5V$ und $U_{IH} = -1,1V$ folgen die Störabstände $S_L = 0,13V$ und $S_H = 0,12V$.

3.1.2.5   Beurteilung des Störverhaltens von ECL

Aus dem geringen Störabstand folgt nicht notwendig ein schlechtes Störverhalten. Im Gegenteil läßt sich mit ECL–Schaltungen sogar eine recht gute Störfestigkeit erreichen. Für diese Tatsache gibt es mehrere Gründe, die im Vergleich zu TTL erläutert werden sollen:

- Schaltungstechnische Maßnahmen zur Störunterdrückung :
  Während bei TTL Betriebsspannungsschwankungen ungedämpft auf den Ausgangspegel wirken, werden sie bei ECL gedämpft. Ähnliches gilt für den Temperaturdurchgriff.

- Geringere Eigenstörung :
  Im Gegensatz zu TTL, wo Stromspitzen durch Querströme zu beobachten sind, die zu galvanischen Störungen auf Betriebsspannungs– und Masseleitung führen, fließt durch die Stromschalter der ECL–Schaltungen ein weitgehend konstanter Strom und auch die Summe der Ströme der beiden Ausgangsstufen ist unabhängig vom Zustand. Änderungen der Stromaufnahme sind in erster Linie durch Ströme für Impulse auf Leitungen und Lastkapazitäten bedingt. Da der Pegelhub aber geringer als bei TTL ausfällt, sind auch die resultierenden Stromspitzen geringer. Angepaßte Leitungsabschlüsse sind einfach und mit geringer Verlustleistung realisierbar. Koaxialleitungen lassen sich mit jedem Ausgang direkt treiben.

- Differentielle Signalübertragung (siehe Abschnitt 2.2.1.6):
  Wird der Eingang von T_3 als zweiter Eingang genutzt (siehe Abb. 3.24), kann sehr leicht eine differentielle Signalübertragung realisiert werden, zumal jedes Gatter komplementäre Signale liefert.

Das Beispiel ECL ist ein deutlicher Beleg dafür, daß man eine Schaltungsfamilie niemals allein anhand der Pegel und der Schaltung selbst beurteilen darf, sondern stets im Kontext der Aufbautechnik betrachten muß.

3.2   CMOS–Schaltungsfamilie (Complementary MOSFET)

Der Großteil der weltweit verwendeten Logikbausteine ist in MOS–Technologie gefertigt, die viele Vorzüge in sich vereinigt. Selbstisolation und die damit entfallenden Isolationswälle erlauben im Vergleich zu bipolaren Techniken höchste Integration. Durch eine einfachere Prozeßtechnologie kommt man mit einer geringeren Maskenanzahl aus.

Es existieren zwei Typen von MOS–Transistoren, der n–Kanal– und der p–Kanal–Transistor. Beide unterscheiden sich durch die Polarität der — im Kanal zwischen Source und Drain — zur Leitung verwendeten Ladungsträger. Vergleicht man die Transistorkennlinien untereinander, so schlägt sich dies in einer Vertauschung sämtlicher Spannungspolaritäten nieder.

Die historische Entwicklung der MOS–Technologie verläuft vom p–MOS über den n–MOS zum CMOS–Prozeß, der beide Transistortypen gleichzeitig verwendet (complementary MOSFET). Durch die CMOS–Technologie ist es erstmals gelungen, die statische Verlustleistung nahezu auf Null zu senken.

Eine ausführliche Diskussion der MOS–Transistoren sowie der vielfältigen Schaltungstechniken würde den Rahmen dieses Lehrbuches sprengen. Wir beschränken uns daher auf die wichtigsten Transistor–Grundlagen sowie die bedeutendsten CMOS–Schaltungstechniken. Zur Vertiefung des Stoffes sei auf die zahlreiche Literatur zu diesem Thema verwiesen, z.B. [35, 36, 37, 38, 39].

3.2.1 Zusammenfassung MOS–Transistor

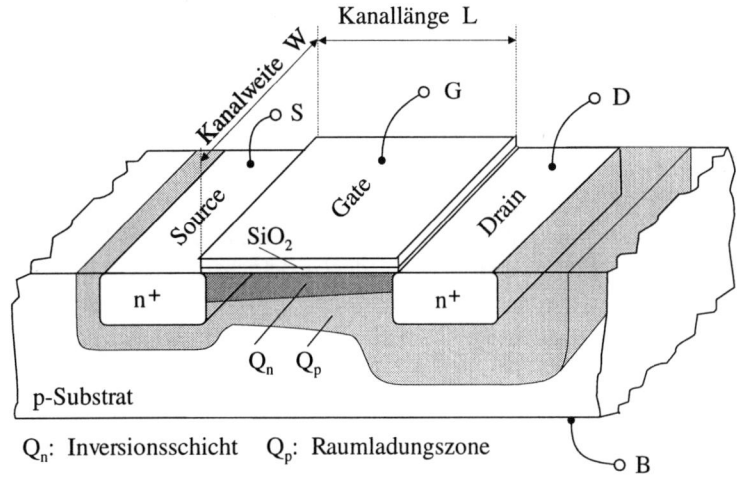

Abbildung 3.26: Aufbau eines n–Kanal MOSFET

In Abb. 3.26 ist ein n–MOS–Transistor schematisch dargestellt. Die Indizes B, G, S und D stehen für Bulk, Gate, Source und Drain. Wir betrachten den Fall $U_{SB} = 0$, für den Source und Bulk auf gleichem Potential liegen. Durch Veränderung der Gate–Source–Spannung U_{GS} versetzt man den Transistor in unterschiedliche Betriebsbereiche.

- $U_{GS} < U_{FB}$:   pn–Übergänge an S und D in Sperrrichtung, nur geringer Sperrstrom

- $U_{FB} < U_{GS} < \dfrac{U_{th} - U_{FB}}{2}$: Ausbildung einer Raumladungszone unter dem Gate Verarmung (depletion) an freien Ladungsträgern (Q_p)

- $\dfrac{U_{th} - U_{FB}}{2} < U_{GS} < U_{th}$: Anreicherung inverser Ladungsträger (schwache Inversion)

- $U_{GS} > U_{th}$:   Ausbildung einer Inversionsschicht (n–leitender Kanal, starke Inversion)
  Q_n: Ladung der Inversionsschicht (freie Ladungsträger)
  Q_p: Ladung der Raumladungszone (ionisierte Ladungsträger)

Die beiden charakteristischen Spannungen U_{FB} (Flachbandspannung) und U_{th} (Schwellenspannung) bedürfen einer weiteren Erklärung.

Die *Flachbandspannung* ist diejenige Potentialdifferenz zwischen Gate und Source, bei der die Energiebänder im Substrat horizontal verlaufen [36].

Stimmt U_{GS} hingegen mit der *Schwellenspannung* überein, bildet sich zwischen Drain und Source ein leitender Kanal aus (Q_n), so daß eine vorliegende Potentialdifferenz U_{DS} zum Ladungstransport genutzt werden kann. Die Ausbildung der Inversionsschicht ist ein fließender Übergang. Die Threshold–Spannung U_{th} ist dabei als die Spannung definiert, bei der die Minoritätsträgerkonzentration des Kanals, also die Elektronenkonzentration, so hoch ist, wie im neutralen Zustand die Majoritätsträgerkonzentration. Dies ist aber eine relativ willkürliche Festlegung. In digitalen Schaltungen nimmt man nun als Vereinfachung an, daß ab U_{th} ein leitender Kanal vorliegt. Die Höhe der Schwellspannung kann prozeßtechnisch variiert werden. Die Spannungsdifferenz $U_{GS} - U_{th}$ wird auch als *effektive Gate–Spannung* bezeichnet. Es ist derjenige Spannungsanteil, der den Aufbau der Inversionsschicht verursacht.

In Tabelle 3.1 sind die wichtigsten Kenndaten beider MOS–Transistortypen (Schaltzeichen, Stromgleichungen, Kennlinien) zusammengefaßt. Entscheidend für die Wahl der gültigen Stromgleichung ist die Einteilung in drei unterschiedliche Betriebszustände. Für den behandelten n–Transistor gilt

1. $U_{GS} < U_{th}$

   Der Transistor sperrt, der Strom I_n ist folglich Null.

2. $U_{GS} \geq U_{th}$ und $U_{DS} \leq U_{GS} - U_{th} = U_{DS_{sat}} = U_{GS_{eff}}$

   Dieser nichtlineare Abschnitt der Stromkennlinie wird als Triodenbereich bezeichnet. Die Grenze bildet die Sättigungsspannung $U_{DS_{sat}} = U_{GS} - U_{th}$.

3. $U_{GS} \geq U_{th}$ und $U_{DS} > U_{GS} - U_{th} = U_{DS_{sat}}$

   Übersteigt die Drain–Source–Spannung die Sättigungsgrenze, so löst sich der Kanal vom Drain. Die Ladungsträger erreichen dort ihre Sättigungsgeschwindigkeit. Der Strom wird in diesem Bereich unabhängig von der Drain–Source–Spannung und steigt quadratisch mit der Gate–Source–Spannung an.

Substratsteuereffekt

Da die Transistoren eines MOS–Typs auf einem gemeinsamen Substrat integriert sind, liegen alle Substratanschlüsse auf gleichem Potential. Damit bei allen Transistoren die pn–Übergänge vom Substrat zur Source bzw. zum Drain in Sperrichtung gepolt sind, muß das Substrat der n–Typen das niedrigste Potential, das Substrat der p–Typen das höchste Potential des Schaltkreises aufweisen.

Abweichend von der Annahme $U_{SB} = 0$ aus dem vorigen Abschnitt tritt bei der Verschaltung der MOS–Transistoren (z. B. Reihenschaltung) individuell eine Potentialdifferenz zwischen Source und Bulk auf. Damit ist die Schwellenspannung [37] keine reine Prozeßgröße, sondern zusätzlich abhängig von der Spannung U_{SB}. Für n–MOS gilt

$$U_{tn} = U_{FB} + 2|\phi_{Fp}| + \gamma_p \left(\sqrt{U_{SB} + 2|\phi_p|} - \sqrt{2|\phi_{Fp}|} \right), \quad \phi_{Fp} = -\frac{kT}{q} ln\frac{N_A}{n_i},$$

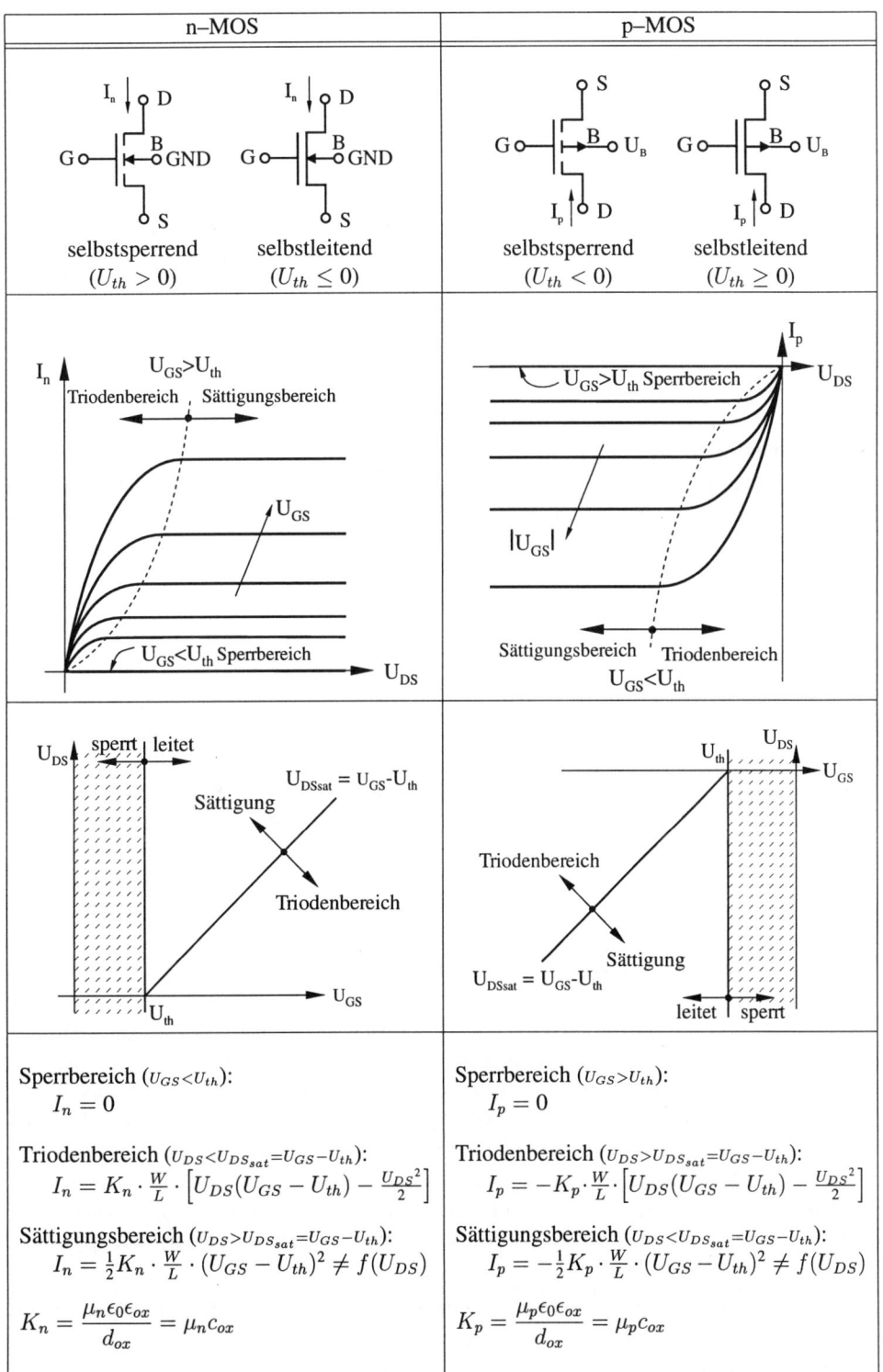

n–MOS	p–MOS

Sperrbereich ($u_{GS}<u_{th}$):
$$I_n = 0$$

Triodenbereich ($u_{DS}<U_{DS_{sat}}=U_{GS}-U_{th}$):
$$I_n = K_n \cdot \frac{W}{L} \cdot \left[U_{DS}(U_{GS} - U_{th}) - \frac{U_{DS}^2}{2} \right]$$

Sättigungsbereich ($u_{DS}>U_{DS_{sat}}=U_{GS}-U_{th}$):
$$I_n = \frac{1}{2}K_n \cdot \frac{W}{L} \cdot (U_{GS} - U_{th})^2 \neq f(U_{DS})$$

$$K_n = \frac{\mu_n \epsilon_0 \epsilon_{ox}}{d_{ox}} = \mu_n c_{ox}$$

Sperrbereich ($u_{GS}>u_{th}$):
$$I_p = 0$$

Triodenbereich ($u_{DS}>U_{DS_{sat}}=U_{GS}-U_{th}$):
$$I_p = -K_p \cdot \frac{W}{L} \cdot \left[U_{DS}(U_{GS} - U_{th}) - \frac{U_{DS}^2}{2} \right]$$

Sättigungsbereich ($u_{DS}<U_{DS_{sat}}=U_{GS}-U_{th}$):
$$I_p = -\frac{1}{2}K_p \cdot \frac{W}{L} \cdot (U_{GS} - U_{th})^2 \neq f(U_{DS})$$

$$K_p = \frac{\mu_p \epsilon_0 \epsilon_{ox}}{d_{ox}} = \mu_p c_{ox}$$

Tabelle 3.1: Übersicht MOS-Transistorkenndaten

für p–MOS

$$U_{tp} = U_{FB} - 2|\phi_{Fn}| - \gamma_n \left(\sqrt{2|\phi_{Fn}| - U_{SB}} - \sqrt{2|\phi_{Fn}|} \right), \quad \phi_{Fn} = -\frac{kT}{q} ln\frac{N_D}{n_i}.$$

Die Größe der Parameter

$$\gamma_p = \frac{\sqrt{2\epsilon_{Si}qN_A}}{c_{OX}} \quad \text{und} \quad \gamma_n = \frac{\sqrt{2\epsilon_{Si}qN_A}}{c_{OX}}$$

bestimmt den Einfluß der Source–Bulk–Spannung auf die Schwellenspannung. Sie werden daher als *Substratsteuerfaktoren* bezeichnet, deren Werte $\gamma \approx 0,1 \ldots 1,2V^{1/2}$ betragen [40].

Der *Substratsteuereffekt* macht den Kanalstrom über die Schwellenspannung abhängig von U_{SB}. Wird bei Dimensionierungen eine konstante Schwellenspannung vorausgesetzt, so wird dieser Einfluß gewöhnlich vernachlässigt. Er sollte bei der Beurteilung der Resultate jedoch berücksichtigt werden.

Kapazitäten des MOS–Transistors

In Abb. 3.27 ist ein einfaches Ersatzschaltbild des MOS–Transistors dargestellt [41], das die wichtigsten Kapazitätseffekte berücksichtigt. Sie sind hauptverantwortlich für die Verzögerungszeiten, die durch die Ladungsumverteilung beim Pegelwechsel eines Gatters entstehen.

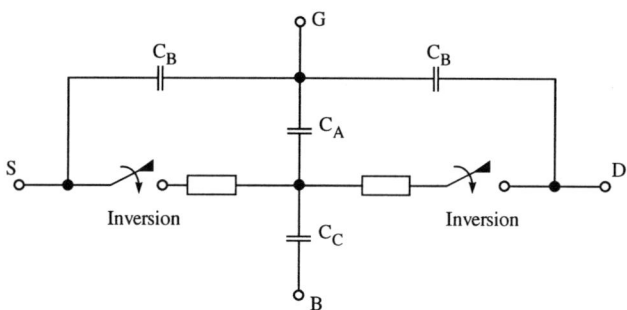

Abbildung 3.27: Einfaches Kapazitätsmodell des MOS–Transistors (nach [41])

Die Gate–Kapazität $C_A = W \cdot L \cdot c_{ox}$ mit c_{ox} als flächenbezogene Oxidkapazität stellt den überwiegenden Anteil dar. Die parasitären Kapazitäten C_B sind in der Überlappung von Gate und Drain bzw. Source begründet. C_C schließlich wird hervorgerufen durch die Sperrschichtkapazität der Raumladungszone im Substrat. In der Praxis verhalten sich diese drei Kapazitäten im Verhältnis typisch $C_A : C_B : C_C \approx 40 : 5 : 1$ [41].

Das Ersatzschaltbild verdeutlicht, daß die effektive Kapazität, die am Gate be– und entladen werden muß, nicht konstant ist, sondern vom Betriebsbereich des Transistors abhängt. Die Trennung dieser Bereiche erfolgt durch das Gatepotential. Der Verlauf dieser Abhängigkeit ist in Abb. 3.28[2] wiedergegeben.

---

[2]Der Kapazitätsverlauf für hohe Frequenzen tritt nur bei Leitungssegmenten auf (Polysilizium über dem Sub-

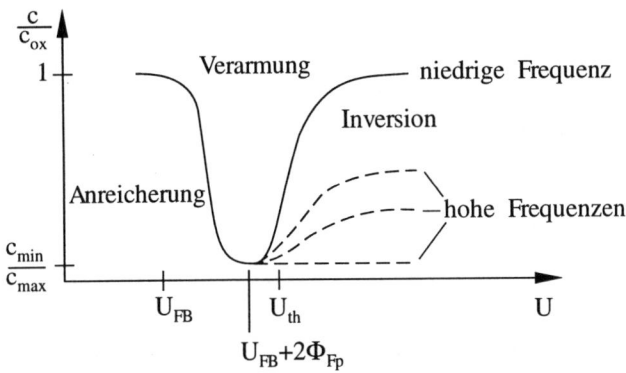

Abbildung 3.28: Spannungsabhängigkeit der MOS-Kapazität

3.2.2 Grundzüge der CMOS–Schaltungstechnik

CMOS–Schaltungen werden aus selbstsperrenden p–Kanal– und n–Kanal–MOSFETs aufgebaut. Prinzipiell wird jeder Knoten einer Schaltung, je nach logischem Zustand, durch einen leitenden Pfad entweder mit dem H–Pegel oder dem L–Pegel verbunden. Als Schaltelement wird der MOSFET–Transistor verwendet. Allgemein stellt der p–Kanal–Transistor die Verbindung zur positiven Versorgungsspannung U_B her, denn nur er ist in der Lage, einen Knoten vollständig auf U_B aufzuladen. Ein n–Kanal–Transistor würde aufgrund der Schwellenspannung die Aufladung bei $U_B - U_{th}$ durch Abschalten beenden. Der n–MOSFET ist entsprechend für die Verbindung zur Masse zuständig.

3.2.2.1 CMOS–Bauelementaufbau

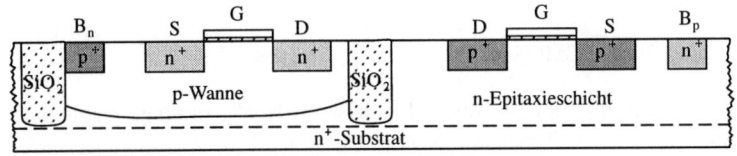

Abbildung 3.29: Struktur der CMOS–Technologie

Die Abb. 3.29 skizziert ein Implementierungsbeispiel, wie beide Transistortypen auf einem Substrat untergebracht werden. Auf dem n–Substrat werden zunächst große p–Wannen eindif-

---

strat), jedoch nicht bei MOS–Transistoren. Entscheidend für den Kapazitätsverlauf oberhalb der Schwellenspannung ist die Geschwindigkeit, mit der sich die Ladungsträger zur Bildung der Inversionsschicht unter dem Oxid ansammeln können. Im Falle des MOS–Transistors stellen Source–und Drain–Anschlüsse die benötigten Ladungsträger sehr schnell zur Verfügung. Ohne diese Quelle können die Ladungen nur durch die langsame thermische Generation geliefert werden.

fundiert, die als Basis für die verwendeten n–Typen dienen. In weiteren Prozeßschritten werden dann die Transistoren gefertigt.

Die Kontakte B_n und B_p stellen die Substratanschlüsse dar. Wichtig für die Selbstisolierung der p–Wanne ist eine Polung des pn–Übergangs zwischen p–Wanne und n^+–Substrat in Sperrichtung ($U_{BnB} < 0$). Um der Gefahr des Latchup (Abschnitt 3.2.2.4) entgegen zu wirken, werden zusätzlich SiO_2–Ringe zwischen der n–Epitaxieschicht und der p–Wanne angebracht.

3.2.2.2 CMOS–Inverter

Der CMOS–Inverter ist eine Grundschaltung der CMOS–Schaltungstechnik, aus der sämtliche weiteren Logikfunktionen abgeleitet werden. Der einfache Aufbau des Inverters ist aus Abb. 3.30 zu ersehen. Er besteht aus zwei Transistoren ohne jegliche passive Elemente.

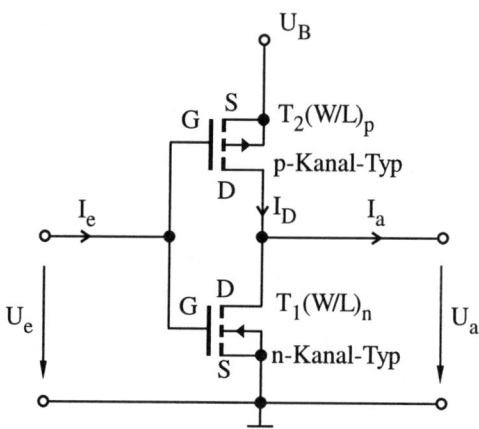

Abbildung 3.30: CMOS-Inverter

Zwei Regeln sind für alle CMOS–Schaltungen zu beachten:

1. Der Substratanschluß aller p–Kanal–Typen ist mit der Versorgungsspannung zu verbinden, der Anschluß aller n–Typen mit Masse. Damit sind die parasitären pn–Übergänge der MOS–Transistoren in Sperrichtung betrieben.

2. Das Drain der p–Kanäle liegt in Richtung fallendes, das der n–Kanäle in Richtung steigendes Potential. Abgesehen von speziellen Transistoren ist der geometrische Aufbau von Source und Drain symmetrisch. Die Zuordnung von Source und Drain ist nicht in der Geometrie, sondern in der Funktion begründet. Drain ist derjenige Anschluß, an dem der Kanal in der Sättigung abschnürt. Daß die Anschlüsse ihre Funktion vertauschen können, wird beim Transmission Gate deutlich, bei dem die Zuordnung vom Potentialgefälle zwischen Ein– und Ausgang abhängt. Wie aus Abb. 3.30 hervorgeht, gilt für beide Transistoren des CMOS–Inverters $U_{SB} = 0$. Damit bleibt der Substratsteuereffekt beim Inverter ohne Einfluß.

Die Eingangsstufe des Inverters ist zugleich Gegentaktendstufe. Durch das Gate mit seiner isolierenden Wirkung fließt im statischen Zustand ein Gate–Strom von $I_e \approx 0$.

Um die statische Übertragungskennlinie (Abb. 3.31) zu bestimmen, geht man von einem Leerlauf am Ausgang aus. Damit stimmen die Ströme durch beide Transistoren überein. Die Auswahl der gültigen Stromgleichungen ist von den jeweiligen Betriebszuständen der Transistoren abhängig, die bei zunehmender Eingangsspannung U_e in folgender Reihenfolge durchlaufen werden:

Kennlinienbereich	Bereich T_1	Bereich T_2
a – b	sperrt	Triode
b – c	Sättigung	Triode
c – d	Sättigung	Sättigung
d – e	Triode	Sättigung
e – f	Triode	sperrt

Die Stromaufnahme des CMOS–Gatters ist ebenfalls der Abb. 3.31 zu entnehmen. Im statischen Zustand befindet sich der Inverter im Bereich $U_e < U_{tn}$ oder $U_e > U_B - | U_{tp} |$, d.h. mindestens ein Transistor sperrt, und damit kann kein *Querstrom* fließen ($I_D = 0$). Sind am Ausgang nur CMOS–Gatter angeschlossen, gilt im statischen Zustand auch für den Ausgangsstrom $I_a \approx 0$. Insgesamt fließen damit keine Ströme und es gilt daher :

──────────────── **Statische CMOS Verlustleistung** ────────────────

Im statischen Zustand wird von einer CMOS–Schaltung mit Pegeln $U_e <$ U_{tn} oder $U_e > U_B - | U_{tp} |$ nur eine verschwindend geringe Verlustleistung verbraucht.

Verlustleistung des Gatters: $P_{VG} \approx 0$.

Für reale Schaltungen gilt: P_{VG} liegt im Bereich von $pW \dots nW$.

Während des *Umschaltvorgangs* sind hingegen für eine gewisse Dauer beide Transistoren leitend, wodurch Querströme entstehen. Zu den Querströmen addieren sich *Umladeströme*, die im Falle von nachfolgenden Gattern durch die parasitären Eingangskapazitäten hervorgerufen werden. Die gesamte Verlustleistung wird daher von der Schaltfrequenz abhängig.

──────────────── **Dynamische CMOS Verlustleistung** ────────────────

Die Verlustleistung einer CMOS–Schaltung ist bei konstanter Anstiegs– und Abfallzeit der Signale proportional zur Frequenz der Schaltvorgänge.

Die Übertragungskennlinie aus Abb. 3.31 galt für die festen Verhältnisse $\left(\frac{W}{L}\right)_n = \left(\frac{W}{L}\right)_p = 1$.

Durch die Wahl des Geometrieverhältnisses $\frac{W}{L}$ kann der Schaltungsentwickler die Treiberfähigkeit der einzelnen Transistoren bestimmen.

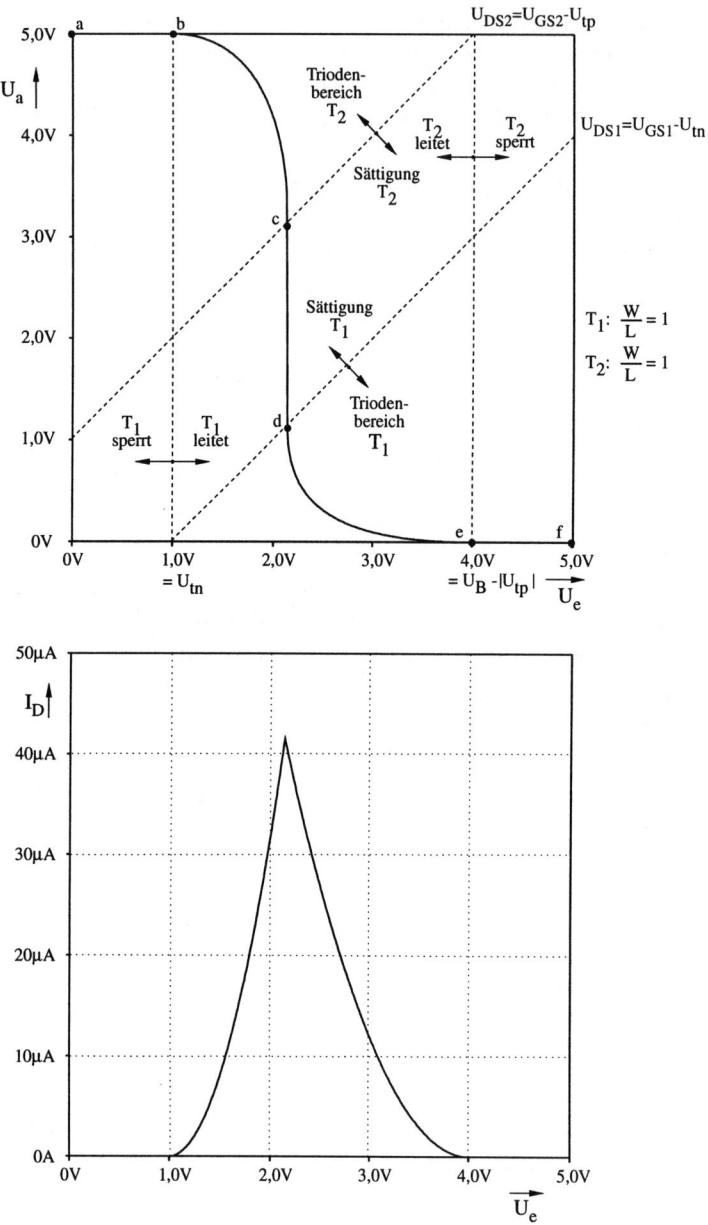

Abbildung 3.31: Übertragungskennlinie und Stromaufnahme eines CMOS–Gatters

Wir interessieren uns im folgenden für die Veränderung der Übertragungskennlinie bei unterschiedlichen Geometrieverhältnissen. Vorbereitend fassen wir einige Größen aus der Stromgleichung in dem β–Parameter zusammen:

$$\beta_n = K_n \frac{W_n}{L_n} \quad \text{und} \quad \beta_p = K_p \frac{W_p}{L_p}$$

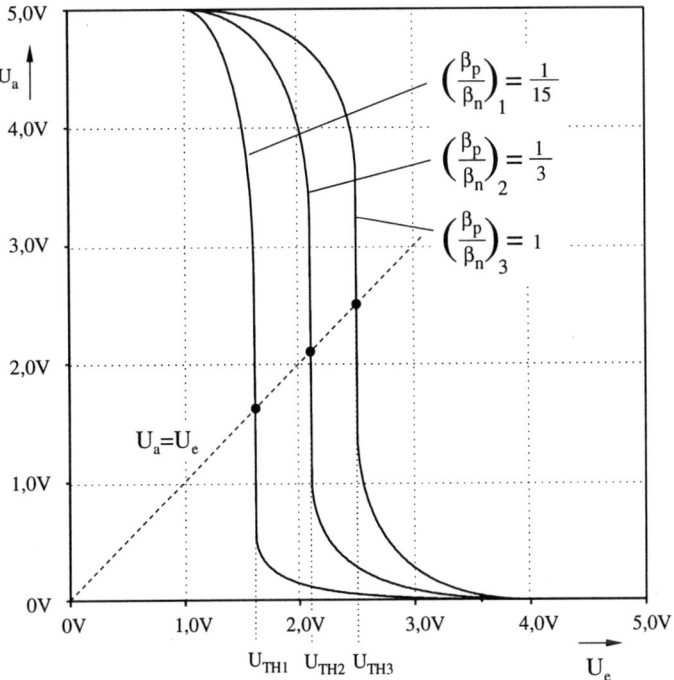

Abbildung 3.32: Übertragungskennlinie in Abhängigkeit vom Verhältnis β_p / β_n

Für den Verlauf der Übertragungskennlinie (Abb. 3.32) ist nur das Verhältnis $\dfrac{\beta_p}{\beta_n}$ entscheidend.

$$U_a = f\left(U_e, \frac{\beta_p}{\beta_n}\right)$$

Damit können die Kennlinie, d.h. der Störabstand und das Verhältnis der Treiberfähigkeiten beider Transistoren einerseits und die Treiberfähigkeit der gesamten Schaltung andererseits unabhängig voneinander eingestellt werden. Auf die Bedeutung der im Diagramm aus Abb. 3.32 gekennzeichneten *Schwellenspannungen* $U_{TH1} \ldots U_{TH3}$ wird im folgenden noch näher eingegangen.

Kennlinie	U_L	U_H	S_L	S_H
1	1,2V	1,7V	1,2V	3,3V
2	1,8V	2,35V	1,8V	2,65V
3	2,4V	2,9V	2,4V	2,1V

Tabelle 3.2: Störabstände verschiedener ß–Verhältnisse

Für den Fall $\beta_n = \beta_p$ verläuft die Kurve symmetrisch. Beide haben eine übereinstimmende Treiberfähigkeit. Für die Geometrieverhältnisse folgt daraus

$$\frac{(W/L)_p}{(W/L)_n} = \frac{K_n}{K_p} = \frac{\mu_n}{\mu_p} \approx 3.$$

Gleichzeitig ist dies der Fall des günstigsten Störabstands (Tabelle 3.2), da das Minimum von S_L und S_H am größten ist.

Bei der Berechnung des Störabstands ist zu beachten, daß die Ausgangsspannung U_a in allen Fällen für ungestörte Eingangspegel gleich ist ($U_{OH} = 5V, U_{OL} = 0V$). Folglich sind beim gemischten Einsatz von Gattern unterschiedlicher Kennlinien U_{IL} und U_{IH} auf den jeweils kritischen Wert festzulegen, zum Beispiel auf

$$U_{IL} = 1,2V \quad \text{und} \quad U_{IH} = 2,9V$$
$$\Rightarrow \quad S_L = 1,2V \quad \text{und} \quad S_H = 2,1V.$$

HINWEIS: Generell wird bei der CMOS–Technologie der günstigste Störabstand bei einer symmetrischen Kennlinie erzielt. Diese läßt sich im allgemeinen für $U_{tn} \neq U_{tp}$ nicht erreichen, sondern nur approximieren.

──────────── **Approximation der Kennliniensymmetrie** ────────────
Eine symmetrische Kennlinie wird approximiert durch die Wahl von

$$U_{TH} = \frac{U_B}{2}.$$

Um die Bedingung für die Approximation einer symmetrischen Kennlinie zu diskutieren, muß zunächst die Schwellenspannung des Inverters definiert werden.

──────────── **Definition: Schwellenspannung des Inverters** ────────────
Die Schwellenspannung U_{TH} des Inverters sei die Spannung, bei der gilt
$$U_e = U_a.$$

Mit dieser Bedingung kann die Dimensionierung durchgeführt werden.

Für $U_e = U_a$ befinden sich beide Transistoren wegen

$$U_{DS_n} = U_a > U_{GS_n} - U_{tn} = U_e - U_{tn} = U_a - U_{tn}$$

$$U_{DS_p} = U_a - U_B < U_{GS_p} - U_{tp} = U_e - U_B - U_{tp} = U_a - U_B - U_{tp}$$

in Sättigung. Ohne Ausgangslast gilt $I_D = I_n = -I_p$. Mit den gültigen Stromgleichungen für den Sättigungsbereich ergibt sich

$$\frac{1}{2}\beta_n (U_e - U_{tn})^2 = \frac{1}{2}\beta_p (U_e - U_B - U_{tp})^2$$

$$\frac{\beta_n}{\beta_p} = \left(\frac{U_e - U_B - U_{tp}}{U_e - U_{tn}}\right)^2$$

Für $U_e = U_{TH} = \dfrac{U_B}{2}$ vereinfacht sich der Ausdruck zu

$$\frac{\beta_n}{\beta_p} = \left(\frac{U_B + 2U_{tp}}{U_B - 2U_{tn}}\right)^2$$

$$\frac{\left(\frac{W}{L}\right)_n}{\left(\frac{W}{L}\right)_p} = \frac{K_p}{K_n}\left(\frac{U_B + 2U_{tp}}{U_B - 2U_{tn}}\right)^2. \tag{3.7}$$

Die Gleichung (3.7) liefert die Bedingung für die approximierte Kennliniensymmetrie.

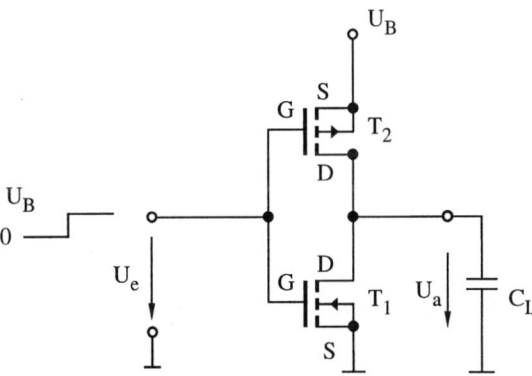

Abbildung 3.33: Belastung eines CMOS–Inverters durch nachfolgende CMOS–Gatter

Ein zweites Kriterium für die Dimensionierung des Inverters ist die Treiberfähigkeit des Inverters. Wie in Abb. 3.33 dargestellt, wirken die Eingänge nachfolgender CMOS–Gatter als kapazitive Last. Die Verzögerungszeit des Gatters wird entscheidend dadurch bestimmt, wie schnell die Transistoren bei einem Pegelwechsel am Ausgang die Lastkapazität umladen können.

Der Inverter sei im eingeschwungenen Zustand mit $U_e = 0$ und $U_a = U_B$. Am Eingang finde zum Zeitpunkt $t = 0$ ein sprungartiger Pegelwechsel auf $U_e = U_B$ statt. Zur Bestimmung der Abfallzeit $t_f(0,9U_B > U_a > 0,1U_B)$ ist eine Fallunterscheidung erforderlich.

1. Abfall von $U_a = 0,9U_B$ auf $U_a = U_B - U_{tn}$ im Zeitintervall t_{f1}. Der Transistor T_2 sperrt wegen $U_{GS,T2} = 0$, T_1 hingegen befindet sich im Sättigungsbereich ($U_{DS,T1} = U_B > U_{GS,T1} - U_{tn} = U_B - U_{tn}$). Das zugehörige Ersatzschaltbild zeigt Abb. 3.34 a).

$$\Rightarrow I_n + I_a = 0 = \frac{1}{2}\beta_n (U_B - U_{tn})^2 + C_L \frac{dU_a}{dt}$$

$$\Longleftrightarrow dt = \frac{-2C_L}{\beta_n (U_B - U_{tn})^2} dU_a$$

Die Integration

$$\int_0^{t_{f1}} dt = \frac{-2C_L}{\beta_n (U_B - U_{tn})^2} \int_{0,9U_B}^{U_B - U_{tn}} dU_a$$

liefert den gesuchten Anteil

$$t_{f1} = \frac{2C_L (U_{tn} - 0,1U_B)}{\beta_n (U_B - U_{tn})^2} .$$

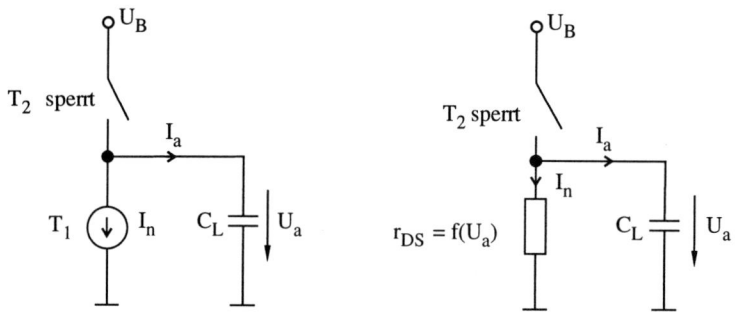

a) Sättigungsbereich   b) Triodenbereich

Abbildung 3.34: Ersatzschaltbild des Transistors in den beiden Betriebsbereichen

2. Abfall von $U_a = U_B - U_{tn}$ auf $U_a = 0,1U_B$ im Zeitintervall t_{f2}. T_2 bleibt weiterhin gesperrt, während T_1 in den Triodenbereich übergeht (Abb. 3.34 b)).

$$\Rightarrow I_n + I_a = 0 = \beta_n \left[U_a (U_B - U_{tn}) - \frac{U_a^2}{2} \right] + C_L \frac{dU_a}{dt}$$

$$\Longleftrightarrow dt = -\frac{C_L}{\beta_n \left[U_a (U_B - U_{tn}) - \frac{U_a^2}{2} \right]} dU_a$$

Die Integralgleichung

$$\int_0^{t_{f2}} dt = -\frac{C_L}{\beta_n} \int_{U_B - U_{tn}}^{0,1U_B} \frac{dU_a}{U_a\,(U_B - U_{tn}) - \frac{U_a^2}{2}}$$

läßt sich mit Hilfe von Integrationstabellen (z.B. [42]) integrieren zu

$$t_{f2} = \frac{C_L}{\beta_n\,(U_B - U_{tn})}\,ln\,\frac{19U_B - 20U_{tn}}{U_B}\;.$$

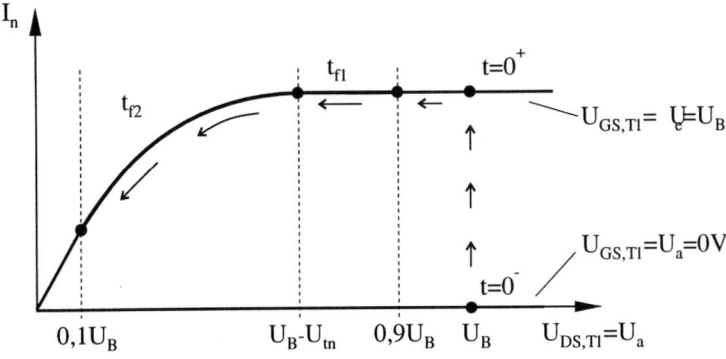

Abbildung 3.35: Strom–Spannungs–Verlauf beim $H \to L$ Übergang

In Abb. 3.35 ist der Umladevorgang auf der Transistorkennlinie $I_n(U_{DS} = U_a)$ dargestellt. Die Summe beider Zeitintervalle t_{f1} und t_{f2} liefert die Abfallzeit t_f

$$t_f = \frac{2C_L}{\beta_n\,(U_B - U_{tn})} \cdot \left[\frac{U_{tn} - 0,1U_B}{U_B - U_{tn}} + \frac{1}{2}\,ln\,\frac{19U_B - 20U_{tn}}{U_B}\right] \sim \frac{C_L}{\beta_n}\;. \qquad (3.8)$$

Analog ergibt sich die Anstiegszeit t_r bei einem H–L–Pegelwechsel am Eingang zu

$$t_r = \frac{2C_L}{\beta_p\,(U_B - |U_{tp}|)} \cdot \left[\frac{|U_{tp}| - 0,1U_B}{U_B - |U_{tp}|} + \frac{1}{2}ln\,\frac{19U_B - 20|U_{tp}|}{U_B}\right] \sim \frac{C_L}{\beta_p}\;. \qquad (3.9)$$

Da beim Umladen jeweils ein Transistor gesperrt ist, hängt die Flankensteilheit nur von dem β–Parameter des leitenden Transistors ab. Entscheidend ist ferner die Proportionalität zur Lastkapazität C_L.

Da die Zeiten für den Wechsel des Betriebszustandes der MOS–Transistoren (t_v und t_{st}) als Näherung vernachlässigt werden, können die Verzögerungszeiten t_{pdHL} und t_{pdLH} analog zu t_r,

t_f berechnet werden. Die Proportionalitäten bleiben erhalten

$$t_{pdHL} \sim \frac{C_L}{\beta_n} \quad , \quad t_{pdLH} \sim \frac{C_L}{\beta_p} \quad , \quad \frac{t_{pdLH}}{t_{pdHL}} \sim \frac{\beta_n}{\beta_p} \ .$$

Die angeschlossenen Gatter waren bei den Berechnungen in der konzentrierten Lastkapazität C_L zusammengefaßt. Die Bestimmung dieser Kapazität soll eingehender untersucht werden. Die dominierende Kapazität war nach Abschnitt 3.2.1 die Gate–Kapazität C_A.

$$C_A = C_{ox} \approx W \cdot L \cdot c_{ox} = \beta_{n/p} \cdot L^2 \cdot c_{ox} \cdot \frac{1}{K_{n/p}} = \beta_{n/p} \cdot L^2 \cdot \frac{1}{\mu_{n/p}}$$

Um ein möglichst kleines C_A zu erhalten, ist L minimal (L_{min}) auszulegen und nur W zu wählen. L_{min} ist somit durch die minimale Strukturgröße des Technologie–Prozesses vorgegeben.

Die Gesamtkapazität des Invertereingangs beträgt folglich

$$C_G = C_{Ap} + C_{An} = \beta_n \cdot L_{nmin}^2 \cdot \frac{1}{\mu_n} + \beta_p \cdot L_{pmin}^2 \cdot \frac{1}{\mu_p} \ ,$$

mit C_{Ap} und C_{An} als Kapazitäten des p– bzw. n–Kanal–Transistors. Es ergibt sich eine proportionale Abhängigkeit zu den β–Parametern $C_G \sim \beta_{n/p}$.

Zusammengefaßt *sinken* die Anstiegs–, Abfall– und Verzögerungszeiten der Gatter nach (3.8) und (3.9) also proportional mit $\beta_{n/p}$, gleichzeitig *steigen* aber die entsprechenden Zeiten des vorangehenden Gatters proportional mit $\beta_{n/p}$. Daraus entsteht ein Optimierungsproblem, das am Beispiel erläutert wird.

3.2.2.3 Optimierungsbeispiel: Inverterkette

Inverterketten [43] werden zum Treiben größerer Lasten, insbesondere von Pads, Bussen und Taktsignalen eingesetzt.

In einer solchen Inverterkette (Abb. 3.36) sei das Verhältnis W/L des Inverters an Position i ($i = 1, \ldots, n$) bei gegebenen β_p/β_n um den Faktor g_i größer als das seines Vorgängers.

$$\left(\frac{W}{L}\right)_{i+1} = g_i \cdot \left(\frac{W}{L}\right)_i$$

Ein Inverter, der einen Inverter gleicher Größe treibt, habe die Einheitsverzögerung t_{pd}. In diesem Fall gilt $g_i = 1$.

Die Inverter der Verzögerungskette haben die Gatterverzögerung t_{pdi}:

$$t_{pdi} \sim \frac{C_{L,i+1}}{\beta_{n/p,i}} \sim \frac{\beta_{n/p,i+1}}{\beta_{n/p,i}} = \frac{g_i \, \beta_{n/p,i}}{\beta_{n/p,i}} = g_i \ ,$$

$$\Rightarrow \quad t_{pdi} = g_i \cdot t_{pd}.$$

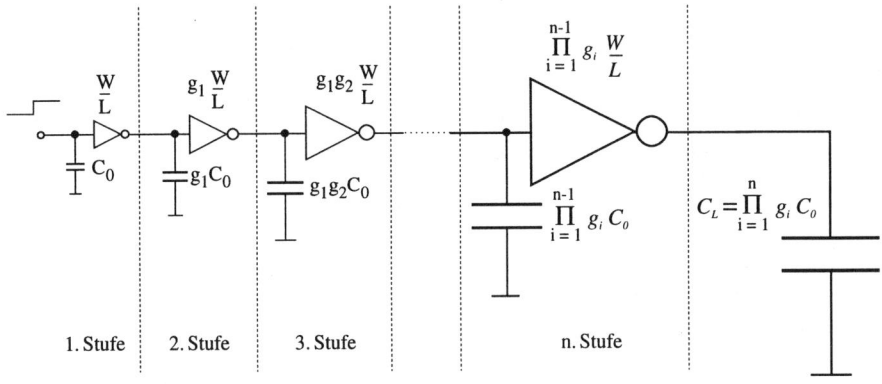

Abbildung 3.36: Inverterkette

Die Gesamtlaufzeit der Kette beträgt damit

$$t_{ch} = \sum_{i=1}^{n} t_{pdi} = \sum_{i=1}^{n} g_i \cdot t_{pd} = t_{pd} \cdot \sum_{i=1}^{n} g_i .$$

Bei einer gegebenen Lastkapazität

$$C_L = \prod_{i=1}^{n} g_i \cdot C_0$$

wird t_{ch} minimal für $g_1 = g_2 = \ldots = g_n = g$. Die Ausdrücke vereinfachen sich zu

$$t_{ch} = n \cdot g \cdot t_{pd} \quad \text{und} \qquad (3.10)$$

$$C_L = g^n \cdot C_0 . \qquad (3.11)$$

Wir berechnen n aus (3.11)

$$n = \frac{ln\frac{C_L}{C_0}}{ln\ g} \qquad (3.12)$$

und setzen dies in (3.10) ein.

$$t_{ch} = ln\frac{C_L}{C_0} \cdot \frac{g}{ln\ g} \cdot t_{pd}$$

Das Minimum wird aus der partiellen Ableitung dieses Ausdrucks nach g bestimmt.

$$\frac{\partial t_{ch}}{\partial g} = ln\ \frac{C_L}{C_0} \cdot t_{pd} \cdot \frac{\partial \left(\frac{g}{ln\ g}\right)}{\partial g} = ln\ \frac{C_L}{C_0} \cdot t_{pd} \cdot \frac{ln\ g - 1}{ln^2 g} \overset{!}{=} 0$$

Die Forderung ist für $ln\ g = 1 \Leftrightarrow g = e$ erfüllt.

———————————— Optimierung der Inverterkette ————————————

Für die geringste Laufzeit der Inverterkette ist $g = e \approx 2,72$ zu wählen.

Im Anwendungsfall ist die Lastkapazität vorgegeben. Nach Festlegung des Minimalinverters kann aus (3.12) die Anzahl der erforderlichen Stufen bestimmt werden.

$$n = ln \, \frac{C_L}{C_0}$$

In ähnlicher Weise können Forderungen nach Verlustleistungs– oder Flächenoptimierung behandelt werden. In einigen neuen Systemen zum rechnergestützten Entwurf ist sogar eine automatische Dimensionierung verfügbar.

3.2.2.4 Latchup

Durch parasitäre Bipolarstrukturen entsteht ein CMOS–spezifisches Problem, der Latchup. Da er zur Zerstörung des Bauteils führen kann, sind einige Gegenmaßnahmen zu ergreifen.

Abbildung 3.37 zeigt am Beispiel des Inverters die Lage von parasitären Bipolartransistoren auf. Die entstehende n^+pnp^+ –Thyristorstruktur zündet, wenn das Potential am Source des n–Kanals um $0, 6V$ unterhalb des p–Wannenpotentials liegt, bzw. wenn das Source–Potential des p–Kanal–Transistors um $0, 6V$ oberhalb des n–Substrat–Potentials liegt. Ein derartiger Spannungsabfall über R_W bzw. R_S kann durch Ausgleichsströme in Wanne und Substrat entstehen. Die Gefahr ist besonders groß bei $U_{SB} \approx 0$.

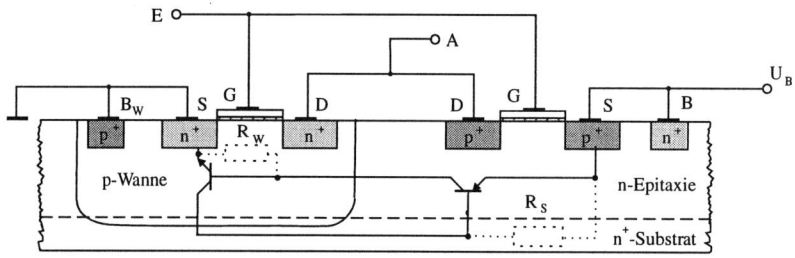

Abbildung 3.37: Entstehung des Latchup durch parasitäre Bipolartransistoren

Latchups können sich fortpflanzen und zu großen Strömen führen, die schließlich die Zerstörung der Schaltung hervorrufen.Als Gegenmaßnahmen empfiehlt sich

- eine große Anzahl von Wannen–bzw. Substratanschlüssen (B_W, B) für geringen Spannungsabfall in p–Wanne bzw. n–Substrat ($R_W \downarrow, R_S \downarrow$),

- ein n^+–Substrat mit einer n–Epitaxie zur Verringerung des Widerstandes R_S.

Die Latchup–Gefahr bleibt jedoch bestehen, besonders beim Auftreten von Störungen. Daher sind zusätzliche Schutzstrukturen an den Pads erforderlich.

3.2.3 Statische CMOS–Schaltungstechnik

Die statische CMOS–Schaltungstechnik ist dadurch gekennzeichnet, daß, wie bei den bipolaren Familien, alle Signalpegel über beliebig lange Zeit erhalten bleiben, wenn keine Signalwechsel an den Eingängen auftreten. Realisiert wird dies dadurch, daß alle Gates der Transistoren über eine leitende Strecke mit einem definierten Pegel verbunden sind.

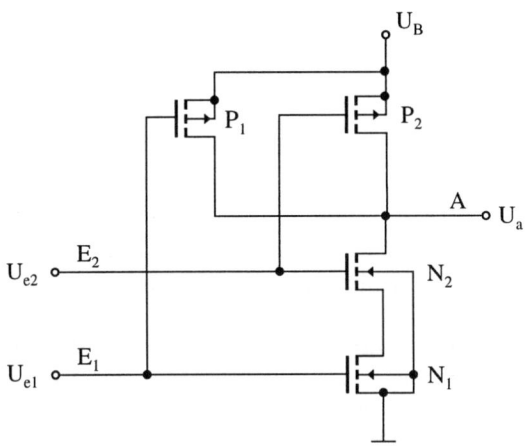

Abbildung 3.38: NAND mit 2 Eingängen in CMOS–Schaltungstechnik

Das Beispiel eines Gatters ist in Abb. 3.38 aufgeführt. Der Ausgang A liegt dann und nur dann auf L–Pegel, wenn beide n–Kanal–Transistoren leiten, d.h. für $U_{E1} = U_{E2} = U_H$. Das ist gleichzeitig der einzige Zustand, in dem beide p–Transistoren sperren. Anhand von Tabelle 3.3 ist zu erkennen, daß die logische Funktion in positiver Logik ein NAND realisiert: $A = \overline{E_1 \wedge E_2}$.

E_1	E_2	N_1	N_2	P_1	P_2	A
L	L	s	s	l	l	H
L	H	s	l	l	s	H
H	L	l	s	s	l	H
H	H	l	l	s	s	L

l:leitend   s:sperrend

Tabelle 3.3: Logiktabelle für das statische CMOS–Gatter

Wie beim Inverter gibt es für definierte Eingangspegel im statischen Zustand keine Querströme. Daher gilt auch beim NAND–Gatter für den statischen Zustand $P_{VG} \approx 0$.

Das Vorgehen soll für beliebige Funktionen verallgemeinert werden. Abbildung 3.39 zeigt den prinzipiellen Aufbau eines statischen CMOS–Gatters. Für alle Eingangskombinationen, bei

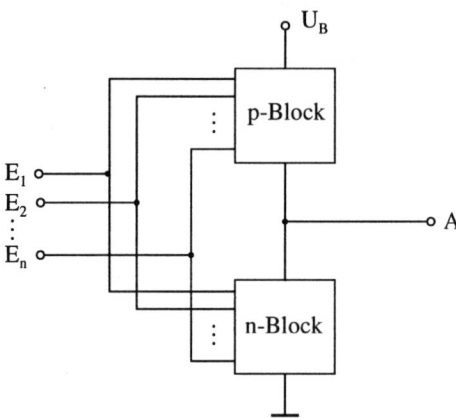

Abbildung 3.39: Funktionsprinzip eines statischen CMOS–Gatters

denen der Ausgang A auf H–Pegel liegt, muß der p–Block mindestens einen leitenden Pfad zur
Versorgungsspannung U_B herstellen. Zu berücksichtigen ist, daß ein p–Transistor leitet, wenn
sein Gate L–Pegel annimmt. Für alle Kombinationen mit L–Pegel am Ausgang muß der n–Block
eine Verbindung des Knotens A zur Masse herstellen. Das Vorgehen sei in folgender Regeln
zusammengefaßt.

─────────────── **Konstruktionsregel für CMOS–Funktionen** ───────────────

Die zu realisierende Funktion sei $A = f(E_1, \ldots, E_n)$**. Dann muß für die n–
Kanal–Transistoren gelten**

$$f_n = \overline{f(E_1, \ldots, E_n)}$$

und für die p–Kanal–Transistoren

$$f_p = f(\overline{E_1}, \ldots, \overline{E_n}).$$

**P–Kanal–Transistoren leiten immer bei zum n–Kanal–Transistor komplemen-
tären Pegel, daher sind alle Eingangsvariablen in** f_p **zu negieren. Eine UND–
Verknüpfung in der Funktion entspricht einer** *Reihenschaltung* **von Transistoren, eine ODER–Verknüpfung einer** *Parallelschaltung*.

───

In einem praktischen Beispiel soll ein NOR–Gatter mit der Funktion $A = \overline{E_1 \vee E_2}$ erstellt
werden. Die benötigten Teilfunktionen lauten

$$f_n = E_1 \vee E_2,$$
$$f_p = \overline{E_1 \vee E_2} = \overline{E_1} \wedge \overline{E_2}\,.$$

Wie aus Abb. 3.40 hervorgeht, haben Reihen– und Parallelschaltung gegenüber dem NAND–
Gatter die Positionen vertauscht. Das NOR–Gatter wird daher auch als die zum NAND–Gatter
duale Schaltung bezeichnet.

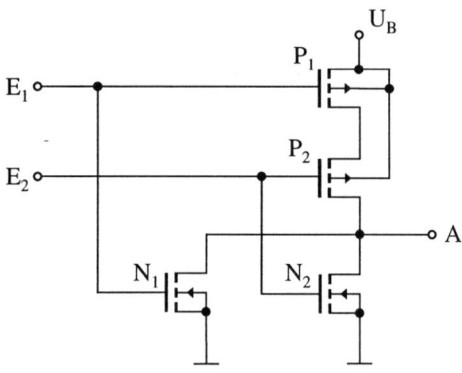

Abbildung 3.40: Implementierung eines NOR–Gatters

Abbildung 3.41 schließlich zeigt ein komplexeres Beispiel, das die Funktion

$$Z = f(A, B, C, D, E) = \overline{A \wedge B \vee C \wedge (D \vee E)}$$

realisiert. Die Teilfunktionen lauten

$$f_n = \underbrace{\underbrace{A \wedge B}_{\text{Reihe}} \vee \underbrace{C \wedge \underbrace{(D \vee E)}_{\text{Parallel}}}_{\text{Reihe}}}_{\text{Parallel}} \quad \text{und}$$

$$
\begin{aligned}
f_p &= \overline{A \wedge B} \wedge \overline{C \wedge (D \vee E)} = \overline{A} \vee \overline{B} \wedge \overline{C \wedge (D \vee E)} \\
&= \underbrace{\underbrace{(\overline{A} \vee \overline{B})}_{\text{Parallel}} \wedge \underbrace{(\overline{C} \vee \underbrace{\overline{D} \wedge \overline{E}}_{\text{Reihe}})}_{\text{Parallel}}}_{\text{Reihe}}.
\end{aligned}
$$

Die Regel für f_n ist im übrigen auch auf den Aufbau von ECL–Komplexgattern anwendbar. Wie bei der ECL–Technologie verringern Komplexgatter den Schaltungsaufwand. Sie weisen jedoch mit zunehmender Komplexität schlechtere dynamische Eigenschaften auf.

3.2.3.1 Dynamisches Verhalten

Wie beim Inverter können auch für komplexere Gatter die Verzögerungszeiten berechnet werden. Durch die Vielzahl von Schaltkombinationen gibt es aber keine eindeutige Abfall– bzw. Anstiegszeit. Sie dehnen sich in ein Intervall aus, dessen Grenzen zu bestimmen sind. Ferner sollen in einer genaueren Untersuchung die parasitären Kapazitäten berücksichtigt werden. Abbildung 3.42 zeigt hierzu den Aufbau eines NAND–Gatters mit vier Eingängen.

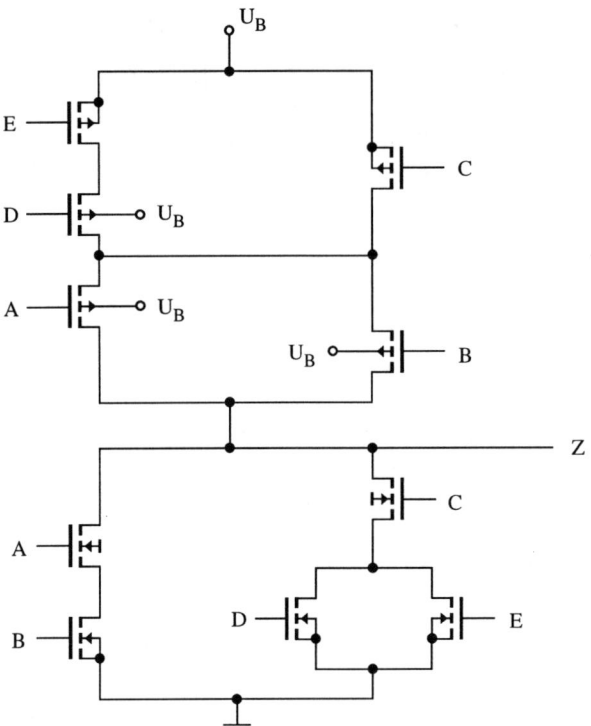

Abbildung 3.41: Beispiel eines Komplexgatters

Für eine vereinfachte Betrachtung werden zunächst alle Eingangssignale miteinander verbunden und die parasitären Kapazitäten vernachlässigt ($C_D \approx 0$). Das Gatter arbeitet so als simpler Inverter. Die Reihenschaltung der n–Kanal–Transistoren verhält sich näherungsweise wie ein n–Kanal–Transistor mit den Maßen $L'_n = 4L_n$ und $W'_n = W_n$, damit ergibt sich $\beta'_n = \beta_n/4$. Die Parallelschaltung der p–Kanäle wirkt entsprechend wie eine Aneinanderreihung der Weiten, $W'_p = 4W_p$, $L'_p = L_p \Rightarrow \beta'_p = 4\beta_p$. Aus diesen Überlegungen lassen sich zwei allgemeine Regeln ableiten:

1. Die *Reihenschaltung* von m Transistoren mit zusammengeschaltetem Gate verhält sich wie ein Transistor mit $\beta' = \beta/m$.

2. Die *Parallelschaltung* von m Transistoren mit zusammengeschaltetem Gate verhält sich wie ein Transistor mit $\beta' = m \cdot \beta$.

Damit lassen sich mit Hilfe der Gleichungen (3.8) und (3.9) die Verzögerungszeiten bestimmen.

$$t_{r_{inv}} = a_1 \cdot \frac{C_L}{\beta_p} \quad \Rightarrow \quad t'_r = a_1 \cdot \frac{C_L}{m \cdot \beta_p} = \frac{t_{r_{inv}}}{m}$$

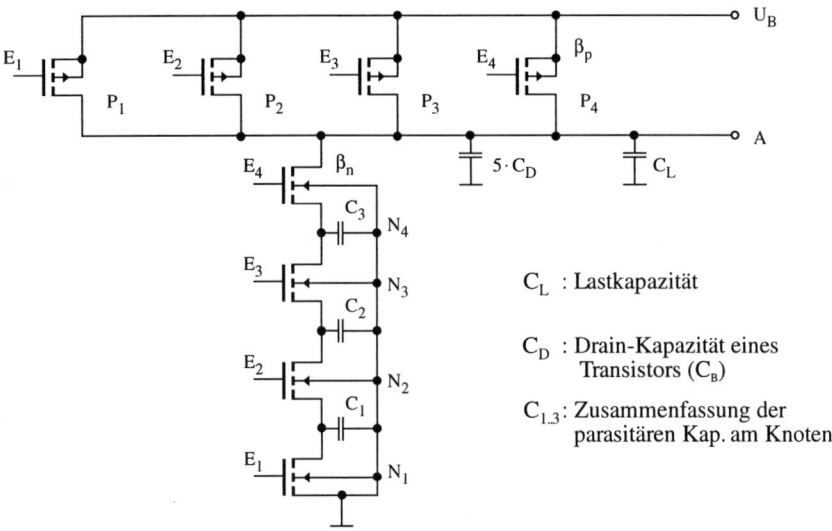

Abbildung 3.42: Parasitäre Kapazitäten am NAND–Gatter

C_L : Lastkapazität

C_D : Drain-Kapazität eines
Transistors (C_B)

$C_{1.3}$: Zusammenfassung der
parasitären Kap. am Knoten

$$t_{f_{inv}} = a_2 \cdot \frac{C_L}{\beta_n} \quad \Rightarrow \quad t'_f = a_2 \cdot \frac{m \cdot C_L}{\beta_n} = m \cdot t_{f_{inv}}$$

Zur Vereinfachung der Ausdrücke wurden die technologieabhängigen Parameter

$$a_1 = \frac{2}{U_B - |U_{tp}|} \cdot \left[\frac{|U_{tp}| - 0,1U_B}{U_B - |U_{tp}|} + \frac{1}{2} \ln \frac{19U_B - 20|U_{tp}|}{U_B} \right] \qquad \text{und}$$

$$a_2 = \frac{2}{U_B - U_{tn}} \cdot \left[\frac{U_{tn} - 0,1U_B}{U_B - U_{tn}} + \frac{1}{2} \ln \frac{19U_B - 20U_{tn}}{U_B} \right]$$

eingeführt.

Wenden wir uns nun unterschiedlichen Eingangssignalen unter Berücksichtigung der parasitären Kapazitäten zu.

- **Anstiegszeit t'_r**

  Für unterschiedliche Eingangssignale ergibt sich die größte Anstiegszeit, wenn genau ein Eingang auf L–Pegel wechselt. Unabhängig davon, welcher p–Transistor leitend wird, gilt

  $$t'_{rslow} = a_1 \cdot \frac{C_L + (m + 1) \cdot C_D}{\beta_p}.$$

Das entspricht der Gleichung (3.9); der Lastkapazität C_L muß hier jedoch die Summe der Drain–Kapazitäten hinzugefügt werden.

Die geringste Anstiegszeit ergibt sich beim gleichzeitigen Durchschalten aller p–Kanal–Transistoren und ist somit durch die m–fache Stromtragfähigkeit um den Faktor m geringer.

$$t'_{r_{fast}} = a_1 \cdot \frac{C_L + (m+1) \cdot C_D}{m \cdot \beta_p}$$

- **Abfallzeit t'_f**

Bei der Reihenschaltung tritt die größte Abfallzeit auf, wenn $E_2, \ldots, E_m$ auf H–Pegel liegen und E_1 von L auf H wechselt. In diesem Fall müssen alle Kapazitäten $C_1, C_2, \ldots, C_{m-1}$ entladen werden. Die Entladung von C_1 erfolgt dabei über N_1, d. h. mit $\beta'_n = \beta_n$. C_2 wird mit $\beta'_n = \beta_n/2$ über N_1, N_2 entladen. Die Kapazität C_{m-1} wird schließlich über einen äquivalenten Transistor mit dem β–Parameter $\beta'_n = \beta_n/(m-1)$ mit der Masse verbunden.

$$
\begin{aligned}
t'_{f_{slow}} &= a_2 \cdot \frac{m \left[C_L + (m+1) \cdot C_D \right]}{\beta_n} + a_2 \sum_{i=1}^{m-1} \frac{i \cdot C_i}{\beta_n} \\
&= \frac{a_2}{\beta_n} \cdot m \left[C_L + (m+1) \cdot C_D + \frac{1}{2} C_K \right]
\end{aligned}
$$

für $C_1 = C_2 = \ldots = C_{m-1} = C_K$. Aufgrund des Substratsteuereffekts (*Body effect*) ist der Strom durch $N_2 \ldots N_m$ anfänglich geringer. Daher ist $t'_{f_{slow}}$ in der Realität etwas größer.

Die geringste Abfallzeit tritt auf, wenn E_m allein von L auf H wechselt, während alle anderen Eingangssignale auf H liegen.

$$t'_{f_{fast}} = \frac{a_2}{\beta_n} \cdot m \left[C_L + (m+1) \cdot C_D \right]$$

Tatsächlich ist $t'_{f_{fast}}$ noch etwas geringer, da sich zunächst ein Teil der Ladung $C_L + (m+1) \cdot C_D$ auf $C_1 \ldots C_{m-1}$ verteilt.

Analog ergeben sich die gleichen Abhängigkeiten für t_{pdHL} und t_{pdLH}.

Bei der zum NAND–Gatter dualen Schaltungsfunktion, dem NOR–Gatter, sind die Gleichungen für t_r und t_f vertauscht. Tabelle 3.4 gibt eine zusammenfassende Übersicht.

3.2.3.2 Schaltungen mit Transmission Gate

Ein in Abb. 3.43 a) aufgeführtes *Transmission Gate* besteht aus einem p–Kanal– und einem n–Kanal–Transistor, die parallel geschaltet sind und, anders als in den bisherigen Schaltungen, mit inversen Spannungspegeln angesteuert werden. Nach Aktivierung der Steuereingänge durch eine Steuerspannung $U_{st} = U_H$ leiten beide Transistoren. Diese Eigenschaft erlaubt den Einsatz des Transmission Gates als *bidirektionalen Schalter*. Die Lastkapazität C_L in Abb. 3.44 kann über T geladen oder entladen werden. Nach dem Deaktivieren des Transmission Gates durch $U_{st} = U_L$ bleibt die Ladung auf C_L erhalten bis sie durch Leckströme entladen oder durch erneutes Aktivieren des Transmission Gates umgeladen wird.

	NAND	NOR
t'_{fslow}	$\dfrac{a_2}{\beta_n}\, m\,[C_L + (m+1)\cdot C_D + \dfrac{1}{2}C_K]$	$\dfrac{a_2}{\beta_n}[C_L + (m+1)\cdot C_D]$
t'_{ffast}	$\dfrac{a_2}{\beta_n}\, m\,[C_L + (m+1)\cdot C_D]$	$\dfrac{a_2}{\beta_n}\cdot\dfrac{C_L + (m+1)\cdot C_D}{m}$
t'_{rslow}	$\dfrac{a_1}{\beta_p}\,[C_L + (m+1)\cdot C_D]$	$\dfrac{a_1}{\beta_p}\, m\,[C_L + (m+1)\cdot C_D + \dfrac{1}{2}C_K]$
t'_{rfast}	$\dfrac{a_1}{\beta_p}\cdot\dfrac{C_L + (m+1)\cdot C_D}{m}$	$\dfrac{a_1}{\beta_p}\, m\,[C_L + (m+1)\cdot C_D]$

Tabelle 3.4: Anstiegs–/ Abfallzeiten für CMOS–Gatter

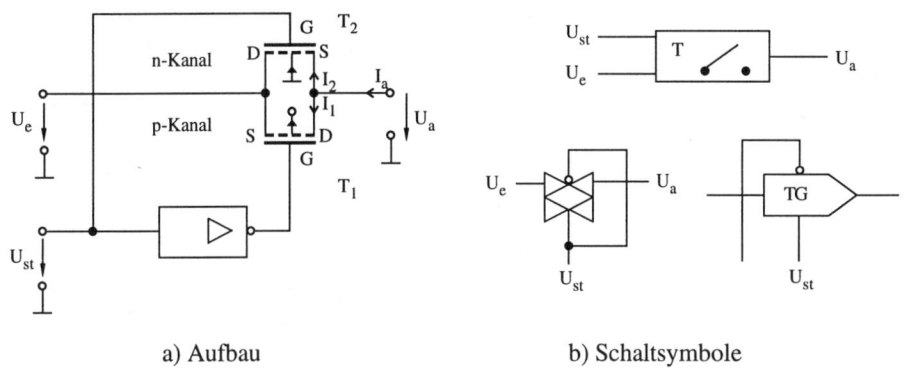

a) Aufbau   b) Schaltsymbole

Abbildung 3.43: Transmission Gate

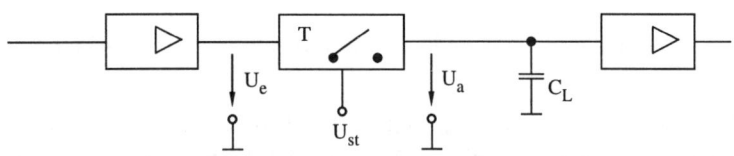

Abbildung 3.44: Transmission Gate als Schalter

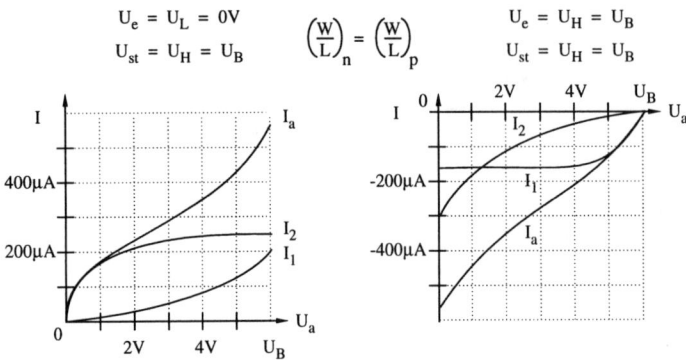

Abbildung 3.45: Stromaufteilung im Transmission Gate

Der Vorteil gegenüber *Pass–Transistoren* (nur ein n– bzw. p–Transistor) ist ein nahezu von U_{DS} unabhängiger Durchlaßwiderstand. Diese Tatsache wird einsichtiger nach dem Konstruieren der Kennlinie $I_a(U_a) = I_1 + I_2$. Die beiden Diagramme aus Abb. 3.45 zeigen die Stromverläufe für $U_e = 0V$ (L–Pegel) und $U_e = U_B$ (H–Pegel) bei aktiviertem Transmission Gate ($U_{st} = U_B$). In beiden Fällen hat jeweils einer der beiden Transistoren eine konstante Gate–Source–Spannung bzw. Gate–Drain–Spannung, für den anderen gilt $U_{GS} = U_{DS}$ bzw. $U_{GD} = U_{DS}$[3]. Die Bestimmung der benötigten Verläufe aus den bekannten Transistorkennlinien zeigt Abb. 3.46.

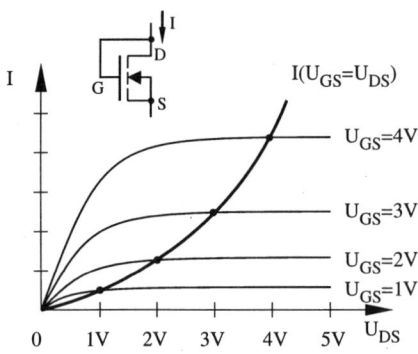

Abbildung 3.46: Verlauf Drain–Source–Strom für $U_{GS} = U_{DS}$

So läßt sich für beliebige Spannungen U_e zeigen, daß sich insgesamt für $U_{st} = U_H$ ein näherungsweise konstanter Durchlaßwiderstand r_{on} ergibt (Abb. 3.47). Die Spannungsunabhängigkeit von r_{on} gilt nur für das Transistorpaar, nicht für den Einzeltransistor.

---

[3]Der MOS–Transistor ist ein symmetrisches Element. Source und Drain können daher die Rollen tauschen, ohne daß eine Änderung der Kennlinien auftritt

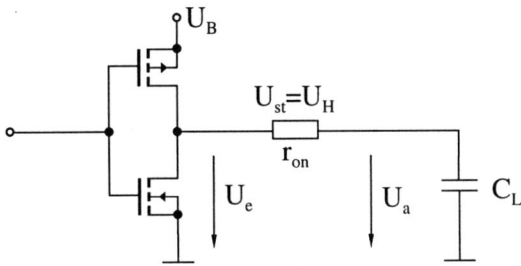

Abbildung 3.47: Transmission Gate und kapazitive Last als RC–Glied modelliert

————————— **Pass–Transistor versus Transmission Gate** —————————

Während der einzelne Transistor (*Pass–Transistor, Transfer–Gate*) **nur mäßige Schalteigenschaften besitzt (insbesondere einen Spannungsoffset) bildet das Transistorpaar einen sehr guten bidirektionalen Schalter.**

Die Eigenschaften des Transmission Gates werden im folgenden zusammengefaßt:

- bidirektionaler Schalter mit näherungsweise spannungsunabhängigem Durchlaßwiderstand für $\beta_n \approx \beta_p$

- keinen Spannungsoffset, d. h. keine Veränderung der logischen Pegel beim Durchschalten (Störabstand bleibt erhalten!)

- für $U_{st} = U_L$ gilt: $I_a \approx 0$, d. h. hochohmige Auftrennung der Source–Drain–Anschlüsse

- im statischen Zustand gilt: $P_{VG} \approx 0$

Wie beim Inverter gilt für den Steuereingang im statischen Zustand $I_G \approx 0$. Das den Steuereingang treibende Gatter wird mit einer kapazitiven Last belegt. Die Kanalstrecke des Transmission Gates wirkt wie ein — zusätzlich zum leitenden Pfad des treibenden Gatters — in Reihe geschalteter Transistor. Daraus folgt eine in Abschnitt 3.2.3.1 abgeleitete Erhöhung der Signallaufzeit.

3.2.3.3 Transmission Gates in statischer CMOS–Schaltungstechnik

Da im eingeschwungenen Zustand keine Spannung über das Transmission Gate abfällt, können mehrere Transmission Gates hintereinandergeschaltet werden, ohne den Störabstand und den Signalpegel zu beeinträchtigen.

Diese Eigenschaft ist Basis eines eigenen Schaltungstyps der statischen CMOS– Schaltungstechnik. Ein Beispiel für diesen Typ ist der invertierende Multiplexer in Abb. 3.48. Als Funktion ergibt sich

$$Z = \overline{A}\, S \vee \overline{B}\, \overline{S}.$$

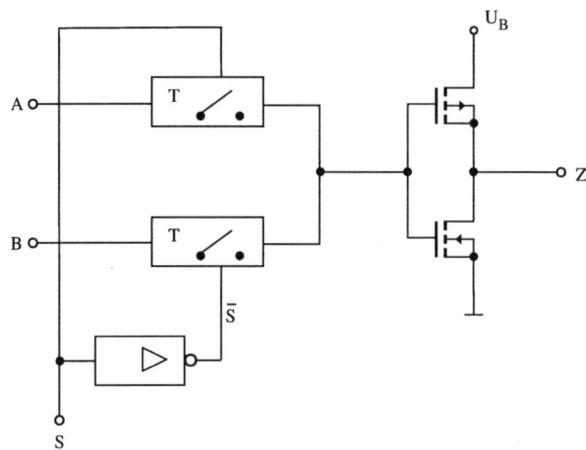

Abbildung 3.48: Invertierender Multiplexer mit Transmission Gate

Allgemein werden bei der Schalterlogik ein oder mehrere Eingangsvariablen zur Ansteuerung von Transmission Gates verwendet, die aus einer Teilmenge der Eingangsvariablen genau eine zum Eingang eines Inverters durchschalten. Dabei gilt als Regel, daß immer genau eine leitende Strecke zwischen einem Eingangssignal oder einem festen Potential zum Inverter aktiviert sein muß (Voraussetzung in statischer Schaltungstechnik). Existieren mehrere, so werden Ausgänge vorausgehender Gatter kurzgeschlossen. Weitere Ausführungen zur Schaltlogik mit Transmission Gates ist in [44] zu finden.

3.2.4 Dynamische CMOS–Schaltungstechnik

In der *statischen CMOS–Schaltungstechnik* muß jeder Gattereingang über eine leitende Transistorstrecke aktiv auf einen definierten Pegel gelegt werden. Bei der *dynamischen CMOS–Schaltungstechnik* wird von diesem Grundsatz abgewichen. Parasitäre Kapazitäten dienen der Speicherung von Signalpegeln, die diesen, wenn auch nur für eine begrenzte Zeitdauer (Leckströme), ohne Verbindung zu einem aktiven Pegel erhalten.

In Abb. 3.49 ist ein Beispiel einschließlich Timing angegeben. Das Transmission Gate bewirkt für $U_{st} = 0V$ (L–Pegel) die Isolation der Ladung auf der Gate–Kapazität C_G. Jetzt können ohne Einfluß auf die Eingangsspannung des Inverters Pegelwechsel am Eingang vorgenommen werden.

Allerdings entlädt sich C_G mit der Zeit aufgrund von Leckströmen (*Floating Gate*). Bei der Entladung beginnen ab $U_{CG} = U_B - |U_{tp}|$ Querströme zu fließen, die über längere Zeit andauern können. Es muß daher rechtzeitig für das Auffrischen (*Refresh*) der Ladung gesorgt werden. Die Zykluszeit des Auffrischens ist von C_L und den Leckströmen abhängig. Sie liegt bei dynamischen Gattern im Bereich von μs und bei Halbleiterspeichern im *ms*–Bereich.

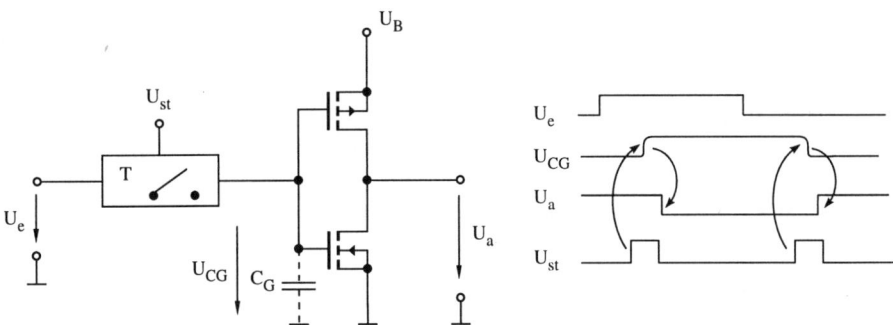

Abbildung 3.49: Dynamisches Gate: Grundschaltung und Funktion

3.2.4.1 Dynamische CMOS–Logik

Bei statischer CMOS–Logik muß die logische Funktion zweimal implementiert werden, einmal mit n–Kanal– und einmal mit p–Kanal–Transistoren (siehe Abb. 3.39). Bei der dynamischen CMOS–Logik spart man sich einen Logik–Block — jede Funktion muß nur einmal implementiert werden.

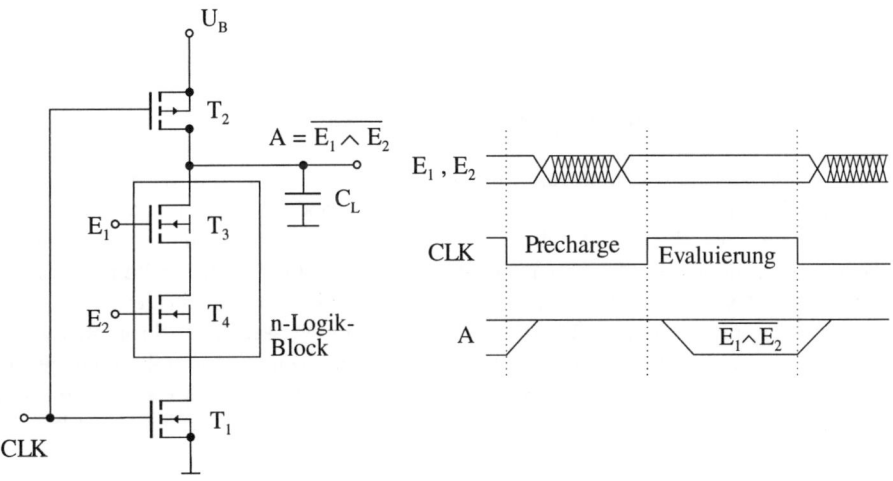

Abbildung 3.50: Dynamisches NAND–Gatter

Das Beispiel aus Abb. 3.50 zeigt den Aufbau und das Timing–Diagramm der Implementierung einer logischen Funktion mit n–Kanal–Transistoren. Zusätzlich zum Logik-Block sind zwei weitere Transistoren eingefügt, deren Gates getaktet werden. Es gibt dann zwei Phasen:

1. **Precharge–Phase**

   Solange das Taktsignal CLK auf L–Pegel liegt, leitet T_2 und T_1 sperrt. Die parasitären Kapazitäten C_L der angeschlossenen Gatter werden dabei auf U_B (H–Pegel) aufgeladen.

2. **Evaluierungsphase**

   Durch das Wechseln des CLK–Signals auf H–Pegel sperrt T_2 und T_1 beginnt zu leiten. Erst jetzt wird der gültige Pegel eingestellt, denn abhängig von den Pegeln am Eingang bleibt die Spannung an C_L erhalten oder C_L wird über eine leitende Transistorstrecke im n–Block auf L–Pegel entladen (C_L wird *bedingt* entladen).

Die Realisierung kann analog auch mit einem p–Logik–Block erfolgen. Die Ausgänge weisen jeweils nur während der Evaluierung einen gültigen Pegel auf.

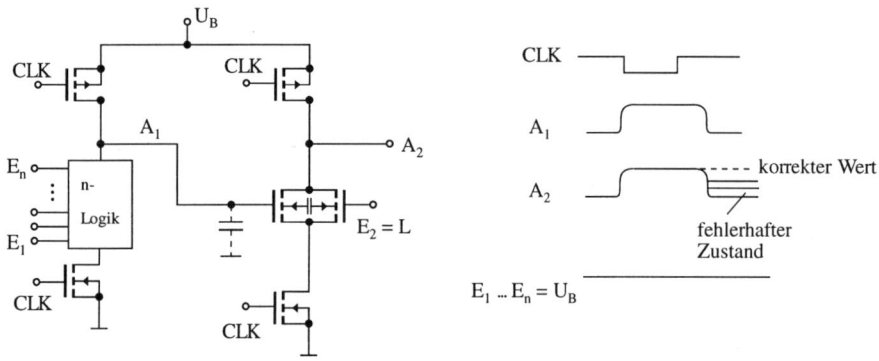

Abbildung 3.51: Fehler durch Kaskadierung

Das Beipiel der Abb. 3.51 erläutert ein wesentliches Problem der dynamischen Logik: Die Eingangspegel dürfen sich nur während der Precharge–Phase ändern. Ungültige Pegel am Eingang können während der Evaluierungsphase zur unbeabsichtigten Entladung von C_L führen. Zu Beginn der Evaluierung ist A_1 noch auf H–Pegel. Da der n–Logik–Block eine bestimmte Zeit zur Entladung des Knotens A_1 auf seinen gültigen L–Pegel benötigt, existiert noch während der Evaluierungsphase ein leitender Strompfad von A_2 zur Masse. Dieser Strompfad wird erst dann unterbrochen, wenn der Pegel A_1 unter die Schwellenspannung U_{th} sinkt. Im ungünstigen Fall hat A_2 zu diesem Zeitpunkt bereits den gültigen Bereich für H–Pegel verlassen, d.h. es tritt ein fehlerhafter Zustand auf. Daher dürfen dynamische Gatter gleichen Typs nicht kaskadiert werden.

Wir fassen die allgemeingültigen Aussagen über die dynamische CMOS–Logik zusammen:

- Der Aufbau des n–Logik–Blocks / p–Logik–Blocks entspricht genau dem Aufbau des n–Kanal– / p–Kanal–Transistorblocks in statischer Logik (Abschnitt 3.2.3).

- Die Eingangssignale dürfen sich nur in der Precharge–Phase ändern.

- Der Ausgangspegel ist nur während der Evaluierungsphase gültig.

Das dynamische Verhalten des dynamischen CMOS–Gatters kann unmittelbar aus den Überlegungen zur statischen CMOS–Logik abgeleitet werden (siehe Tabelle 3.4). Für das NAND aus Abb. 3.50 beispielsweise lauten die Bestimmungsgleichungen bei m Eingängen

$$t'_r \approx \frac{a_1}{\beta_p}\,(C_L + 2C_D),$$

$$t'_{f_{slow}} \approx \frac{a_2}{\beta_n}\,(m+1)\,(C_L + 2C_D + \frac{1}{2}C_K),$$

$$t'_{f_{fast}} \approx \frac{a_2}{\beta_n}\,(m+1)\,(C_L + 2C_D).$$

Als Faustregel gilt, daß gegenüber einer Implementierung in statischer Logik die Anstiegszeit geringer ist, während die Abfallzeit aufgrund des zusätzlichen Transistors etwas größer wird. Da weiterhin die p–Transistorschaltung im allgemeinen langsamer ist als die n–Transistorschaltung ($t_r > t_f$), weist die dynamische Logik üblicherweise ein kleineres t_{pd} auf als die statische.

3.2.4.2 4–phasige Taktung mit überlappenden Taktsignalen

Als wesentliches Problem der dynamischen Logik wurde das Hintereinanderschalten bzw. die Kaskadierung von Gattern gleichen Typs angesprochen. Abhilfe bringt der Einsatz des im vorigen Abschnitt eingeführten Transmission Gates zur Isolation der Stufen in Verbindung mit mehrphasiger Taktung [45].

Abbildung 3.52 zeigt die einzelnen Stufen und die möglichen Kaskadierungsfolgen. Jeder der beiden Knoten PZ und Z durchläuft innerhalb eines Zyklus zwei Phasen, die sich überlappen müssen. Für PZ wird ein Precharge und eine Evaluierung durchgeführt, für Z ein Sample und ein Hold. Durch die Überlappung ergeben sich für das gesamte Gatter die vier Phasen Φ_1 – Φ_4. Jeweils zwei aufeinanderfolgende Phasen werden zu $\Phi_{14}, \ldots, \Phi_{41}$ zusammengefaßt, um die Knoten PZ und Z entsprechend anzusteuern.

Die einzelnen Phasen seien am Gatter–Typ–1 erläutert. In der Phase Φ_1 wird Knoten PZ_1 vorgeladen, während das Transmission Gate sperrt und so den Zustand von Knoten Z_1 erhält. In der Phase Φ_2 schaltet das Transmission Gate ein und lädt Z_1 ebenfalls vor. Zu Beginn der Phase Φ_3 wird der gültige Ausgangspegel eingestellt und auf beide Knoten PZ_1 und Z_1 übertragen. Während Φ_4 schließlich schaltet das Transmission Gate ab und gewährleistet damit während der gesamten Evaluierungsphase der Folgestufe einen gültigen Ausgangspegel. Der Zyklus der Stufe 1 beginnt anschließend neu mit der Phase Φ_1.

Bei der 4–Phasen–Taktung werden vier solcher Gatterstufen hintereinander geschaltet, wobei das 4–Phasen–Schema um jeweils einen viertel Taktzyklus verschoben wird. Da die jeweilige Vorgängerstufe bereits eine viertel Taktperiode zuvor mit der Evaluierung beginnt (siehe Timing–Diagramm), ist das Einschwingen der Eingangssignale auf den korrekten Pegel garantiert. Durch das Abschalten des vorgeschalteten Transmission Gates bleibt dieser über die gesamte Evaluierungsphase erhalten. Geringe Taktüberlappungen (z.B. hervorgerufen durch einen Clock–Skew) sind bei der 4–phasigen Taktung ungefährlich, da das Transmission Gate bereits mitten in der Evaluierungsphase des Knotens PZ_1 abschaltet.

Pro Taktzyklus T werden bei der 4–Phasen–Taktung genau vier Stufen vom Signal durchlaufen.

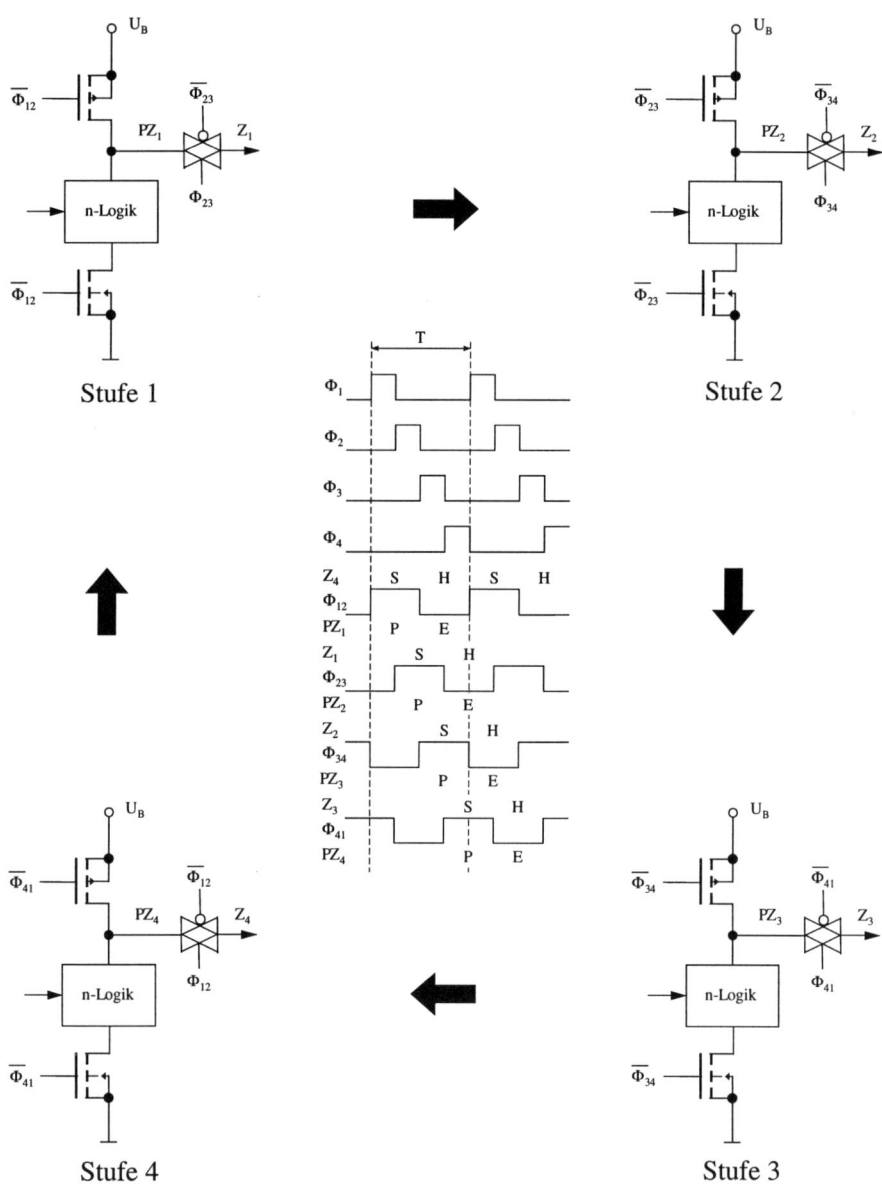

Abbildung 3.52: 4–phasige Taktung mit zulässiger Reihenfolge der Gatter

3.2.4.3   2–phasige Taktung mit nichtüberlappenden Taktsignalen

Die Steuerung einer Schaltung über vier Taktsignale ist eine komplizierte Aufgabe. Sorgt man dafür, daß sich die Taktsignale nicht überlappen können, so genügt eine 2–phasige Taktung mit den Gattern vom Typ 1 und 3 bzw. 2 und 4. Da für die Transmission Gates jeweils die inversen Pegel benötigt werden und weiterhin $\Phi_{23} = \overline{\Phi}_{41}$ und $\Phi_{12} = \overline{\Phi}_{34}$ gilt, reduziert sich der Aufwand auf zwei um $90°$ phasenverschobene Taktsignale. Die pro Taktzyklus durchlaufene Zahl der Stufen ist hierbei auf zwei festgelegt.

3.2.4.4   Dominologik

Die *Dominologik* [46] hat gegenüber der Mehrphasen–Taktung zwei Vorteile. Sie kommt mit einem einzigen Taktsignal aus, und die Zahl der pro Taktzyklus durchlaufenen Stufen ist unabhängig von der Taktung.

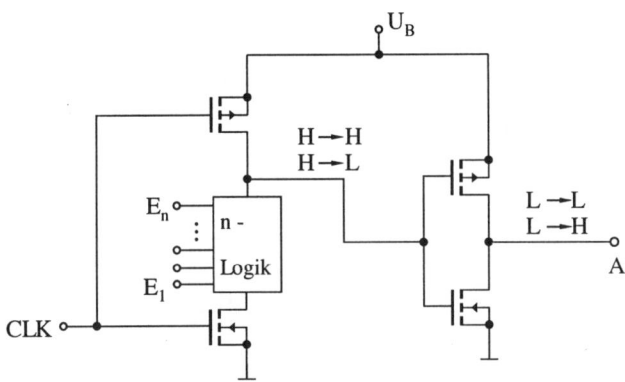

Abbildung 3.53: Stufe der Dominologik

In Abb. 3.53 ist eine Stufe der Dominologik dargestellt, die sich nach Belieben kaskadieren läßt. Durch den nachgeschalteten Inverter werden alle Eingänge von folgenden Gattern während der Precharge–Phase auf L–Pegel gelegt. Alle Transistoren des im folgenden Gatter angeschlossenen n–Blocks sind daher beim Phasenwechsel von Precharge auf Evaluierung zunächst gesperrt. Wenn in der Evaluierungsphase ein Pegelwechsel an den Eingängen $E_1, \ldots, E_n$ stattfindet, dann nur der (beabsichtigte) Übergang $L \to H$. Ein unbeabsichtigtes Entladen als Folge eines Übergangs $H \to L$ ist damit ausgeschlossen, die Logik ist *„race–free"*.

Nach der Precharge–Phase schaltet zunächst die erste Stufe einer Gatter–Folge, dann setzt sich das bedingte Entladen sukzessiv mit der Schaltgeschwindigkeit durch die Schaltung fort. Bildlich „fallen" die Signalpegel der Gatter dabei „um" wie Dominosteine.

Da es bei der Dominologik im Vergleich zur zuvor vorgestellten dynamischen Schaltungstechnik keine Einschränkungen in der Reihenfolge der Gatter gibt, vereinfacht sich der Schaltungsentwurf erheblich. Allerdings ist die Erzeugung von komplementären Signalen nicht mehr beliebig möglich, so daß die Komplementbildung durch Anwendung der DeMorganschen Regel zum Eingang zu verschieben ist.

3.2.4.5 Modifizierte Dominologik

Auf der Suche nach einer Möglichkeit, den Inverter am Ausgang des Domino–Gatters einzusparen, wurde die *modifizierte Dominologik* entwickelt. In ihr werden n– und p–Logikstufen abwechselnd eingesetzt. Abbildung 3.54 verdeutlicht das Schaltungsprinzip. Der nach dem Precharge eines n–Logik–Blockes eventuell auftretende Übergang $H \rightarrow L$ ist für einen nachfolgenden p–Block ungefährlich, da die Transistoren dort von den sperrenden in den leitenden Zustand übergehen. Wenn also ein leitender Pfad im p–Block auftritt, dann nur, weil er *beabsichtigt* eingeschaltet wird. Analog dürfen dem p–Block nur n–Logik–Blöcke folgen, da der Übergang $L \rightarrow H$ bei ihnen kein unbeabsichtigtes Entladen bewirkt.

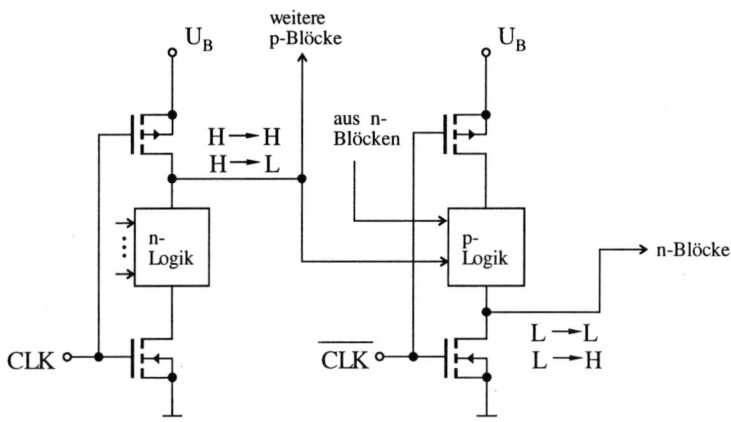

Abbildung 3.54: Modifizierte Dominologik

Bei mehrstufiger Logik behindert die Einhaltung der Reihenfolge n– ... p– ... n–Logik einen optimalen Logikentwurf. Abbildung 3.55 veranschaulicht, wie das Problem durch Einfügen von Invertern (entsprechend der Standard–Dominologik) leicht zu lösen ist. Wir formulieren folgenden Merksatz, aus dem sich das Schaltungsprinzip ableiten läßt.

──────────────── **Merksatz zur Dominologik** ────────────────

Falls nicht verhindert werden kann, daß ein Evaluierungstransistor seinen Zustand während der Evaluierungsphase ändert, dann muß er durch das Precharge der Vorgängerstufe in den sperrenden Zustand versetzt werden!

───

Die modifizierte Dominologik erfordert den geringsten Aufwand aller dynamischen Techniken, allerdings weisen die p–Logik–Blöcke größere Schaltzeiten auf als die n–Blöcke.

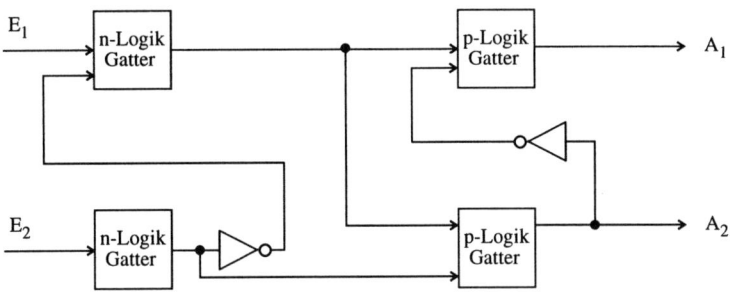

Abbildung 3.55: Anpassung mit Invertern bei modifizierter Dominologik

Vorteile der dynamischen Logik:

- geringerer Schaltungsaufwand gegenüber statischer Logik

  Es sind nur $m + 2$ Transistoren für m Eingänge gegenüber $2m$ Transistoren bei statischer Logik erforderlich.

  Aber: Durch die zusätzlich benötigten Taktleitungen ist das Schaltungslayout dem der statischen Logik unterlegen.

- allgemein kürzere Verzögerungszeiten

  Der H–Pegel wird bereits beim Precharge erzeugt, d. h. während der Evaluierungs- phase schaltet lediglich der n–Block. Der p–Block der statischen Logik ist demgegenüber gewöhnlich langsamer.

  Aber: Die dynamische Logik erfordert die zusätzliche Precharge-Phase.

Nachteile der dynamischen Logik:

- Taktung erforderlich

- größere Verlustleistung als statische Logik

  In jedem Taktzyklus müssen alle dynamischen Gatter getaktet werden. Bei statistisch gleichverteilten H– und L–Pegeln schalten damit 50% aller Signale, so daß in jedem Zyklus etwa 50% aller parasitären Kapazitäten zuzüglich der Taktleitungen umgeladen werden. In einer typischen Digitalschaltung ändern sich pro Taktzyklus erfahrungsgemäß jedoch maximal 10% der logischen Signale. Bei statischer Implementierung werden so nur etwa 10% der parasitären Kapazitäten geladen und entladen. Es ist allerdings zu beachten, daß bei statischer Logik die Kapazitäten bei Komplexgattern etwas höher sind, denn die Eingangssignale müssen den p– und den n–Block treiben.

- Störanfälligkeit

  Gerade bei der Dominologik kann eine dynamische Störung zu einem unbeabsichtigten „Umfallen" aller nachfolgenden Signale und damit zu einer Fehlfunktion führen.

- Verringerung des Störabstands durch Ladungsumverteilung (*charge redistribution*)

Die letzten beiden Punkte zum Störverhalten bedürfen einer weiteren Erklärung. Die Abb. 3.56 a) gibt das Beispiel eines Komplexgatters wieder. Abbildung 3.56 b) veranschaulicht das Ersatzschaltbild während der Precharge–Phase mit $CLK = L$ und $E_1, \ldots, E_{n+1} = L$. Die Lastkapazitäten C_W (Leitungen) und C_G (Gate–Flächen) werden auf U_B vorgeladen. Zu Beginn der Evaluierungsphase wird die Verbindung mit U_B durch das Sperren von T_{n+2} unterbrochen. Im ungünstigsten Fall wechselt ausschließlich E_{n+1} auf H–Pegel, wodurch die Ladung der Kapazitäten C_W und C_G auf die Gate–Drain–Kapazitäten $n \cdot C_{GDn}$ und C_{GDp} umverteilt werden.

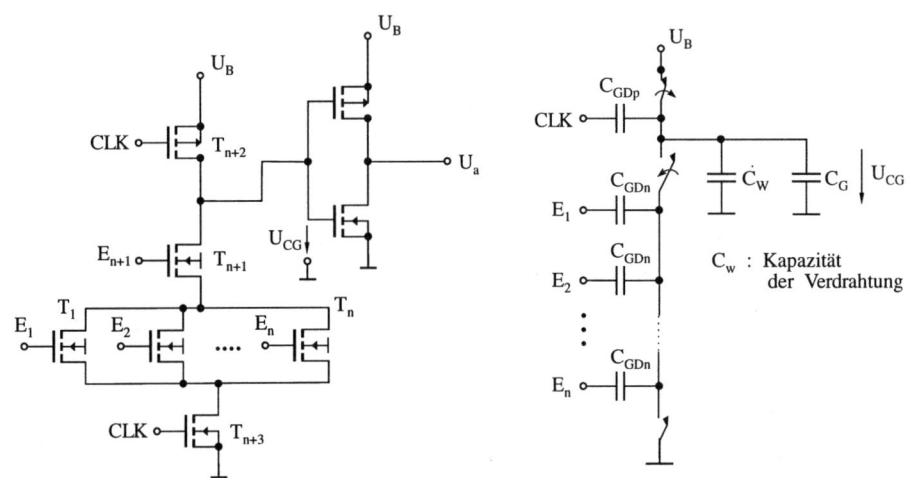

a) komplexes OR/AND–Gatter   b) Ersatzschaltbild für $U_{E_1} = \ldots U_{E_1} = U_L$

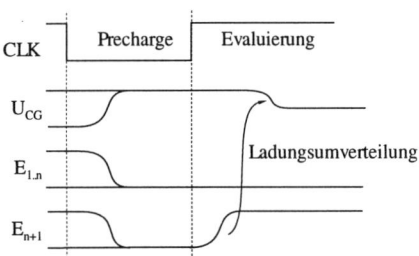

c) Absinken von U_{CG} durch Ladungsumverteilung

Abbildung 3.56: Fehlermöglichkeiten durch dynamische Effekte

In Abb. 3.56 c) ist graphisch dargestellt, wie der Signalpegel U_{CG} auf

$$U_{CG} = \frac{C_W + C_G + 2 \cdot C_{GDp}}{C_W + C_G + C_{GDp} + n \cdot C_{GDn}} \cdot U_B$$

absinkt, denn durch das Abschalten des Precharge–Transistors kann keine Nachladung während der Evaluierung erfolgen.

Folglich ist dynamische Logik komplizierter und störanfälliger und sollte daher sehr vorsichtig eingesetzt werden. Für den diskreten Aufbau ist sie nicht zu empfehlen. In vielen integrierten Schaltungen werden dynamische und statische Logik gemischt eingesetzt.

3.2.5 Differentielle CMOS–Schaltungstechnik

Allgemeines Merkmal der bisher behandelten statischen und dynamischen CMOS–Technik ist eine hohe Spannungsdifferenz $U_{OH} - U_{OL}$, aus der ein hoher Störabstand folgte. Die Umladeströme führen aber bei kurzen Anstiegs– und Abfallzeiten zum Auftreten von Ground Bounce (Abschnitt 2.2.1.2) und dies bei gleichzeitig abnehmendem dynamischen Störabstand der einzelnen Gatter. Trotz hohem Störabstand steigt damit die Störempfindlichkeit bei abnehmenden Struktur– und wachsenden Chipgrößen. Ein weiterer Nachteil ist eine hohe Verlustleistung für die Umladung von Leitungskapazitäten.

Hier ist die ECL–Technik ein gutes Vorbild, wo durch die differentielle Signalübertragung mit geringer Spannungsdifferenz ein akzeptables Störverhalten und eine weit geringere Verlustleistung auf Leitungen erreicht wird, wie ein Vergleich am Ende dieses Kapitels zeigt.

Man sucht daher nach differentiellen CMOS–Techniken. Dabei möchte man den Flächenvorteil der CMOS–Technik möglichst nicht aufgeben.

Cascode Voltage Switch

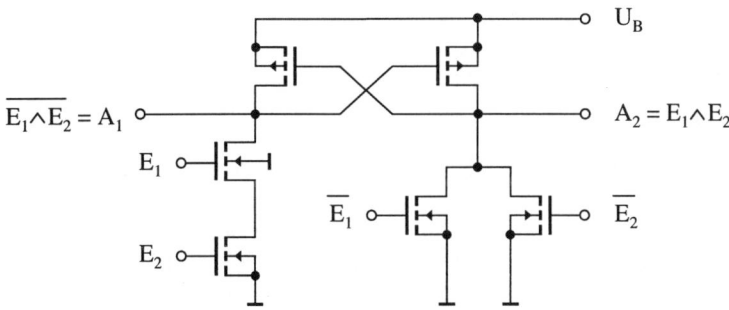

Abbildung 3.57: NAND–Gatter in CVS–Schaltungstechnik

Die mit *Cascode Voltage Switch* (CVS) bezeichnete Schaltungstechnik wurde erstmals 1984 in [47] vorgestellt. Ein CVS–AND/NAND–Gatter wird als Beispiel in Abb. 3.57 gezeigt.

Die Funktion ist in zwei gegengekoppelten Zweigen doppelt implementiert. Der linke Zweig implementiert eine NAND–Funktion im n–Block, während der p–Kanal–Transistor vom Ausgang des rechten Zweigs angesteuert wird. Der rechte Zweig implementiert die zum linken Zweig duale NOR–Funktion und wird mit den inversen Eingangssignalen angesteuert. Daraus ergibt sich eine AND–Funktion am Ausgang des rechten Zweiges, also die zum linken Zweig inverse Funktion. Nach diesem Schema können, ähnlich der dualen Implementierung von p– und n–Blöcken in statischer CMOS–Technik, beliebige Funktionen implementiert werden. Da für jedes Ausgangssignal gleichzeitig sein Inverses gebildet wird, stehen immer die Signale für beide Zweige zur Verfügung.

Durch die Gegenkopplung wird der jeweilige Pegel der Ausgangssignale stabilisiert, d.h. das Gatter bildet eine Kippschaltung mit Hysterese in der Übertragungskennlinie (Schmitt–Trigger). Solche Schaltungen werden in Kapitel 4 näher untersucht. Hier ist nur von Interesse, daß solche Schaltungen sehr störunempfindlich sind.

Eine differentielle Technik kann aber prinzipiell auch für höhere Schaltgeschwindigkeiten verwendet werden. Im Fall von R(L)C–Leitungen (Abschnitt 2.1.3.5) wird die Amplitude eines Impulses bei längeren Leitungen so weit gedämpft, daß sie keinen Schaltvorgang in CMOS–Gattern mehr unmittelbar auslösen kann. Dieser Leitungstyp gewinnt heute eine zunehmende Bedeutung als Hindernis einer höheren Schaltgeschwindigkeit. Es lohnt sich daher, die Schaltungstechnik auf diesen Leitungstyp abzustimmen, zumal CVS von den Pegeln und den Elementen her mit den anderen CMOS–Techniken kombinierbar ist. Die Signallaufzeit auf einer R(L)C–Leitung nimmt drastisch ab, wenn eine kleinere Spannungsdifferenz am Eingang zum Schalten genügt. Im Beispiel der RC–Leitung führt eine Absenkung der zum Schalten notwendigen Eingangsamplitude auf 40% zu einer auf ca. 1/10 verringerten effektiven Leitungslaufzeit[4] (siehe Abschnitt 2.1.3.4). Diese Absenkung läßt sich durch eine Verkleinerung der Schalthysterese erreichen, im vorliegenden Fall durch eine größere Gate–Länge der p–Kanal– bzw. eine größere Gate–Weite der n–Kanal–Transistoren. Damit nimmt aber die Fläche zu und im ersten Fall zusätzlich die Treiberfähigkeit ab. Durch eine dynamische Technik mit Precharge beider Ausgänge läßt sich die Hysterese völlig beseitigen und damit ein empfindlicher Komparator realisieren, der auf eine kleine Eingangsdifferenzspannung durch einen nichtreversiblen Kippvorgang reagiert und damit allerdings auch auf kleine Störungen der Spannungsdifferenz (Gegentaktstörung). Am Ende der Precharge–Phase muß daher schon das korrekte Differenzsignal anliegen. Die zu erwartenden Gegentaktstörungen hängen von vielen Randbedingungen ab, vor allem aber vom Schaltungslayout.

Es bleibt die Frage, ob eine solche Schaltungstechnik auch zur Verringerung der Verlustleistung beitragen kann, obwohl sie einen Spannungshub wie eine CMOS–Schaltung am Ausgang erzeugt, und dies sogar noch an zwei Ausgängen. Nutzt man, wieder im Fall von Leitungen mit R(L)C–Charakteristik, die frühe Reaktion der angeschlossenen Gatter zu höherer Taktgeschwindigkeit und damit auch erhöhter Signalfrequenz auf den Leitungen aus, so könnte man prinzipiell erreichen, daß die Leitungen überhaupt nicht mehr vollständig umgeladen werden, d.h. grundsätzlich Verlustleistung auf langen, stark belasteten Leitungen eingespart werden könnte. Inwiefern dies den zusätzlichen Aufwand zur Umladung von je zwei Signalen bei einer differentiellen Technik kompensiert, dürfte abhängig von der Schaltung sein.

Eine Weiterentwicklung der CVS–Technik ist die *Differential Pass–Transistor Logic* (DPTL) [48, 49], die mit geringerem Flächenaufwand auskommt und eine symmetrische Kippstufe aufweist.

---

[4]Der Begriff der Leitungslaufzeit ist durch die Laufzeit des gedämpften Impulses belegt, ebenso die Begriffe der Anstiegs– und Abfallzeit auf den Übergang zwischen 10% und 90% des Signalhubs. Beide Begriffe greifen hier nicht. Unter *effektiver Leitungslaufzeit* soll hier die Zeit verstanden werden, die zwischen Anlegen der vollen Spannungsamplitude am Eingang bis zum Erreichen des für den Umschaltvorgang des nachfolgenden Gatters notwendigen Spannungshubs vergeht.

3.3   Weitere Schaltungsfamilien

3.3.1   n–Kanal MOS–Schaltungen (NMOS)

Nur kurz soll auf den Vorgänger der CMOS–Schaltungstechnik eingegangen werden. Der industrielle Einsatz erfolgte in den späten 70er und frühen 80er Jahren.

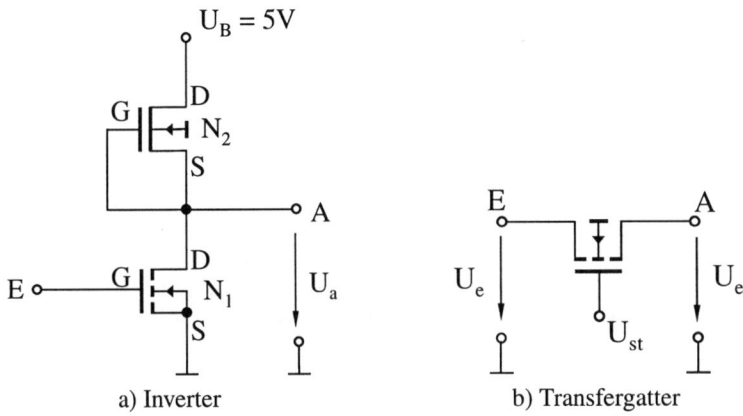

a) Inverter   b) Transfergatter

Abbildung 3.58: NMOS–Logikelemente

Die Abb. 3.58 a) stellt das Grundelement vor, den NMOS–Inverter. Statt des p–Kanal Pull–Up–Transistors der CMOS–Technik wird ein selbstleitender n–Kanal–Transistor N_2 als nichtlinearer Drainwiderstand verwendet. Ein selbstleitender n–Kanal–Transistor wird durch eine negative Schwellenspannung charakterisiert. Deshalb ist der Transistor bei einem Kurzschluß von Gate und Source ($U_{GS} = 0 > U_{tn}$) leitend. Diese Eigenschaft wird im Schaltbild durch eine durchgezogene Drain–Source–Verbindung kenntlich gemacht.

Für $U_a = U_L$ befindet sich N_2 in Sättigung und wirkt daher als Stromquelle. Damit fließt auch im statischen Zustand ein Querstrom und die statische Verlustleistung ist von Null verschieden ($P_{VG} > 0$). Da N_2 für $U_a = U_L$ leitet, kann der Pegel am Ausgang nicht bis auf $0V$ absinken. Ein ausreichend niedriger L–Pegel (z.B. $U_{OL} < 1V$) erfordert eine hochohmige Auslegung von N_2 ($L_{N2} \approx 3 \cdot L_{N1}$). Folglich gilt:

- $t_r \gg t_f$

- geringerer Störabstand gegenüber CMOS

Das *NMOS–Transfergatter* (Abb. 3.58 b)) besteht aus einem einzelnen selbstsperrenden Transistor. Die Nachteile eines einzelnen Pass–Transistors gegenüber einem komplementären Paar wurden bereits im Zusammenhang mit dem CMOS Transmission Gate (Abschnitt 3.2.3.2) besprochen:

- spannungsabhängiger Durchlaßwiderstand

- Spannungsoffset: Für $U_e = U_H$ und $U_{st} = U_H$ leitet das Transfergatter nur bis $U_a = U_H - U_{th}$, da der Spannungsabfall $U_{GS} = U_{st} - U_a = U_e - U_a$ bis zur Schwellenspannung abgesunken ist und zum Abschalten des Transistors führt. Dies impliziert zwei weitere Konsequenzen:

  1. Verringerung des Störabstands

  2. Beschränkung der Anzahl aufeinanderfolgender Transfergatter

Die NMOS–Schaltungstechnik ist, wie bereits oben erwähnt, aufgrund der erkennbaren Nachteile heute von der CMOS–Schaltungstechnik abgelöst worden. Ihr Hauptvorteil lag im Vergleich zu CMOS in einer sehr einfachen Technologie mit wenigen Prozeßschritten und einem etwas geringeren Platzbedarf.

3.3.2 Bipolar–CMOS–Schaltungen (BiCMOS)

CMOS zeichnet sich gegenüber bipolaren Schaltungen durch eine geringere Verlustleistung und einen kleineren Flächenbedarf aus. Andererseits gestattet die sehr dünne Inversionsschicht des MOS–Transistors (einige $10nm$) gegenüber einem Bipolartransistor gleicher Abmessungen nur vergleichsweise geringe Ströme.

Will man die CMOS–Technik auch für sehr schnelle Schaltungen einsetzen, wird der geringere Stromfluß zum Hindernis, zumal die Leitungskapazitäten bei abnehmenden Strukturgrößen gegenüber den Gate–Kapazitäten an Bedeutung gewinnen und bei längeren Leitungen sogar dominieren. Zwar können größere CMOS–Treiber für lange Leitungen durch geeignete Dimensionierung der Kanalweite W (flächenaufwendig) aufgebaut werden, doch belasten solche Treiber wiederum die treibende Stufe (siehe: Inverterketten), so daß zusätzliche Verzögerungszeiten entstehen. Daneben erschweren derartige Verstärkerstufen Schaltungsentwurf und –layout.

Die BiCMOS–Schaltungstechnik soll die Vorteile der CMOS– sowie der Bipolar–Schaltungen in einer Technik vereinigen. CMOS-Gatter steuern mit ihrer hohen Schaltgeschwindigkeit und geringen Verlustleistung bipolare Transistoren mit hoher Stromverstärkung für große Treiberleistung an. Dieser Grundgedanke galt als neue Herausforderung für die Technologen: Bipolar– und MOS–Transistoren mußten gemeinsam auf einem Substrat integriert werden.

Die Wirkungsweise eines BiCMOS–Gatters wird mit Hilfe der Abb. 3.59 erläutert [50]. Die Transistoren N_1, N_2 und P_1, P_2 implementieren die aus der statischen CMOS–Technik bekannte NAND–Funktion. Der Ausgang steuert den Pull–Up–Transistor T_1 der Gegentaktendstufe T_1, T_2 an. Zum Ansteuern von T_2 wird der invertierte Pegel des Knotens Z benötigt, beispielsweise erzeugt durch einen Inverter. Dieser würde sich hingegen nachteilig auf die Verzögerungszeit auswirken. Bessere Eigenschaften weist hier eine Kopie des n–Logik–Blocks (N_1B, N_2B) auf, der nicht mit U_B verbunden, sondern als Rückführung (Pass–Transistor–Logik) an den Ausgang geschaltet ist.

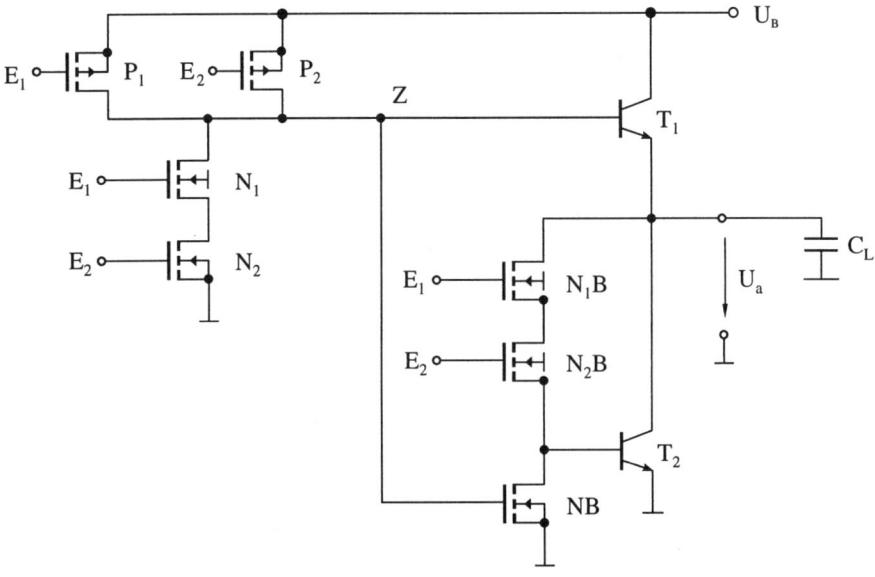

Abbildung 3.59: BiCMOS–NAND/NOR–Gatter (*Limited–Swing*)

Die binären Ausgangspegel werden daher wie folgt eingestellt:

- $E_1 = E_2 = H$

  Der Knoten Z liegt auf L–Pegel, dadurch sperren T_1 und NB während die Strecke N_1B, N_2B leitet. Die Lastkapazität C_L liefert den über N_1B und N_2B fließenden Basisstrom zur Ansteuerung des Transistors T_2. C_L wird so über die leitende Kollektor–Emitter–Strecke entladen. Durch die Pass–Transistor–Strecke N_1B, N_2B bleibt T_2 sättigungssicher. Nach Entladung der Lastkapazität bis auf $U_a = U_{BE,F}$ sperrt T_2. Im statischen Zustand fließt kein Strom: $P_{VG}(E_1 = E_2 = H) \approx 0$.

- $E_1 = L$ oder $E_2 = L$

  Der zweite n–Block, bestehend aus N_1B und N_2B, sperrt und hat daher keinen Einfluß mehr auf das Schaltverhalten. Der Knoten Z befindet sich auf H–Pegel und versetzt den Transistor T_1 in den aktiven Bereich, solange $U_a \leq U_B - U_{BE,F}$ gilt. Aufgrund der Kollektorschaltung ist T_1 sättigungssicher. Wenn C_L bis $U_a = U_B - U_{BE,F}$ aufgeladen ist, geht der Basisstrom von T_1 gegen Null, der Transistor sperrt. Auch für diesen Fall wird die statische Verlustleistung zu Null, $P_{VG}(E_{1/2} = L) \approx 0$.

Beide Transistoren bewegen sich ständig im sättigungssicheren Bereich, eine Notwendigkeit für schnelles Schalten. Zur Verbesserung der Schalteigenschaften wird NB hinzugefügt. Er dient der schnellen Entladung der parasitären Kapazitäten (Basisladung) von T_2, wenn der Knoten Z von L– auf H–Pegel wechselt.

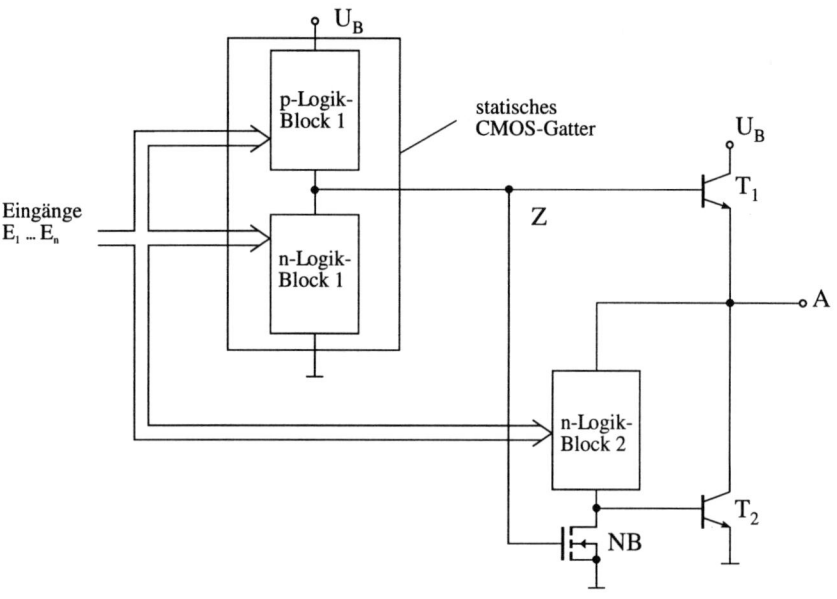

Abbildung 3.60: Allgemeines Schema eines BiCMOS–Gatters

Die allgemeine Implementierungsregel ist aus Abb. 3.60 zu ersehen. Zur Ansteuerung von T_1 wird die Funktion in statischer CMOS–Logik realisiert. Die Regeln hierfür wurden bereits auf Seite 112 eingeführt. Der n–Block aus der statischen Logik wird kopiert und identisch als n–Logik–Block 2 implementiert.

Anders als bei CMOS verringert sich bei der BiCMOS–Schaltung der Ausgangsspannungshub, denn aus der Herleitung folgte $U_{OH} = U_B - U_{BE,F}$ und $U_{OL} = U_{BE,F}$. Diese mit *Limited–Swing* (LS) bezeichnete BiCMOS–Technik hat einen verringerten *Störabstand*.

Abhilfe bietet das Einfügen von MOS–Transistoren parallel zu den Basis–Emitter–Strecken, die C_L weiterhin umladen, wenn die Basis–Emitter–Strecken nicht mehr leiten. Allerdings verringert diese Maßnahme den Lade– bzw. Entladestrom. In Abb. 3.61 ist das Beispiel einer NAND–Realisierung in BiCMOS *Full–Swing–Technik* (FS) dargestellt.

Es folgen zwei Beispiele, in denen die BiCMOS– der CMOS–Schaltungstechnik gegenüber gestellt wird.

1. 100k–Gate–Array ($\approx$ 800k – 900k Transistoren) von Texas Instruments in $0,8\mu m$–Strukturbreite

   Die Gatterverzögerung beträgt bei

   a) CMOS: $t_{pd} \approx 100ps + 60ps \cdot$ „Zahl der angeschlossenen Gatter"

   b) BiCMOS: $t_{pd} \approx 200ps + 17ps \cdot$ „Zahl der angeschlossenen Gatter"

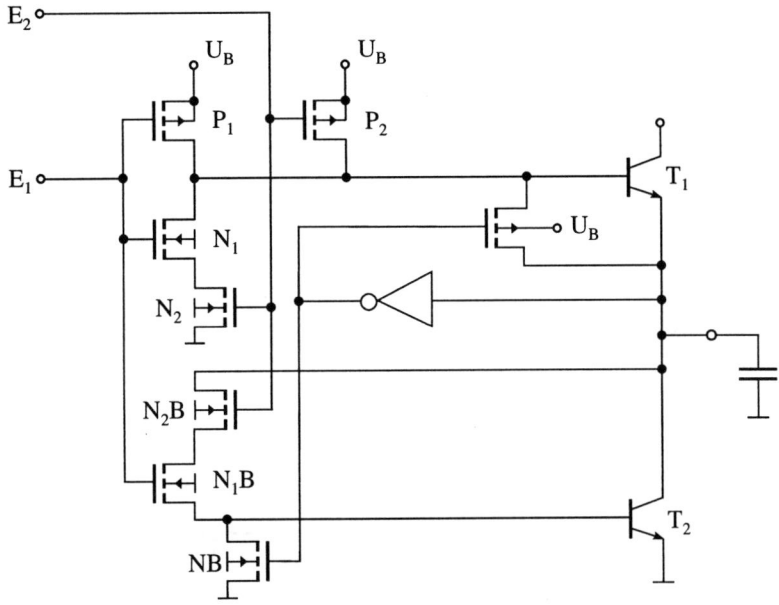

Abbildung 3.61: BiCMOS–NAND/NOR–Realisierung in FS–Schaltungstechnik (*Full–Swing*)

Eine graphische Darstellung dieser Verhältnisse zeigt das Diagramm aus Abb. 3.62, in der die Gatterverzögerungszeit über der Lastkapazität aufgetragen ist. BiCMOS spielt seinen Geschwindigkeitsvorteil bereits bei einer geringen Anzahl von angeschlossenen Gattern aus.

2. 64kBit SRAM

   Aus [51] wurde eine Gegenüberstellung von SRAM–Bausteinen übernommen, die zeigt (Tabelle 3.5), daß der BiCMOS-Speicherbaustein nur ein Drittel der Zugriffszeit aufweist.

Wir fassen die charakteristischen Merkmale der BiCMOS–Schaltungstechnik zusammen.

Vorteile:

- Treiben hoher Lasten mit weit geringerer Verzögerungszeit oder geringerer Fläche als CMOS. Daher besonders gut geeignet für große reguläre Strukturen wie Speicher (z.B. SRAM) und PLAs.

- wie bei CMOS gilt im statischen, definierten Zustand: $P_{VG} \approx 0$

- eine Mischung aus CMOS und BiCMOS erhält den hohen Integrationsgrad der CMOS–Technologie

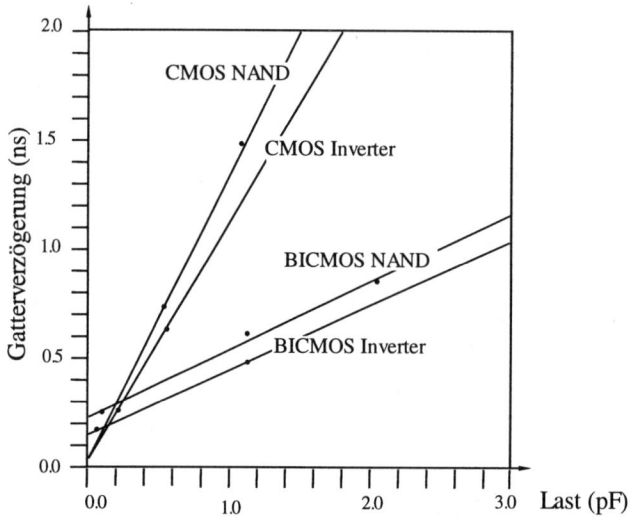

Abbildung 3.62: Vergleich der Gatterverzögerungen zwischen CMOS und BiCMOS

Verzögerungselement	CMOS (TTL–Pegel I/O)	BiCMOS (ECL–Pegel I/O)
Eingangstreiber	$5ns$	$2ns$
Adressdecoder und Zeilen–Treiber	$5ns$	$2ns$
Bittreiber der Speicherzelle	$3ns$	$1ns$
Pegelanpassung	$3ns$	$1ns$
Ausgangstreiber	$8ns$	$2ns$
Summe	$26ns$	$8ns$

Tabelle 3.5: Beispiel für Verzögerungszeiten von SRAM–Implementierungen

- leicht realisierbare ECL–kompatible Ein–/Ausgangsschaltungen durch die Nutzung von Bipolartransistoren

- durch *Full–Swing* hoher Störabstand wie bei CMOS

Nachteile:

- technologisch weit aufwendiger als CMOS $\Rightarrow$ erhöhte Kosten

Es werden schon komplexe Schaltungen in BiCMOS–Technik realisiert. Ein Vertreter ist der Pentium von Intel. In der gegenwärtigen Entwicklung wird die Betriebsspannung der CMOS–Technologie von 5V zunehmend auf 3,3V verringert, um die Verlustleistung vor allem aus thermischen Gründen zu reduzieren — eine weitere Reduzierung darf erwartet werden. Damit nimmt der Spannungsbereich, in dem die Bipolartransistoren einen aktiven Beitrag zur Umschaltung leisten, nämlich $U = U_B - 2U_{BE,F}$ von $U = 3,6V$ auf $U = 1,9V$ bzw. von 72% des Pegelhubs auf 57% ab. Bei einer Betriebsspannung von 3,3V würde also fast der halbe Pegelhub von den MOS–Transistoren realisiert (Full–Swing). Der Vorteil der BiCMOS–Technologie nimmt folglich ab. Die zukünftige Bedeutung der BiCMOS–Technik ist daher schwer einzuschätzen.

3.3.3   Gallium–Arsenid–Schaltungen

Seit einigen Jahren wird neben dem Halbleitermaterial Silizium auch Gallium–Arsenid (GaAs), eine III/V-Verbindung, für Digitalschaltungen eingesetzt. Seine Einsatzbereiche sind schnelle Digitalschaltungen und Schaltungen mit hoher Strahlungsresistenz, wie sie z.B. für Militär und Raumfahrt benötigt werden.

Der heute vorherrschende Transistortyp ist der GaAs–MESFET, dessen Struktur in Abb. 3.63 skizziert ist. Statt des Oxids beim MOSFET wird ein sperrender Schottky–Kontakt zur Trennung von Kanal und Gate verwendet. Diese Technik ist jedoch beschränkt auf die Herstellung von n–Kanal–MESFETs, die im gezeigten Normalfall selbstleitend sind.

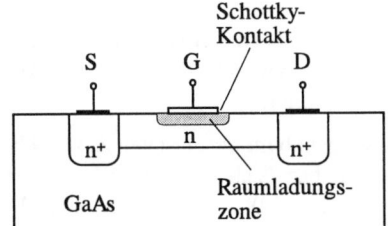

Abbildung 3.63: Aufbau eines GaAs-MESFET

Vorteile von GaAs gegenüber Si:

- höhere Elektronenbeweglichkeit $\mu_{n_{GaAs}} > \mu_{n_{Si}}$
  Der Vorteil ist jedoch abnehmend bei steigender elektrischer Feldstärke ($E \geq 0,5V/\mu m$), und ab $E \geq 3V/\mu m$ stimmen beide Beweglichkeiten sogar fast überein. Gleichzeitig ist die Defektelektronenbeweglichkeit geringer. Wenn mit abnehmenden Strukturgrößen die auftretenden Feldstärken zunehmen, verringert sich der Vorteil also.

- kombinierbar mit optischen Halbleiterkomponenten

- hoher Widerstand des undotierten Materials gewährleistet

  - Verringerung des Latchup

  - Verbesserung der Isolation

  - Senkung der Kapazität C(U) → bessere Leitungseigenschaften

- höherer Bandabstand führt zu verringertem Rauschen und Strahlungsresistenz

- es sind sehr schnelle Heterostruktur–Transistoren realisierbar

Nachteile von GaAs gegenüber Si:

- aufwendige Herstellung, schlechtere Kristallqualität, sehr sprödes Material führt zu

  - hohen Herstellungskosten und

  - niedrigerem Integrationsgrad ($\leq$ 10k Gatter)

- kein isolierendes Gateoxid ⇒ höhere Verlustleistungen

Auch für GaAs existieren bereits zahlreiche Schaltungtechniken, aus denen zwei für einen grundlegenden Überblick ausgewählt wurden, die Direct Coupled FET–Logic (DCFL) als eine MOS–typische Schaltung und die Source Coupled FET–Logic (SCFL) als Stromschaltertechnik.

3.3.3.1   Direct Coupled FET–Logic (DCFL)

Die *Direct Coupled FET–Logic* verwendet das Grundprinzip der NMOS–Technologie mit einem selbstsperrenden (E–MESFET) und einem selbstleitenden (D–MESFET) Transistor. Abbildung 3.64 veranschaulicht den DCFL Inverter.

Der erzielbare Ausgangsspannungshub im unbelasteten Zustand beträgt wie bei NMOS $0V < U_a \leq U_B$. Da der Schottky–Kontakt an T_1 ab $U_e = 600mV \ldots 800mV$ zu leiten beginnt, ist der verwendbare Spannungshub jedoch auf $0 < U_e \leq 600 \ldots 800mV$ begrenzt. Die Folge ist wie bei der ECL–Technik ein sehr geringer Störabstand. Die Pegel sind nicht normiert, für Bauteile der Firma VITESSE beispielsweise sind $U_{IL} = 0,2V$ und $U_{IH} = 0,6V$ gültig.

Im Gegensatz zur MOS–Technologie fließt bei H–Pegel ein Eingangsstrom über den leitenden Schottky–Kontakt.

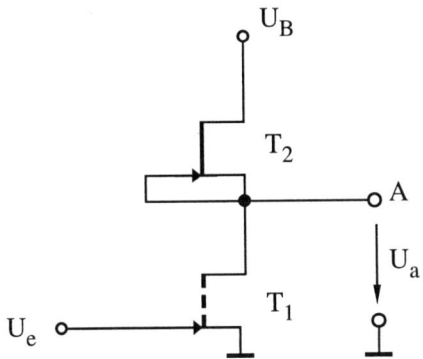

Abbildung 3.64: DCFL Grundschaltung

Eine CMOS– oder ECL–kompatible Betriebsspannung würde wegen $U_{0Lmax} < 0,2V$ einen sehr hochohmigen T_2 erfordern und damit zu hohen Anstiegszeiten führen. Um dies zu vermeiden, wählt man $U_B = 1 \dots 3V$. Trotzdem muß T_2 wie bei NMOS noch ausreichend hochohmig ausgelegt werden, was zu Anstiegszeiten von $t_{pd} \geq 160ps$ führt.

DCFL ist weder im Logikpegel noch in der Betriebsspannung kompatibel zu ECL oder CMOS. Ist eine Anpassung an die Umgebung erforderlich, so müssen zusätzliche Verzögerungszeiten in Kauf genommen werden, was den Zeitgewinn der schnelleren Logik wieder kompensiert.

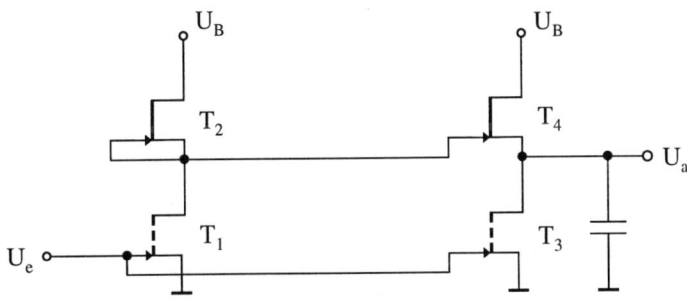

Abbildung 3.65: Gegentakt–Treiberschaltung in DCFL

Für größere Treiberleistungen und schnellere Schaltzeiten muß eine Gegentaktendstufe mit Gegentaktansteuerung (Abb. 3.65) verwendet werden. Das Prinzip der Ansteuerung ist bereits von der Totem–Pole–Endstufe der TTL bekannt. Anders als dort ist jedoch T_4 bei $U_a = U_L$ leitend, so daß ein Querstrom fließt. Der Unterschied zur Standardschaltung ist die getrennte Steuerung von T_4. Beim H $\rightarrow$ L–Übergang am Ausgang schaltet die steuernde Stufe T_1, T_2 aufgrund der geringen Last schneller und sorgt damit für eine negative Spannung $U_{GS,T4}$ bis C_L entladen ist. Als Folge sperrt T_4 bzw. liefert einen geringen Drainstrom, so daß C_L über T_3 schneller entladen werden kann. Beim L $\rightarrow$ H–Übergang am Ausgang wird mit gleicher

Argumentation die Spannung $U_{GS,T4}$ weitgehend angehoben, so daß C_L mit größerem Strom aufgeladen wird.

Eine derartige Treiberschaltung läßt sich auch für NMOS–Logik einsetzen.

Als Nachteil von DCFL stellt sich die Beschränkung auf eine Implementierung von NOR– Gattern (Parallelschaltung der Transistoren) heraus, denn die bei H–Pegel leitenden Schottky– Kontakteführen dazu , daß in jeder Stufe einer Reihenschaltung ein um 0,6V größerer H–Pegel am Gatter erforderlich ist. Mithin könnte ein Ausgang nicht an verschiedene Eingänge führen.

Wir fassen die Eigenschaften der DCFL zusammen:

Vorteile:

- geringer Aufwand und Flächenbedarf

- geringere Verlustleistung als ECL $(P_{VG} \approx 0,2mW)$

Nachteile:

- nur NOR–Gatter möglich

- Inkompatibilität zu anderen Logikfamilien $\Rightarrow$ Anpassung erforderlich

- geringe Treiberfähigkeit der Standardschaltung $\Rightarrow$ Verzögerungszeit $(t_{pd} \approx 160ps)$ nicht deutlich besser als ECL

3.3.3.2 Source Coupled FET–Logic (SCFL)

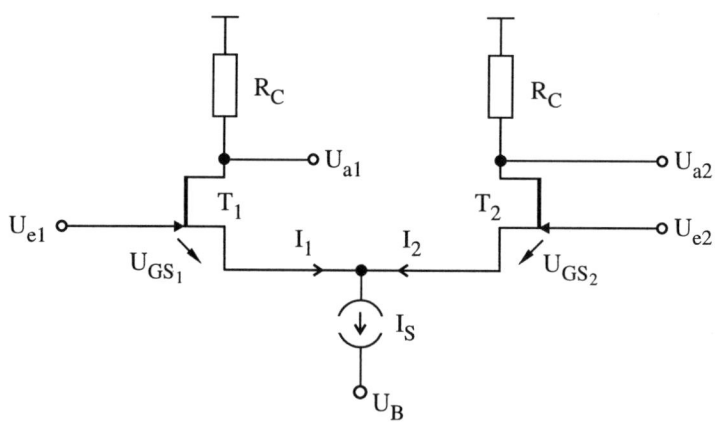

Abbildung 3.66: MESFET–Differenzverstärker (nach [52])

Wie bereits angedeutet handelt es sich bei der *Source Coupled FET Logic* um eine Stromschal- tertechnik, deren Prinzip von der ECL–Technologie übernommen wurde. Wie Abb. 3.66 zeigt, verwendet man zur Stromsteuerung zwei selbstleitende MESFETs.

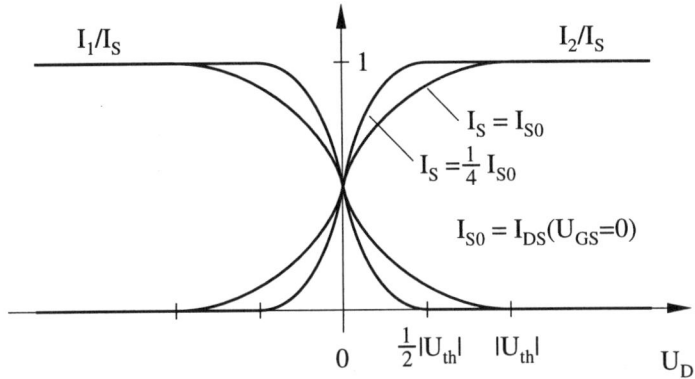

Abbildung 3.67: Übertragungskennlinienfeld des MESFET–Differenzverstärkers

Im Gegensatz zum Differenzverstärker mit Bipolartransistoren ist die Form der Übertragungs-kennlinie (Abb. 3.67) eines FET–Differenzverstärkers [52] abhängig vom Arbeitspunkt. Aufgrund des exponentiellen Zusammenhangs zwischen Strom und Spannung kann beim Bipolartransistor im leitenden Zustand die Basis–Emitter–Spannung als näherungsweise konstant angesehen werden ($U_{BE,F} \approx 0,6 \ldots 0,8V$). Beim FET–Differenzverstärker hingegen hängt die Gate–Source–Spannung im Arbeitspunkt vom Strom I_S ab ($U_{GS0} = f(I_S)$).

$$\frac{1}{2}I_S = \frac{1}{2}\beta_n \left(U_{GS0} - U_{th}\right)^2$$

Um Stromschaltereigenschaften zu erreichen, müssen die bzw. muß der stromführende Transistor selbstverständlich im Sättigungsbereich betrieben werden: $U_{DS} \geq U_{GS} - U_{th}$.

Durch die Wahl von I_S läßt sich damit der Spannungsabfall an jeder der Gate–Source–Strecken der stromführenden Transistoren einer Stromschalteranordnung konstant einstellen, insbesondere auf $0,7V$, die SCFL zu ECL kompatibel machen. Das ist Voraussetzung für die Stromschalter–Serienschaltung (*series gating*), die bereits aus der ECL–Technik bekannt ist. Wie bei ihr lassen sich *series gating* und *collector dotting* (siehe Abschnitt 3.1.2.3) zum Aufbau von Komplexgattern einsetzen. Ein Beispiel ist in Abb. 3.68 angedeutet.

Vorteile der SCFL:

- hohe Geschwindigkeit
  Bsp. LSCFL in $0,4\mu m$–Technologie von NTT [53]

$$FO=3, 2mm \text{ Leitung:}\quad t_{pd} = 74ps$$
$$\text{unbelastet:}\quad t_{pd} = 30ps$$

  Für Schieberegister können Taktraten über 5GHz verwendet werden.

- ECL–kompatible Schaltungen sind herstellbar, sowohl Pegel als auch Betriebsspannung können angeglichen werden

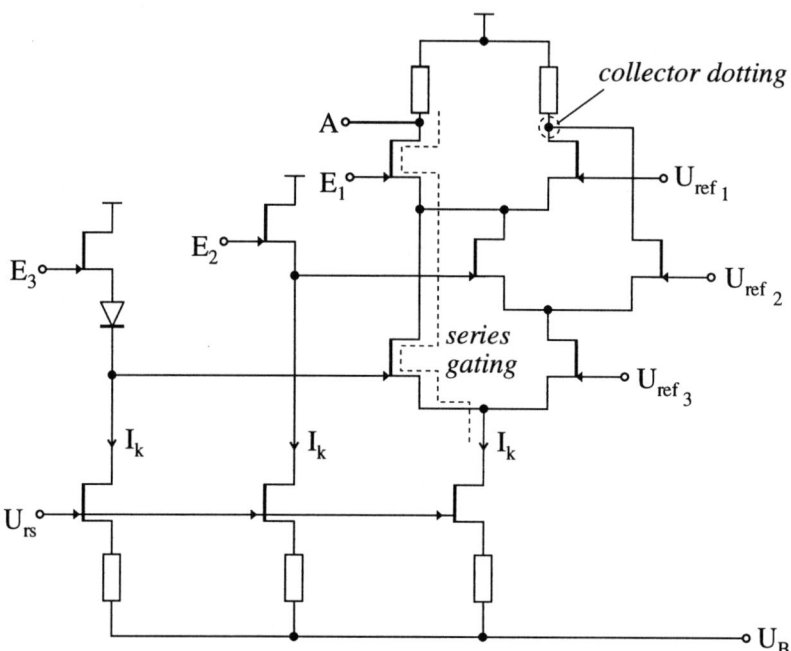

Abbildung 3.68: Beispiel eines Komplexgatters in SCFL–Schaltungstechnik

- symmetrische Signalübertragung möglich (siehe ECL)

- Komplexgatter realisierbar

Nachteile der SCFL:

- hohe Verlustleistung:

$$P_{VG} = 8mW \quad (0,5\mu m\text{--Technologie von Toshiba [54]})$$
$$P_{VG} = 2,4mW \, (0,4\mu m\text{--Technologie von NTT [53]})$$

- hoher Aufwand

3.4 Vergleich von Schaltungsfamilien

Die Tabelle 3.6 liefert eine Übersicht der in den vorherigen Abschnitten behandelten Schaltungsfamilien.

Es gibt zwei Hauptkriterien — die Verzögerungszeit und die Verlustleistung — nach denen die Auswahl einer Schaltungsfamilie für eine bestimmte Anwendung getroffen wird. Wünschenswert ist eine Minimierung beider Parameter. Zur Beurteilung einer Schaltungsfamilie wird oft

Schaltungs-familie	Haupteinsatzgebiet	entscheidende Vorteile	entscheidende Nachteile	Integrations–grad
TTL	diskrete Schaltungen, Prototypen	robust, geringe Kosten	Geschwindigkeit, Verlustleistung	$\leq$10k Gatter
ECL	Rechenanlagen, Meßsysteme: diskrete Aufbauten und VLSI	Geschwindigkeit, Treiberfähigkeit, direkt symmetrische Übertragung	Verlustleistung	$\leq$50k Gatter (Gate Array)
CMOS	verbreiteste Technik: diskrete Aufbauten, VLSI, ULSI Rechenanlagen: Mikroprozessoren, PCs, Workstations, CISC, RISC, Konsumbereich, Medizin Anlagensteuerung, ... Telekommunikation, ...	geringer Aufwand dynamische Technik $\Rightarrow$ hoher Integrationsgrad, kosten–günstig, geringe Verlustleistung, bei niedrigen Schaltfrequenzen hoher Störabstand, Variationsfähigkeit	keine sehr schnellen Schaltungen, Verlustleistung steigt prop. mit Schaltfrequenz, Latchup–Gefahr	Gatte Arrays: $\leq$1000k Gatter Mikroprozessoren: $\leq$1000k Gatter Speicher (DRAM): $\leq$4000k Gatter
BiCMOS	evtl. CMOS–Nachfolger, Rechenanlagen als Konkurrenz zu ECL, sonst wie CMOS	wie CMOS, aber verbessertes Treiberverhalten (RAM), Geschwindigkeit	Aufwand, Kosten, Verlustleistung steigt prop. mit Schaltfrequenz, Latchup–Gefahr	$\leq$130k Gatter (Gate Arrays)
GaAs	Rechenanlagen (CONVEX), RISC, Meßsysteme: vorwiegend LSI	höchste Geschwindigkeit, Strahlungs-resistenz, Kom–bination mit Komponenten	höchste Kosten geringer Integrationsgrad, Testkosten	SCFL: $\leq$ 300 Gatter DCFL: $\leq$ 14000 Gatter (Vitesse)

Tabelle 3.6: Grundeigenschaften und Einsatzgebiet verschiedener Schaltungsfamilien

das *Verlustleistungs–Verzögerungs–Produkt* (*Power–Delay–Product*) herangezogen, das beide Parameter in einer Größe vereinigt. Linien gleichen Produkts sind im Diagramm aus Abb. 3.69 gestrichelt dargestellt.

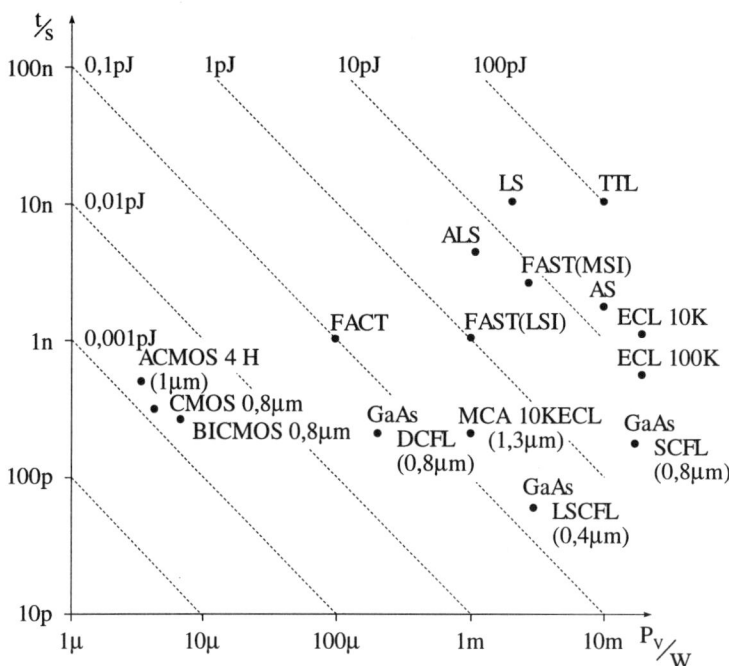

Abbildung 3.69: Chipinterne Gatterverzögerung und Verlustleistung für $f_{schalt} = 1MHz$

3.4.1   Vergleich der dynamischen Verlustleistung: CMOS ↔ ECL

Bei CMOS– und BiCMOS–Schaltungen steigt die Verlustleistung proportional mit der Schaltfrequenz. In der ECL–Technik wird der Strom eingeprägt, die Verlustleistung des Gatters ist damit annähernd konstant. In ECL–Schaltungen müssen aber auch die Leitungskapazitäten bei Signalwechseln umgeladen werden. Auch die Verlustleistung der ECL wird daher einen gewissen (wenn auch geringen) zur Schaltfrequenz proportionalen Anteil aufweisen.

Der Vergleich von Verlustleistungen ist demzufolge von der Leitungskapazität und dem Signalhub abhängig. Der Anteil der Leitungskapazitäten wird in der Standardliteratur meist vernachlässigt. Wir wollen versuchen, diesen Einfluß am Beispiel des Mikroprozessors 80386 von Intel zu untersuchen. Die benötigten Daten wurden [32, 55] entnommen.

3.4.1.1 CMOS–Realisierung

Bei Leitungskapazitäten von $C_{\text{Leitung}} \approx 4800pF$ und Gate–Kapazitäten von $C_{\text{Gatter}} \approx 9720pF$ beträgt der Leitungsanteil etwa

$$\frac{C_{\text{Leitung}}}{C_{\text{Leitung}} + C_{\text{Gatter}}} = 0,33 .$$

Bei einem Umfang von 180k Transistoren entsprechend 45k Gatteräquivalenten und einer gemessenen Verlustleistung von 2,5 Watt bei 33 Mhz ergibt sich eine gesamte Verlustleistung von $P_{V_{CMOS}} = 75mW/MHz \cdot f_{CLK}$. Daraus : $P_{VG_{CMOS}} \approx 50mW/MHz \cdot f_{CLK}$ hinzu kommt ein Leitungsanteil von

$$P_{VL_{CMOS}} \approx 0,33 \cdot P_{VG_{CMOS}} \approx 25mW/MHz \cdot f_{CLK} .$$

3.4.1.2 Hypothetische ECL–Realisierung

Aus den Daten eines ECL–Gate–Arrays schätzen wir ab :

$$P_{V_{ECL}} \approx 0,5mW/\text{Gatter} .$$

Dabei nehmen wir gleiche Leitungslängen und Leitungsstrukturen an. P_{VL} wird durch den Spannungshub zwischen den Signalpegeln bestimmt:

$$\Delta U_{ECL} = \mid U_{OH} - U_{OL} \mid = \mid -0,8V + 1,7V \mid = 0,9V .$$

Mit $P_{VL} \sim \Delta U$ und $\Delta U_{CMOS} \approx 5V$ bestimmen wir die Leitungsverluste für ECL zu

$$P_{VL_{ECL}} = P_{VL_{CMOS}} \cdot \frac{\Delta U_{ECL}}{\Delta U_{CMOS}} = 25 \, \frac{mW}{MHz} \cdot 0,2 = 5 \, \frac{mW}{MHz} .$$

Die gesamte Verlustleistung beträgt somit

$$\begin{aligned} P_{V_{ECL}} &= P_{VG_{ECL}} \cdot \text{„Anzahl Gatter"} + P_{VL_{ECL}} \cdot f_{CLK} \\ &= 0,5mW \cdot 45000 + 5\frac{mW}{MHz} \cdot f_{CLK} \\ &= 22,5W + 5 \, \frac{mW}{MHz} \cdot f_{CLK} \end{aligned}$$

gegenüber

$$P_{V_{CMOS}} = P_{VG_{CMOS}} + P_{VL_{CMOS}} = 100 \, \frac{mW}{MHz} \cdot f_{CLK} .$$

Bei einer Absenkung der Betriebsspannung auf $U_B = 3,3V$ erhält man unter der Näherung $P_{V_{CMOS}} \sim U_B^2$

$$P_{V_{CMOS}} = 75\frac{mW}{MHz} \cdot (\frac{3,3V}{5V})^2 \cdot f_{CLK} = 33\frac{mW}{MHz} \cdot f_{CLK}.$$

In Abb. 3.70 ist der Vergleich graphisch wiedergegeben. Bei den für diesen Prozessor üblichen Taktraten von $f_{CLK} = 16\ldots33MHz$ ist eindeutig die Realisierung in CMOS–Technologie günstiger.

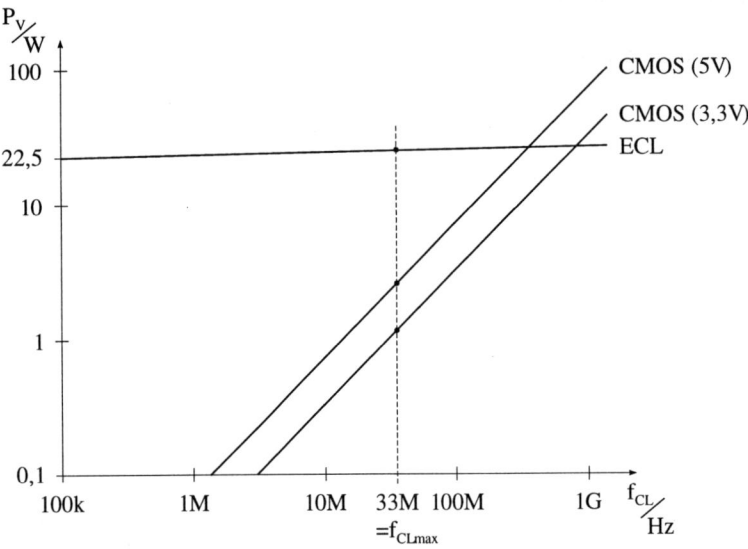

Abbildung 3.70: Verlustleistungsvergleich ECL↔CMOS anhand des hypothetischen Beispiels
            i80386

Kapitel 4

Kippschaltungen

Für die Zustandsspeicherung in digitalen Schaltwerken werden bistabile Kippschaltungen eingesetzt, sogenannte Flip–Flops. Kippschaltungen werden aber auch für andere Aufgaben genutzt, vor allem bistabile Schaltungen mit Hysterese zur Regeneration von Signalpegeln und zur Erzeugung steiler Signalflanken, monostabile Kippschaltungen als Zeitgeber und astabile Kippschaltungen als Oszillatoren. Dieses Kapitel setzt sich mit den unterschiedlichen Typen und Problemstellungen auseinander.

4.1 Bistabile Kippschaltungen: Flip–Flops

4.1.1 Grundlagen

4.1.1.1 RS–Flip–Flop als Basiselement

Die Abb. 4.1 a) zeigt das Funktionsprinzip eines Flip–Flops im speichernden Zustand. Zwei Inverter bilden eine Rückkopplungsschleife und stützen sich somit gegenseitig. Man wähle völlig willkürlich einen Knoten aus, der den logischen Inhalt des Speicherelements repräsentieren soll, und nenne ihn Q. Der zweite Knoten enthalte entsprechend den negierten Wert und werde mit Q_N bezeichnet. Das so definierte Speicherelement befindet sich nach dem Einschwingen in einem der zwei stabilen Zustände: $Q = H$, $Q_N = L$ wird als *High*, $Q = L, Q_N = H$ als *Low* interpretiert.

Einmal in einem der beiden Zustände H oder L befindlich, kann der Speicherinhalt jedoch nicht mehr verändert werden. Um ihn extern beeinflussen zu können, ersetzen wir die beiden Inverter der Abb. 4.1 a) durch zwei NOR–Gatter G_1 und G_2 (Abb. 4.1 b). Werden die beiden hinzugefügten Eingänge konstant auf L gelegt, so wirken G_1 und G_2 wie die in Abb. 4.1 a) gezeigten Inverter. Die Eingänge sind für diesen Fall inaktiv geschaltet, da sie den Zustand nicht beeinflussen — das Flip–Flop speichert.

Wechselt einer der beiden Eingänge aus Abb. 4.1 b) von L auf H („aktiver" Pegel), so schaltet der zugehörige Ausgang auf L. Eine Aktivierung des Eingangs am Gatter G_1 bewirkt daher ein Rücksetzen (R) und am Gatter G_2 ein Setzen (S) des Flip–Flops.

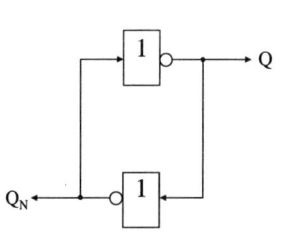
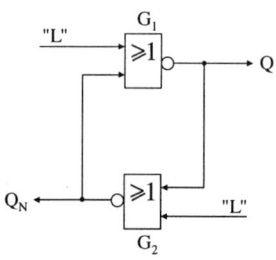

a) Prinzip der Speicherung   b) Inverterwirkung durch inaktive Eingänge

Abbildung 4.1: Aufbau eines Speicherelements durch Rückkopplung

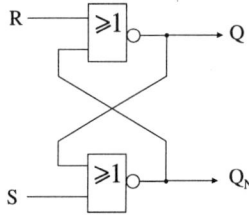

S	R	Q	Q_N	Funktion
L	L	Q_{-1}	Q_{N-1}	speichern
L	H	L	H	löschen
H	L	H	L	setzen
$(H$	$H)$	$(L$	$L)$	nicht def.

a) Schaltaufbau   b) Funktionstabelle

Abbildung 4.2: RS–Flip–Flop

Die Abb. 4.2 zeigt das Resultat, das RS–Flip–Flop, welches als Basiselement in allen komplexeren Flip–Flop–Funktionen wiederzufinden ist. Das RS–Flip–Flop ist eine bistabile Kippschaltung, dessen aktueller stabiler Zustand durch die Eingänge R und S beeinflußbar ist.

Wie die hinzugefügte Tabelle aus Abb. 4.2 b) zeigt, ist der Fall $R = S = H$ (beide Eingänge aktiv) nicht im Funktionsumfang vorgesehen, denn die Ausgänge Q und Q_N weisen keine komplementären Pegel auf. Sie haben zwar einen wohldefinierten Pegel ($Q = Q_N = L$), ein Problem tritt jedoch genau dann auf, wenn die beiden Eingänge R und S annähernd gleichzeitig vom aktiven ($R = S = H$) in den inaktiven ($R = S = L$) Pegel umschalten. Für diesen Fall kann nicht vorausgesagt werden, in welchen der beiden stabilen Zustände das Flip–Flop kippt und wie lange der Kippvorgang dauert.

Dieser Übergang, der das Flip–Flop in einen *metastabilen Zustand* versetzen kann, soll näher untersucht werden.

4.1.1.2 Metastabilität

Für die folgenden Betrachtungen wählen wir ein RS–Flip–Flop aus NAND–Gattern. Eine Analyse des Flip–Flops aus Abb. 4.3 führt auf ein äquivalentes Funktionsprinzip wie das aus dem vorangegangenen Abschnitt. Zu beachten ist, daß die Aktivierung des Eingangs $\overline{R}$ bzw. $\overline{S}$ durch Anlegen eines L–Pegels ausgeführt wird.

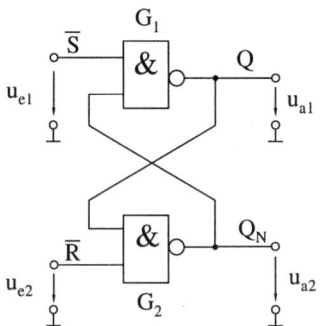

Abbildung 4.3: RS–Flip–Flop aus NAND–Gattern

Für inaktive Eingänge ($\overline{S} = \overline{R} = H$) wirken die zwei Gatter G_1 und G_2 als Inverter der Signale Q_N und Q. Aufgrund der Schaltung können beide Kennlinien $u_{a1}(u_{a2})$ und $u_{a2}(u_{a1})$ in ein gemeinsames Diagramm eingetragen werden. Wie aus Abb. 4.4 ersichtlich, ergeben sich aus der Überlagerung die drei Arbeitspunkte der Schaltung.

Wie noch zu zeigen sein wird, gliedern sich diese Arbeitspunkte in

- zwei stabile Arbeitspunkte S_0 und S_1, entsprechend den Zuständen *High* und *Low* und

- einen instabilen Arbeitspunkt M, der im undefinierten Pegelbereich liegt.

Stellt man die Spannungen u_{a1} und u_{a2} auf einen beliebigen Punkt im u_{a2}/u_{a1}–Diagramm ein, so wird sich das System aufgrund des geschlossenen Inverterkreises selbständig nach endlicher Zeit in einem der beiden Arbeitspunkte S_0 bzw. S_1 befinden.

Befindet sich die Schaltung im Arbeitspunkt M, so bezeichnet man dies als *metastabilen Zustand* der Schaltung, das Phänomen dieser Zustände als *Metastabilität*. Setzt man den Anfangspunkt gerade auf M, so könnte ohne äußeren Einfluß dieser Zustand beibehalten werden. Eine beliebig kleine Spannungsänderung (z. B. durch eine Störung) führt aber zum Verlassen des metastabilen Arbeitspunkts. Eine geringfügig kleinere Spannung u_{a1} führt zu einem stärkeren Anstieg von u_{a2} (G_2–Kennlinie), dieses wiederum zu einem weiteren Absinken von u_{a1} und folglich zu einem weiteren Ansteigen von u_{a2} usw. Dieser Vorgang endet erst im Arbeitspunkt S_0.

Ein Flip–Flop weist bei Auftreten eines metastabilen Zustands für unbestimmte Zeit einen Ausgangspegel im undefinierten Bereich auf. Die Folge sind undefinierte Verzögerungszeiten und — speziell für CMOS–Schaltungen — hohe Querströme. Im ungünstigsten Fall resultiert daraus ein nichtdeterministisches Verhalten der Gesamtschaltung.

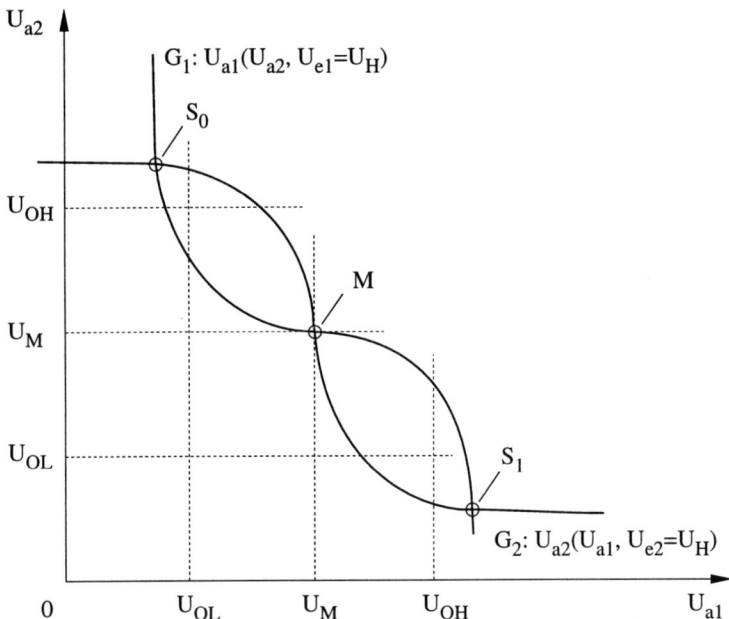

Abbildung 4.4: Übertragungskennlinien von G_1 und G_2

Auftreten von metastabilen Zuständen

Metastabile Zustände treten beim Flip–Flop als Folge unterbrochener Kippvorgänge auf. Zur
Erklärung dieser Vorgänge müssen die dynamischen Eigenschaften der verwendeten Gatter
berücksichtigt werden. Wir finden in [56] ein geeignetes einfaches Modell.

Das in Abb. 4.5 wiedergegebene RC–Modell eines Flip–Flops zeigt für viele Kippschaltungen
bei $t_{r,f} > t_{pd}$ eine gute Übereinstimmung mit den Meßergebnissen an realen Bausteinen.
Der Ausgangsspannungsbereich betrage im Modell $-U_0 \leq u_1, u_2 \leq U_0$. Wegen der Kennlini-
ensymmetrie wurde die Spannung U_M des metastabilen Zustands als Bezugspotential unseres
Systems gewählt. Die Ausgangsspannungen u_{a1} und u_{a2} werden dementsprechend verschoben.
Es gilt

$$u_1 = u_{a1} - U_M,$$
$$u_2 = u_{a2} - U_M.$$

Die beiden Inverter G_1 und G_2 modellieren die statische Übertragungskennlinie der beiden
Gatter, die RC–Glieder die dynamischen Eigenschaften während des Kippvorgangs. Für die
differentielle Verstärkung a der Inverter gelte

$$a = \begin{cases} -A & \text{für} -U_A < u_1, u_2 < U_A, \\ 0 & \text{sonst.} \end{cases}$$

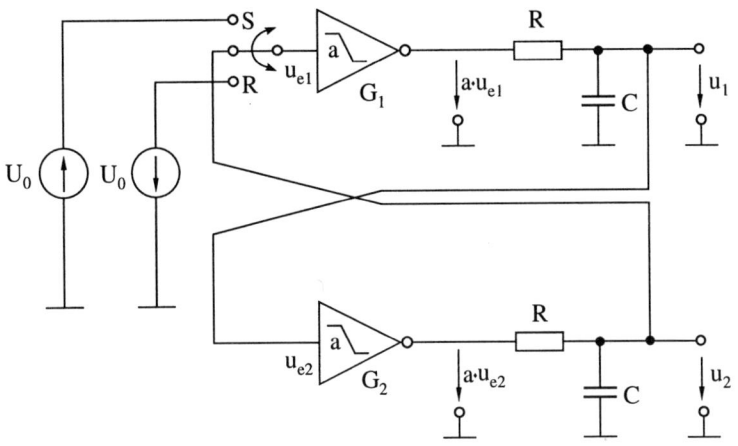

Abbildung 4.5: RC–Modell einer Kippschaltung

U_A und $-U_A$ sind die maximale und die minimale Ausgangsspannung eines Inverters. In der Schalterstellung R wird das System in den stabilen Arbeitspunkt S_0 (Abb. 4.6) überführt. Durch Umlegen des Schalters am Eingang von G_1 auf die Stellung S wird ein Kippvorgang ausgelöst. Nach Aufstellung des Differentialgleichungssystems und des Differentialquotienten du_2/du_1 zeigt sich, daß die Spannung u_1 abhängig von der Zeitkonstanten $T = R \cdot C$ der Kurve Z_T im Diagramm folgt, die gegen den zweiten stabilen Arbeitspunkt konvergiert.

Wird der Schalter jedoch vor Erreichen dieses Punktes nach der Zeit $t = \tau_{PW} \cdot T$ in die Mittelstellung gelegt, so setzen die Spannungen ihren Verlauf auf der in diesem Moment geschnittenen Zustandskurve des rückgekoppelten Systems fort. Variiert man den Umschaltzeitpunkt von $\tau_{PW0} \cdot T$ bis $\tau_{PW1} \cdot T$, so ergeben sich die gestrichelt gezeichneten Einschwingvorgänge.

Im Fall des RC–Modells kann eine analytische Lösung für das Kippverhalten bestimmt werden. Für den Bereich $-U_A < u_1, u_2 < U_A$ lautet das lineare System homogener Differentialgleichungen

$$\frac{du_1}{dt} = -\frac{1}{T}u_1 - \frac{A}{T}u_2 \tag{4.1}$$

$$\frac{du_2}{dt} = -\frac{A}{T}u_1 - \frac{1}{T}u_2. \tag{4.2}$$

Die Diskussion des daraus abgeleiteten Differentialquotienten

$$\frac{du_2}{du_1} = \frac{Au_1 + u_2}{u_1 + Au_2}$$

liefert die Zustandskurven der Einschwingvorgänge (gestrichelt in Abb. 4.6). Für Werte auf der Winkelhalbierenden $u_1 = u_2$ verläuft die Zustandskurve wegen $du_2/du_1 = 1$ direkt auf den metastabilen Punkt M zu.

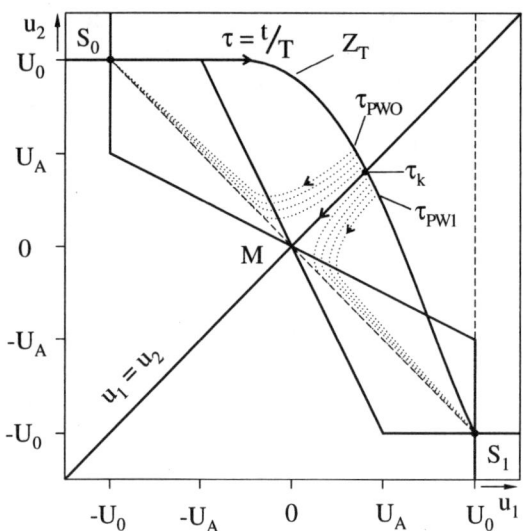

Abbildung 4.6: Triggervorgang beim RC–Kippschaltungsmodell

Der durch die Lösung der Differentialgleichungen (4.1) und (4.2) mit Hilfe des $e^{\lambda t}$–Ansatzes bestimmte zeitliche Verlauf der Spannungen u_1 und u_2

$$u_1(t) \;=\; \frac{u_1(0) - u_2(0)}{2} \cdot \exp\left(\frac{A-1}{T}\,t\right) + \frac{u_1(0) + u_2(0)}{2} \cdot \exp\left(-\frac{A+1}{T}\,t\right), \quad (4.3)$$

$$u_2(t) \;=\; -\frac{u_1(0) - u_2(0)}{2} \cdot \exp\left(\frac{A-1}{T}\,t\right) + \frac{u_1(0) + u_2(0)}{2} \cdot \exp\left(-\frac{A+1}{T}\,t\right) \quad (4.4)$$

bestätigt den Endpunkt $u_1(t \to \infty) = u_2(t \to \infty) = U_M = 0$ für die Anfangswerte $u_1(0) = u_2(0)$.

Selbstverständlich ist die Wahrscheinlichkeit für eine Unterbrechung des Setz–Vorgangs genau zum Zeitpunkt $t = \tau_K \cdot T$ verschwindend gering. Im weiteren sei daher nicht der metastabile Zustand selbst von Interesse, sondern das Kippverhalten für den Fall, daß die Schaltung sich in der Nähe der Geraden $u_1 = u_2$ befindet. Wie bereits angedeutet, läuft der Kippvorgang nahe dem metastabilen Gleichgewicht erheblich langsamer ab. Die Schaltzeiten eines Flip–Flops können dadurch sehr groß werden, was zu Funktionsfehlern der Gesamtschaltung führen kann. Wie im folgenden Abschnitt zu sehen sein wird, läßt sich die Wahrscheinlichkeit derartiger Fehler gut quantifizieren.

4.1.1.3 Synchronisation

Unter Synchronisation soll hier die Abbildung asynchroner Ereignisse auf ein gegebenes Zeitraster verstanden werden. Die folgende Aufzählung nennt einige praktische Beispiele, bei denen die Synchronisation Anwendung findet.

- Ein–/Ausgabe: Benutzerschnittstelle, Datentransfer (V24, LAN, WAN)

- Prozessor–Kommunikation: asynchrone Multiprozessoren (z. B. Transputersysteme), asynchrone Busse (VME–Bus)

- Asynchrone Abläufe auf integrierten Schaltungen (z. B. Wavefront Arrays)

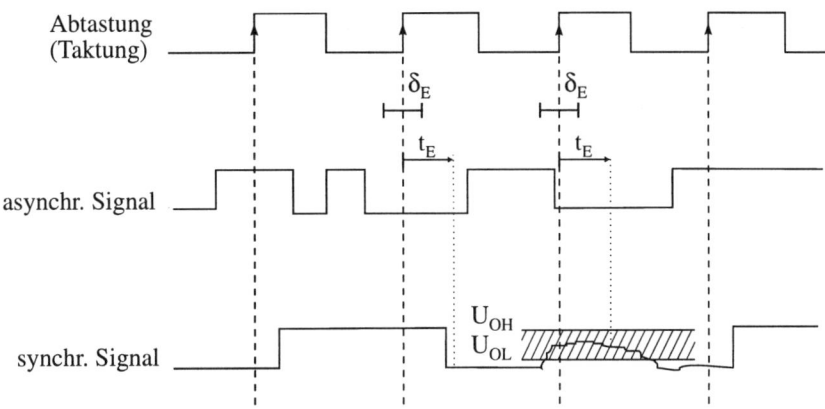

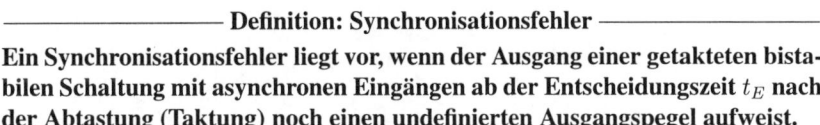

Abbildung 4.7: Lage des kritischen Zeitintervalls δ_E

Wie Abb. 4.7 verdeutlichen soll, besteht bei der Synchronisation die Gefahr des Auftretens von Kippvorgängen in der Nähe metastabiler Zustände. Ein Fehler entsteht dann, wenn der Ausgang der Kippschaltung zu lange im undefinierten Pegelbereich verweilt.

―――――――――――― **Definition: Synchronisationsfehler** ――――――――――――

Ein Synchronisationsfehler liegt vor, wenn der Ausgang einer getakteten bistabilen Schaltung mit asynchronen Eingängen ab der Entscheidungszeit t_E nach der Abtastung (Taktung) noch einen undefinierten Ausgangspegel aufweist.

Zu einer vorgegebenen *Entscheidungszeit* t_E läßt sich ein *kritisches Zeitintervall* δ_E bestimmen, in dem das Eingangssignal sich relativ zum Abtastzeitpunkt nicht ändern darf, damit kein Synchronisationsfehler auftritt. Als Bezeichnung für diesen Zeitraum wird zu einem späteren Zeitpunkt noch der Begriff *Entscheidungsintervall* eingeführt, dessen Grenzen relativ zum Triggerzeitpunkt durch die Setup– und die Hold–Zeit bestimmt werden.

Zur Bestimmung des Zeitintervalls δ_E wenden wir uns wieder dem RC–Modell zu. Ein Ausschnitt aus den Zustandskurven ist in Abb. 4.8 wiedergegeben. Ein Synchronisationsfehler trete genau dann auf, wenn der Setz–Vorgang im Zeitintervall $\delta_E = (t_{PW1} - t_{PW0})$ unterbrochen wird. In diesem Intervall δ_E ändert sich die Spannung $u_1(t)$ auf der Zustandskurve des Setz–Vorgangs um $2 \cdot \Delta U_{krit} = u_1(t_{PW1}) - u_1(t_{PW0})$. Eine Beziehung zwischen ΔU_{krit} und δ_E kann durch Linearisierung der Ladekurve $u_1(t)$ um $t = t_K$ hergeleitet werden (Abb. 4.9). Diese Linearisierung ist zulässig, da δ_E sehr klein im Vergleich zu t_E sein wird.

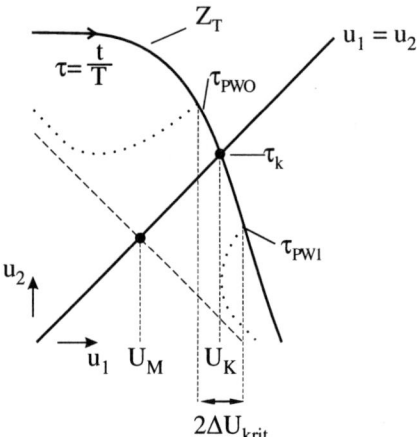

Abbildung 4.8: Zustandsverlauf um den metastabilen Punkt

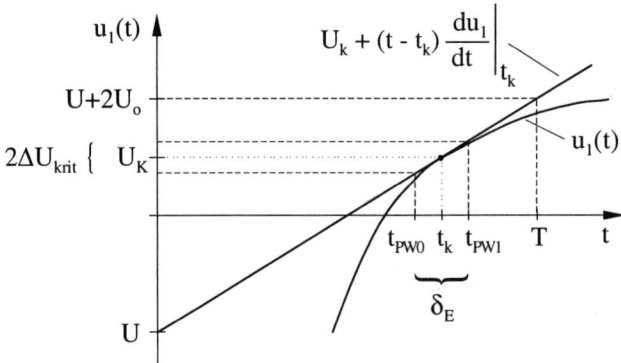

Abbildung 4.9: Linearisierung der Ladekurve um den Zeitpunkt $t = t_k$

Für den Verlauf der Spannung $u_1(t)$ gilt nach Umschalten von R auf S zum Zeitpunkt $t = 0$ (Kurve Z_T in Abb. 4.8)

$$u_1(t) = U_0(1 - 2e^{-\frac{t}{T}}).\tag{4.5}$$

Wir führen eine Linearisierung in t_k durch.

$$\frac{2\Delta U_{krit}}{\delta_E} \approx \left.\frac{du_1}{dt}\right|_{t_K} = \frac{2U_0}{T} \cdot e^{-\tau_K}\tag{4.6}$$

Um die noch fehlende Größe ΔU_{krit} aus (4.6) zu bestimmen, wird (4.3) hinzugezogen. Der Synchronisationsfehler tritt genau dann auf, wenn die Spannung u_1 des rückgekoppelten Systems sich nach der Zeit t_E noch im Intervall $[U_{OL}, U_{OH}]$ befindet. Aus der Linearisierungsannahme $\Delta U := u_1(0) - U_K \approx U_K - u_2(0)$ folgt wegen $u_1(0) + u_2(0) \approx 2U_K$ und $u_1(0) - u_2(0) \approx 2\Delta U$ die Vereinfachung von (4.3).

$$u_1(t) = \Delta U \cdot \exp\left(\frac{A-1}{T}\,t\right) + U_K \cdot \exp\left(\frac{A-1}{T}\,t\right)$$

Für den interessierenden Zeitbereich um $t = t_E$ kann aufgrund von $t_E(A-1) \gg T$ der zweite Exponentialterm vernachlässigt werden. Damit gilt

$$u_1(t_E) = \Delta U \cdot \exp\left(\frac{A-1}{T}\,t_E\right).\tag{4.7}$$

Der zeitliche Verlauf von u_1 seit Beginn des Setz–Vorgangs ist für die kritischen Umschaltzeiten $\tau_{PW0} \cdot T$ und $\tau_{PW1} \cdot T$ in Abb. 4.10 skizziert. Der Bereich für die Gültigkeit von (4.7) ist im Kurvenverlauf hervorgehoben.

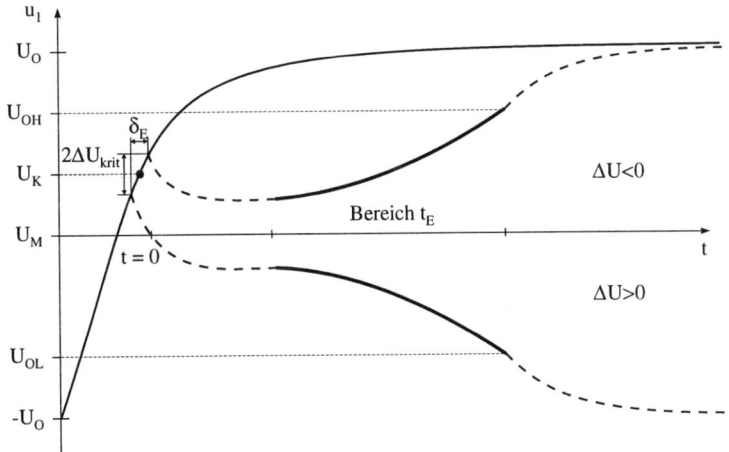

Abbildung 4.10: Verlauf $u_1(t)$ für den Rückkopplungsfall

Von der Forderung $U_{OL} < u_1(t_E) < U_{OH}$ wird aus Symmetriegründen nur der rechtsseitige Grenzwert betrachtet, der schließlich den gesuchten Ausdruck für ΔU_{krit} liefert.

$$\Delta U < U_{OH} \cdot \exp\left(-\frac{A-1}{T}\,t_E\right) = \Delta U_{krit}$$

Damit ist δ_E aus (4.6) bestimmt.

$$\delta_E \approx \frac{\Delta U_{krit}}{U_0} \, T \, \exp \tau_K = \frac{U_{OH}}{U_0} \, T \, \exp \left(-\frac{A-1}{T} \, t_E + \tau_K \right)$$

Der unbekannte Parameter τ_K ist von der Übertragungskennlinie abhängig, kann aber sicher mit Hilfe von (4.5) aufgrund von $u_1(4T) = U_0 \cdot (1 - 2e^{-4}) \approx 0,96U_0$ als $\tau_K < 4$ abgeschätzt werden. Damit gilt $\tau_K \ll t_E(A-1)/T$ und τ_k kann im Exponenten vernachlässigt werden. Mit der Annahme $U_{OH}/U_0 \approx 1$ ist das *kritische Zeitintervall eines Flip–Flops* bestimmt:

$$\delta_E \approx T \cdot \exp \left(-\frac{A-1}{T} \, t_E \right) \tag{4.8}$$

Wahrscheinlichkeit für das Auftreten eines Synchronisationsfehlers

Angenommen, asynchrones Datensignal und Taktsignal (Abtastzeitpunkt) seien unabhängig voneinander und gleichverteilt. Mit Hilfe der Definitionen

$$
\begin{aligned}
f_{Daten} \quad &::= \quad \text{Datenrate, mit der asynchrone Signale eintreffen und} \\
f_{Takt} \quad &::= \quad \text{Abtastrate (Taktfrequenz)}
\end{aligned}
$$

ergibt sich die Wahrscheinlichkeit p_{SF} für einen Synchronisationsfehler pro Zeiteinheit dann zu:

$$p_{SF}(t_E) = f_{Takt} \cdot f_{Daten} \cdot \delta_E$$

Der Kehrwert dieses Ausdrucks liefert die Zuverlässigkeit der Synchronisation (*mean time between failures*).

$$MTBF(t_E) = \frac{1}{f_{Takt} \cdot f_{Daten} \cdot \delta_E(t_E)} \tag{4.9}$$

Bei Abhängigkeit von Datensignal und Taktsignal kann die Fehlerwahrscheinlichkeit deutlich höher liegen, etwa, wenn das Datensignal von einer Schaltung generiert wird, die vom gleichen globalen Taktsignal gesteuert wird, aus dem das Abtastsignal abgeleitet wurde.

Synchronisation mit Flip–Flops

Aufgabe einer Synchronisationsschaltung ist die Minimierung der Wahrscheinlichkeit für das Auftreten eines Synchronisationsfehlers, dies entspricht einer Maximierung der MTBF. Bei gegebenem f_{Takt} und f_{Daten} hat man in (4.9) nur auf $\delta_E \approx T \cdot \exp\left(-t_E \, (A-1)/T\right)$ Einfluß. Zur Maximierung von MTBF muß δ_E möglichst groß werden. Diese Forderung läßt sich erreichen durch

1. eine geeignete Dimensionierung von G_1 und G_2 (Abb. 4.3) mit möglichst großer Verstärkung A bei möglichst geringen parasitären Kapazitäten zur Maximierung des Faktors A/T. Das Diagramm in Abb. 4.11 zeigt hierzu die aus [61] übernommenen Meßergebnisse zum Vergleich unterschiedlicher Logik–Bausteine.

2. einen geeignetenSchaltungsaufbau mit möglichst großem t_E. In Abb. 4.12 ist beispiels-

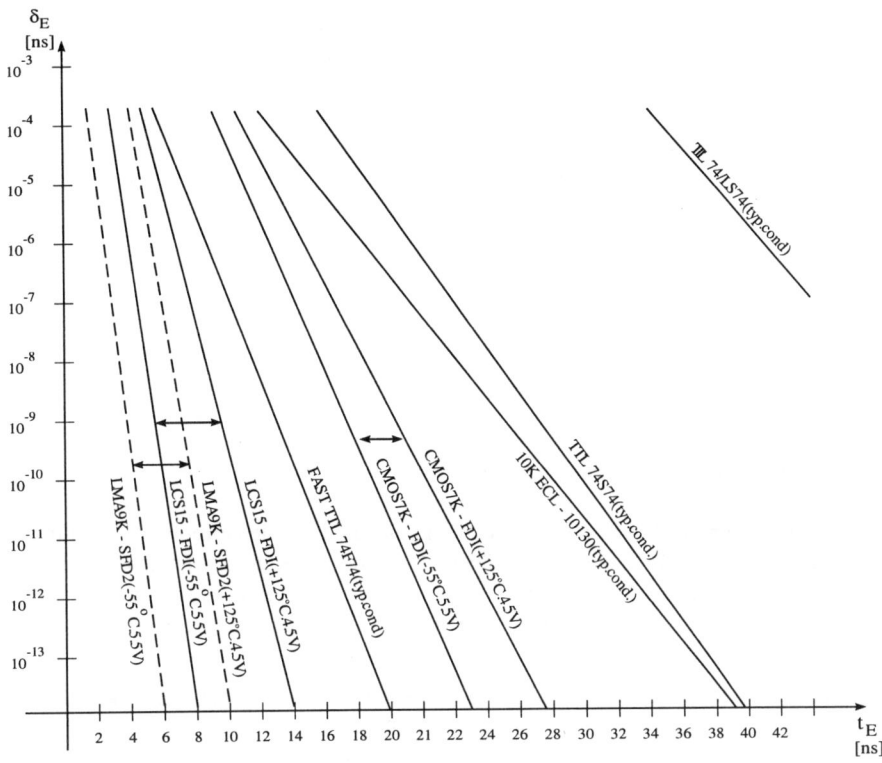

Abbildung 4.11: δ_E für einige Beispiele (nach [56])

weise eine zweistufige Synchronisationsschaltung mit maximiertem $t_E = 1/f_{Takt} - t_s$[1] wiedergegeben.

Es folgen zwei Rechenbeispiele zur Synchronisationsschaltung in Abb. 4.12. Wir nehmen an, daß asynchrone Daten in Raten von 20MHz eintreffen und zur Synchronisation zwei Flip–Flops vom Typ 74F74 mit $t_s = 3ns$ verwendet werden.

- $f_{Takt} = 62MHz : \Rightarrow t_E = 13, 1ns$

  Das Diagramm aus Abb. 4.11 liefert $\delta_E \approx 10^{-9}ns$ und damit

  $$MTBF = \frac{1}{f_{Daten} \cdot f_{Takt} \cdot \delta_E} = 1000s$$

- $f_{Takt} = 25MHz : \Rightarrow t_E = 37ns$

  Nach Extrapolation erhalten wir $\delta_E \approx 10^{-27}ns$ und

  $$MTBF = \frac{1}{f_{Daten} \cdot f_{Takt} \cdot \delta_E} = 2^{21}s > 24 \text{ Tage}$$

---

[1]Hier wird einem Ergebnis aus noch folgenden Überlegungen vorgegriffen. Die Bestimmungsgleichung für t_E wird aus Gleichung (4.12) abgeleitet, indem t_{pdDmax} durch t_E und t_{pdS_imax} durch Null ersetzt wird.

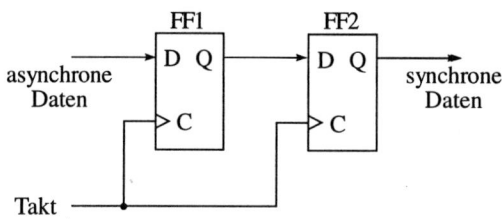

Abbildung 4.12: Zweistufige Synchronisationsschaltung

Die Fehlerwahrscheinlichkeit ist denmach bei ausreichend geringen Abtastraten vernachlässig-bar gering.

4.1.2   Flip–Flop–Typen und ihr Einsatz

Zum Aufbau von synchronen Systemen in der Digitaltechnik werden Flip–Flops benötigt, die in Abhängigkeit vom Takt ein binäres Signal übernehmen bzw. speichern. Man unterscheidet zwei Funktionstypen: die pegelgesteuerten und die flankengesteuerten Flip–Flops. Erstere führen ihre Funktion beim Anlegen eines vorgegebenen Pegels am Takteingang aus, der zweite Typ beim Auftreten einer Signalflanke.

Das Basiselement bildet in beiden Fällen das in Abschnitt 4.1.1.1 vorgestellte RS–Flip–Flop. Die individuelle Funktion des Flip–Flops wird durch eine vorgeschaltete Logik realisiert, die die Signale S und R bzw. $\overline{S}$ und $\overline{R}$ entsprechend ansteuert.

Durch Gatterverzögerungen und ungünstige Konstellationen an den Eingängen kann genau der Fall eintreten, daß Setz– und Rücksetzeingang gleichzeitig vom aktiven auf den inaktiven Pegel wechseln. Diese Kombination kann die in Abschnitt 4.1.1.2 beschriebene Metastabilität hervorrufen. Um die damit verbundenen Probleme zu vermeiden, müssen Setup– und Hold–Zeiten definiert werden. Können diese Zeiten nicht eingehalten werden, so sind die in den Datenbüchern angegebenen Verzögerungszeiten nicht garantiert.

Die beiden angesprochenen Flip–Flop–Typen sollen anhand des D–Flip–Flops näher beschrie-ben werden.

4.1.2.1   D–Latch

Ein *pegelgesteuertes Flip–Flop* wird gewöhnlich auch als *Latch* bezeichnet. Schaltschema, Schaltsymbol und Funktionstabelle eines D–Latches gibt Abb. 4.13 wieder. Für einen H–Pegel am Takteingang C wirken die NAND–Gatter G_3 und G_4 als Inverter für die verbleibenden Eingänge. Der Eingang D erscheint damit negiert an $\overline{S}$ und nochmals negiert an $\overline{R}$. Von den beiden Eingängen $\overline{S}$ und $\overline{R}$ des RS–Flip–Flops liegt für diesen Fall genau einer auf L–Pegel, folglich wird D am Ausgang Q übernommen. Das D–Latch wird in diesem Zustand auch als *transparent* bezeichnet. Ein L–Pegel am Eingang C zwingt beide Signale $\overline{S}$ und $\overline{R}$ auf den inaktiven H–Pegel, der Wert von Q wird gespeichert.

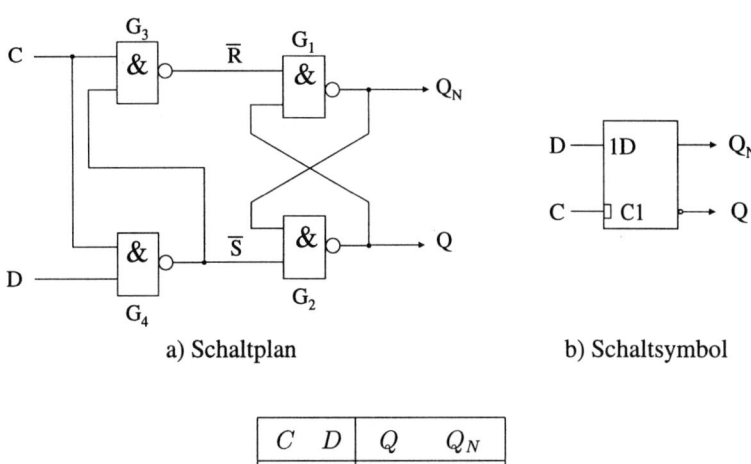

a) Schaltplan   b) Schaltsymbol

C	D	Q	Q_N
L	X	Q_{-1}	Q_{N-1}
H	L	H	H
H	H	H	L

c) Funktionstabelle

Abbildung 4.13: Taktpegelgesteuertes (transparentes) D–Latch

Durch eine ungünstige Signalfolge kann das RS–Flip–Flop am Ausgang in einen metastabilen Zustand versetzt werden. Abbildung 4.14 verdeutlicht, daß, bedingt durch die Verzögerungszeiten der Gatter G_3 und G_4, beide Steuersignale $\overline{S}$ und $\overline{R}$ für kurze Zeit gleichzeitig auf L–Pegel liegen. Ein Pegelwechsel am Takteingang C kann bewirken, daß $\overline{S}$ und $\overline{R}$ annähernd gleichzeitig auf den (inaktiven) H–Pegel wechseln. Genau für dieses angegebene Timing *kann* (nicht zwangsläufig) ein metastabiler Zustand eingenommen werden, denn durch den transienten Eingangszustand $\overline{R} = \overline{S} = L$ werden G_1 und G_2 in den gleichen Zustand versetzt ($Q = Q_N = H$), unmittelbar bevor das Flip–Flop in den Speicherzustand geschaltet wird ($\overline{R} = \overline{S} = H$). Offensichtlich tritt dieser Fall für $\Delta t_{DC} + t_{pdLHG_4} \approx t_{pdLHG_4} + t_{pdLHG_3}$ ein. Solange aber die Bedingung

$$\Delta t_{DC} > t_{pdHLG_4} + t_{pdLHG_3} - t_{pdLHG_4} = t_{s1}$$

Gültigkeit besitzt, wird demnach der metastabile Zustand nicht auftreten. Dies kann durch Vorgabe einer Setup–Zeit gesichert werden. Innerhalb eines Zeitintervalls t_{s1} vor der negativen Taktflanke darf kein positiver Flankenwechsel am Eingang D auftreten.

Nicht für dieses Beispiel, jedoch bei der Betrachtung anderer Latch–Typen können noch weitere Signalfolgen $\Delta t_{DC} \geq 0$ zu metastabilen Zuständen oder eine Annäherung an den metastabilen Arbeitspunkt führen. Dann müssen weitere Setup–Zeiten bestimmt werden, von denen das Maximum den relevanten Wert

$$t_s = \max(t_{si})$$

liefert. Eine ähnliche Überlegung führt auf eine Hold–Zeit (siehe Abschnitt 1.1.2), in der sich

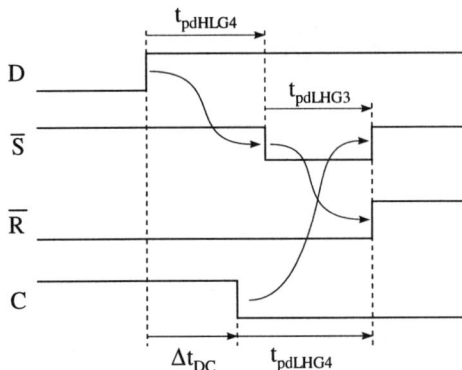

Abbildung 4.14: Zeitdiagramm für die Erzeugung eines metastabilen Zustands des D–Latches

das D–Signal nach dem Übergang in den speichernden Zustand nicht ändern darf.

$$t_h = \max(t_{hi})$$

Beim angegebenen D–Latch tritt ein solcher Fall nicht auf, daher gilt $t_h = 0$.

Die Flip–Flop–Struktur in Abb. 4.13 wurde aus didaktischen Gründen gewählt. Da der kritische Pfad des Latches über vier Gatter verläuft ($D \rightarrow \overline{S} \rightarrow \overline{R} \rightarrow Q_N \rightarrow Q$), ist die maximale Verzögerungszeit entsprechend hoch. In der Praxis bedient man sich daher verbesserter Strukturen. Sehr verbreitet ist das Earle–Latch aus Abb. 4.15. Der Ausgang Q ist bei einer Pegeländerung am Eingang D nach zwei Gatterlaufzeiten eingeschwungen. Dadurch sind höhere Taktraten zulässig, allerdings unter Aufwendung einer zusätzlichen Leitung, dem invertierten Taktsignal.

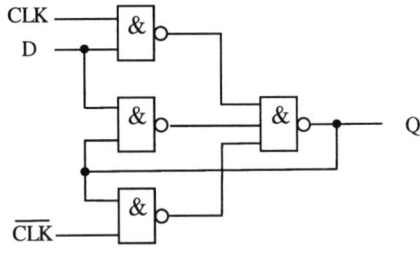

Abbildung 4.15: Earle–Latch

Realisierung von D–Latches mit Transmission Gates

Für CMOS–Techniken gibt es aber Lösungen mit noch geringerem Aufwand [58]. Zur Flächen-reduzierung werden pegelgesteuerte D–Flip–Flops in der CMOS–Technik im allgemeinen mit Transmission Gates realisiert. Das D–Latch aus Abb. 4.16 besteht im Vergleich zur Gatterrea-lisierung in Abb. 4.13 nur aus 8 gegenüber 16 Transistoren beim Aufbau mit NAND–Gattern.

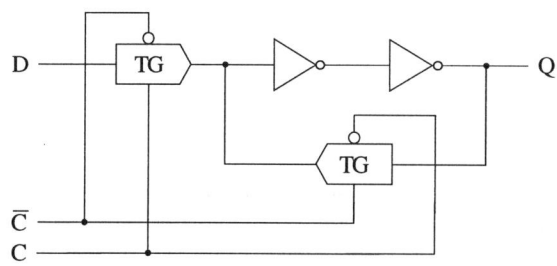

Abbildung 4.16: D–Latch in statischer CMOS–Schaltungstechnik

Die Funktionsweise dieser Anordnung ist simpel. Durch die inverse Ansteuerung der Transmis-sion Gates wird bei einem H–Pegel am Takteingang C ein neuer Wert eingelesen und bei einem L–Pegel die Rückkopplungsschleife über die beiden Inverter zur Speicherung geschlossen.

Wie die Abb. 4.17 verdeutlicht, kann der Aufwand bei Verwendung der dynamischen CMOS–Schaltungstechnik noch einmal um die halbe Transistorenzahl gesenkt werden.

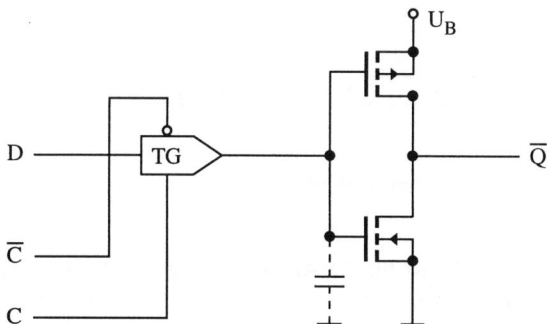

Abbildung 4.17: Invertierendes D–Latch in dynamischer CMOS–Schaltungstechnik

Einsatz des D–Latch: Einphasige Taktung

Abbildung 4.18 zeigt den prinzipiellen Aufbau eines synchronen Systems mit einphasiger Taktung. Rückkopplungen sind in der Abbildung weggelassen, werden jedoch in der Herleitung berücksichtigt. Durch die pegelgesteuerten D–Flip–Flops wird die Information jeweils bei H–Pegel am Taktsignal Φ um eine Flip–Flop–Stufe weitergeschoben. Wie noch zu zeigen ist, bewirkt dies bedingte Einschränkungen für die Taktzykluszeit und die Dauer des H–Pegels. Zuvor jedoch noch eine Aufzählung der relevanten Kenngrößen:

D–Latches:	t_s , t_h , $t_{pdDmin} \leq t_{pdDi} \leq t_{pdDmax}$
Schaltnetz:	$t_{pdS_imin} \leq t_{pdS_i} \leq t_{pdS_imax}$
Taktverschiebung (Skew):	$t_{skewmin} \leq t_{skewijmin} \leq t_{skewij} \leq t_{skewijmax} \leq t_{skewmax}$
Taktzyklus:	$t_{cyc} = t_{CH} + t_{CL}$

t_{pdS_imin} und t_{pdS_imax} werden hier vereinfacht als Minimum/Maximum aller Verzögerungszeiten der Schaltnetze S_i verstanden.

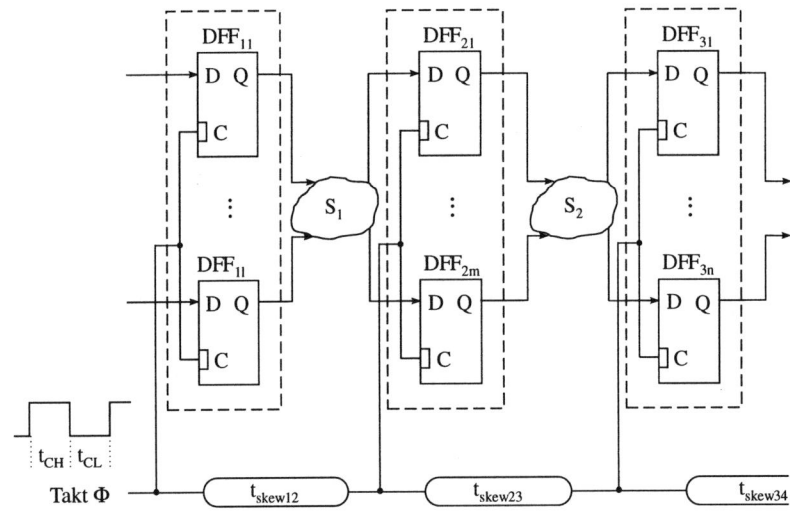

Abbildung 4.18: Schaltwerk mit D–Latches bei einphasiger Taktung

Die Lage zweier Zeitintervalle ist für die Anforderung an die Taktung ausschlaggebend. Wir betrachten das D–Latch 1 in Abb. 4.18. Das *Entscheidungsintervall E* (Abb. 4.19) ist an die fallende Flanke des Takteingangs C geknüpft und spezifiziert den Zeitraum, in dem sich das Signal D nicht ändern darf. Es wird durch die Setup– und die Hold–Zeit des Latches bestimmt. Als *Übergangsintervall Ü* sei diejenige Zeitspanne definiert, in der am Eingangssignal D des folgenden D–Latches ein Pegelwechsel auftreten kann. Die Lage dieses Intervalls hängt von der minimalen sowie der maximalen Verzögerungszeit von Latch und Schaltnetz ab.

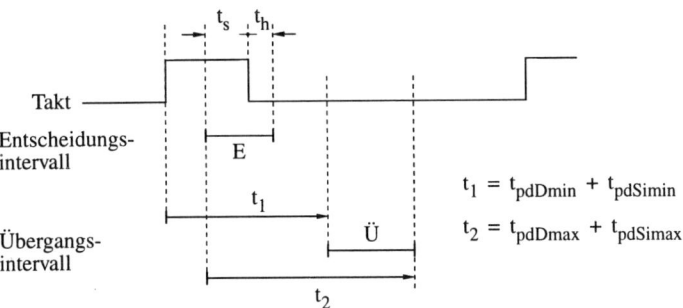

Abbildung 4.19: Entscheidungs– und Übergangsintervall bei Einsatz von D–Latches

Um die Funktionsfähigkeit des gesamten Systems sicherzustellen, müssen zwei Bedingungen an den Einphasen–Takt gestellt werden:

1. Der Taktzyklus muß ausreichend groß sein, so daß die Ausgangssignale des Schaltnetzes korrekt in das D–Latch übernommen werden. Die Abb. 4.20 a) zeigt den Grenzfall auf, bei dem das Übergangsintervall gerade das Entscheidungsintervall des Signals D_2 zum darauffolgenden Taktzyklus berührt. Folglich muß

$$t_{cyc} \geq -t_{s1} + t_{pdDmax} + t_{pdS_imax} + t_{s2} - t_{skew12min}$$

eingehalten werden. Gewöhnlich werden gleichartige Flip–Flops verwendet, so daß sich die Setup–Zeiten gerade herausheben. Sofern die Bedingung für das gesamte Schaltwerk gelten soll, muß $t_{skew12min}$ durch den kritischen Wert $t_{skewmin}$ ersetzt werden. Dann gilt allgemein

$$t_{cyc} \geq t_{pdDmax} + t_{pdS_imax} - t_{skewmin} . \tag{4.10}$$

2. Die Latches müssen ausreichend kurz im transparenten Zustand sein, daß Signaländerungen nicht in einem Taktyklus zwei aufeinanderfolgende Flip–Flops passieren können. Das Übergangsintervall berührt in diesem Fall linksseitig das Entscheidungsintervall, also das des aktuellen Taktyklus (Abb. 4.20 b)). Gleichzeitig muß der Taktpegel aber ausreichend lang zum Schalten des Latches sein. Diese Forderungen sind allgemein für

$$t_{pdDmax} \leq t_{CH} \leq t_{pdDmin} + t_{pdS_imin} - t_h - t_{skewmax} \tag{4.11}$$

erfüllt. Diese Ungleichung für t_{CH} ist aufgrund von geringen Laufzeiten durch das Schaltnetz ($t_{pdS_imin} \leq t_{pdDmax}$, $t_{skewmax}$) oftmals schwer erfüllbar, denn in diesem Fall ist

$$0 < t_{CH} - t_{pdDmax} < t_{pdS_imin} - t_h - t_{skewmax} + \underbrace{t_{pdS_imin} - t_{pdDmax}}_{\leq 0},$$

nur erfüllbar, falls gilt: $\qquad 0 < t_{pdS_imin} - t_h - t_{skewmax}.$

Sofern in den Datenfluß nicht ein Totzeit–Glied (Delay–Element) zur Erhöhung von t_{pdS_imin} eingefügt wird, kann die Ungleichung nur durch eine negative Hold–Zeit erfüllt werden.

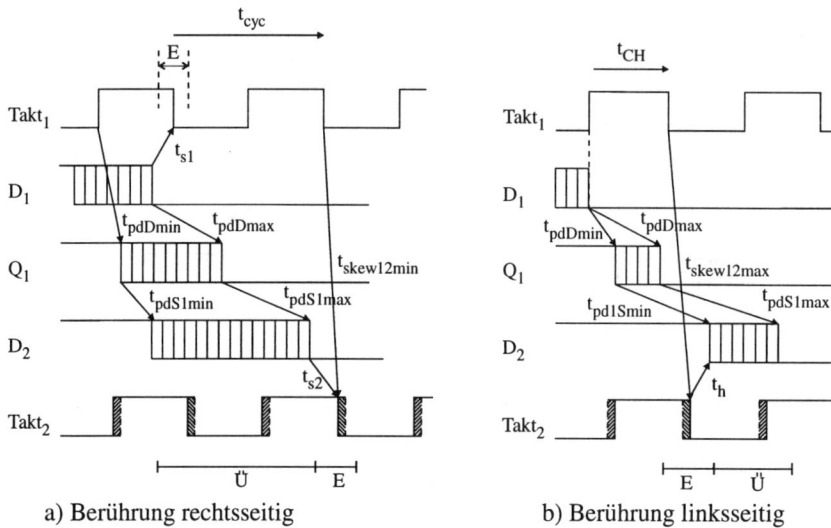

a) Berührung rechtsseitig   b) Berührung linksseitig

Abbildung 4.20: Kritische Lage von E– und Ü–Intervall beim Einsatz von D–Latches

──────────────────────────── Folgerung: ────────────────────────────
(4.10) kann durch Anpassung der Taktzykluszeit immer erfüllt werden. Bei (4.11) ist dies über die Wahl von t_{CH} nur bedingt möglich.

Im Falle eines Signal– bzw. Datenflusses in nur eine Richtung (ohne Rückkopplung) gibt es eine simple Möglichkeit zur Erfüllung der Randbedingung. Durch eine Taktung entgegen der Datenflußrichtung (Abb. 4.21) nimmt die Taktverschiebung negative Werte an.

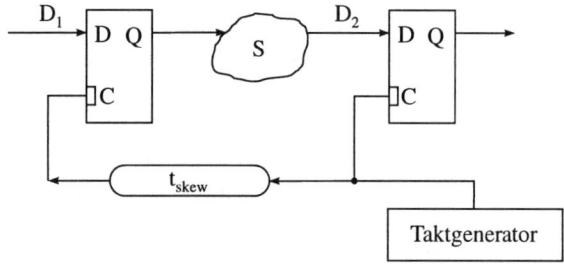

Abbildung 4.21: Taktung entgegen der Datenflußrichtung

Eine andere Lösung ist der Einsatz einer mehrphasigen Taktung.

Einsatz des D–Latch: Mehrphasige Taktung

In Abb. 4.22 wird der prinzipielle Aufbau einer zweiphasigen Taktung dargestellt. Der Schaltungsaufbau wird hierdurch relativ kompliziert und muß sorgfältig konzeptioniert werden, denn es muß immer ein Φ_1–Latch auf ein Φ_2–Latch bzw. ein Φ_2–Latch auf ein Φ_1–Latch folgen. Dieses Problem ist aus der Dominologik bereits bekannt. Die Aufteilung der Schaltnetze auf die Taktphasen gelingt dabei nicht immer mit gleicher Laufzeit. Meist sind daher nur höhere Taktzykluszeiten als beim Einphasen–Takt möglich. Systematische Ansätze zu diesem Thema sind z. B. in [59] zu finden. Es gibt hierzu mittlerweile auch rechnergestützte Verfahren („Retiming“).

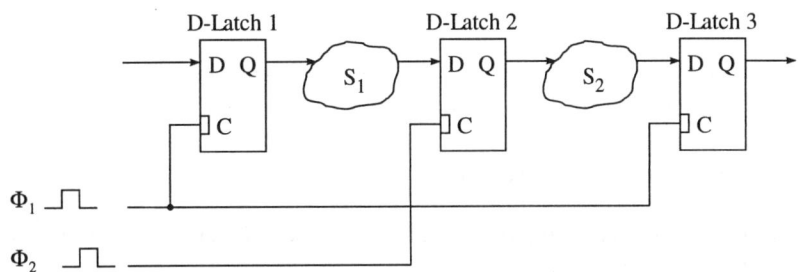

Abbildung 4.22: Zweiphasige Taktung

Eine Vereinfachung des Entwurfs wird durch Entfernen je eines der Schaltnetze und einer Zusammenfassung der zwei aufeinanderfolgenden Latches zu einer *Master–Slave–Schaltung* (siehe Abb. 4.23) erreicht. Dieses Anordungsprinzip werden wir als Grundkonzept des flankengesteuerten Flip–Flops im folgenden Abschnitt wiederfinden.

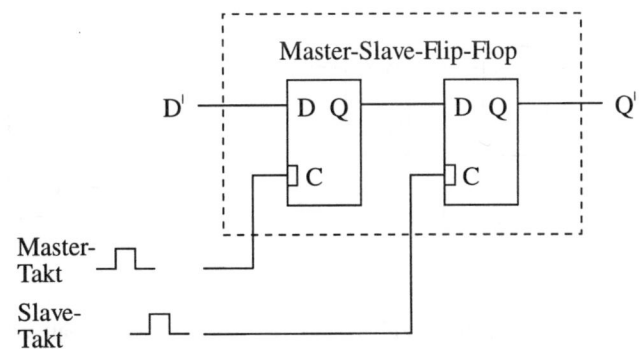

Abbildung 4.23: Master–Slave–Flip–Flop für zweiphasige Taktung

Das Timing–Diagramm in Abb. 4.24 verdeutlicht, daß durch geeignete Distanz von Master– und Slave–Taktimpuls eine Überlappung von E– und Ü–Intervall in jedem Fall vermieden werden kann. Dieses Taktungsverfahren stellt somit die Funktionsfähigkeit der Schaltung sicher.

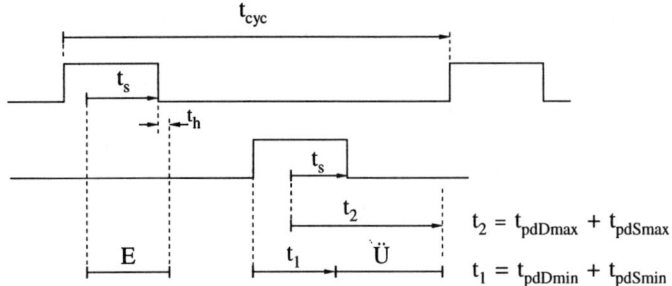

Abbildung 4.24: Lage von Entscheidungs– und Übergangsintervall bei mehrphasiger Taktung unter Verwendung von Master–Slave–Flip–Flops

4.1.2.2 Flankengesteuerte Flip–Flops

Beim *flankengesteuerten (edge triggered) Flip–Flop* werden Master– und Slave–Takt aus einem Taktsignal abgeleitet, und zwar so, daß

1. kein transparenter Zustand auftritt und

2. das Eingangssignal mit der steigenden bzw. fallenden Taktflanke an den Ausgang übertragen wird.

Ein Vorteil gegenüber der mehrphasigen Taktung ist, daß nur noch **ein** Taktsignal benötigt wird.

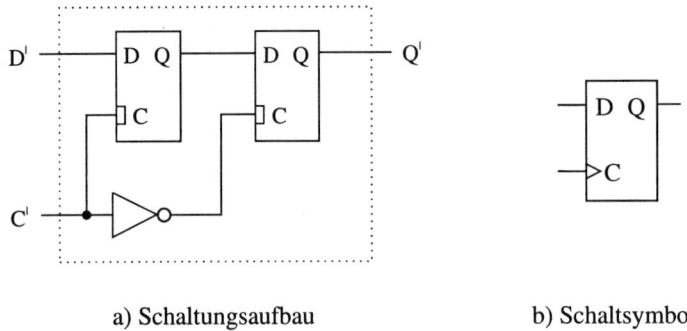

a) Schaltungsaufbau   b) Schaltsymbol

Abbildung 4.25: Taktflankengesteuertes D–Flip–Flop

Die Abb. 4.25 verdeutlicht das Schaltungsprinzip und das zugehörige Schaltsymbol. Das dargestellte D–Flip–Flop veranschaulicht das Grundprinzip aller flankengesteuerten Flip–Flops. Es existieren diverse Funktionstypen unter den Flip–Flops. Als Beispiel sei ein Toggle–Flip–Flop genannt, das abhängig vom Eingangssignal seinen Zustand beibehält, wechselt oder den eingenommenen Zustand übernimmt. Derartige Typen werden mit Hilfe einer internen Rückkopplung des Ausgangssignals realisiert.

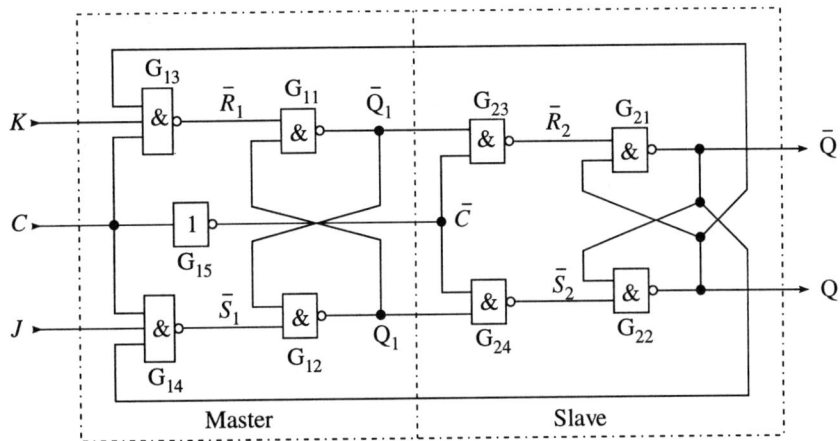

Abbildung 4.26: Negativ flankengesteuertes JK–Master–Slave–Flip–Flop (nach [60])

Eine gebräuchliche Erweiterung stellt das in Abb. 4.26 wiedergegebene JK–Flip–Flop dar. Wie anhand der zugehörigen Funktionstabelle (Tabelle 4.1) nachzuvollziehen ist, wird der Ausgang für $J = K = H$ bei jeder negativen Taktflanke invertiert.

C	J	K	Q	$\overline{Q}$
L	L	H	Q_{-1}	$\overline{Q}_{-1}$
H	L	H	Q_{-1}	$\overline{Q}_{-1}$
$\downarrow$	L	L	Q_{-1}	$\overline{Q}_{-1}$
$\downarrow$	L	H	L	H
$\downarrow$	H	L	H	L
$\downarrow$	H	H	$\overline{Q}_{-1}$	Q_{-1}

Tabelle 4.1: Funktionstabelle des JK–Flip–Flops

Bei dieser klassischen Schaltung muß als Nebenbedingung gefordert werden, daß J und K sich nicht ändern, solange $C = H$ ist. Um ein Fehlerbeispiel zu nennen, gehen wir von $Q = H, \overline{Q} = L$ und $C = H$ aus. Wird $J = L$ und $K = H$ angelegt, so kippt das interne RS–Flip–Flop auf $\overline{Q}_1 = H, Q_1 = L$. Wenn darauffolgend $J = K = L$ angelegt wird, ist nach einer fallenden Flanke an C $Q = L \neq Q_{-1}$ und $\overline{Q} = H \neq \overline{Q}_{-1}$. Die Funktionstabelle wird demnach nicht eingehalten. Eine Folge dieser Einschränkung ist die erforderliche Ausweitung des Entscheidungsintervalls, was sich in einer Erhöhung der Setup–Zeit niederschlägt.

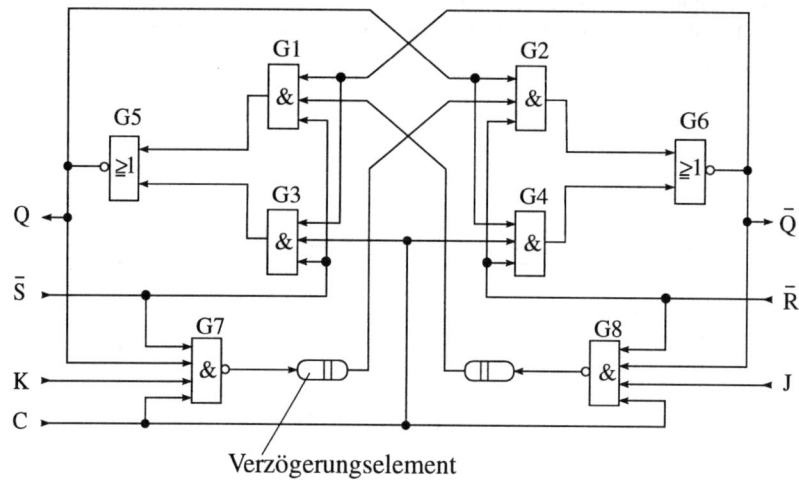

a) Schaltbild

$\overline{S}$	$\overline{R}$	CLK	J	K	Q	$\overline{Q}$	
L	H	X	X	X	H	L	
H	L	X	X	X	L	H	
L	L	X	X	X	undef.		
H	H	$\downarrow$	L	L	Q_{-1}	$\overline{Q}_{-1}$	
H	H	$\downarrow$	H	L	H	L	
H	H	$\downarrow$	L	H	L	H	
H	H	$\downarrow$	H	H	$\overline{Q}_{-1}$	Q_{-1}	(Toggle)
H	H	H, L	X	X	Q_{-1}	$\overline{Q}_{-1}$	

b) Vollständige Funktionstabelle

Abbildung 4.27: Verbesserte Version des flankengesteuerten JK–Flip–Flops mit Setz– und Rücksetzeingang (74LS112A) (nach [5])

Die in Abb. 4.27 a) angegebene verbesserte Struktur des Bausteins 74LS112A ist kein Master–Slave–Flip–Flop mehr, sondern ein asynchroner Automat. Das Grundelement bildet auch hier ein aus den Gattern G_5 und G_6 bestehendes, gegengekoppeltes RS–Flip–Flop. Die Gatter G_1 bis G_4 beeinflussen die Rückkopplung. Die Verzögerungselemente bewirken bei negativer Taktflanke, daß der Zustand am Eingang von G_1 und G_2 erhalten bleibt, bis das Flip–Flop geschaltet hat. Dann kann keine Änderung mehr erfolgen, da die Ausgänge von G_7 und G_8 auf L–Pegel liegen. Bei steigender Taktflanke wird erst das Flip–Flop deaktiviert, bevor der geänderte Anfangswert von G_7 und G_8 wirksam wird.

Über die Eingänge $\overline{S}$ und $\overline{R}$ kann das Flip–Flop wie ein RS–Flip–Flop angesteuert werden, sie bewirken ein asynchrones Setzen bzw. Rücksetzen. Hier gibt es eine Reihe von Varianten mit pegelgesteuertem und flankengesteuertem Rücksetzen. In Abb. 4.27 b) ist die vollständige Funktionstabelle wiedergegeben. Eine genaue Begründung für deren Aufbau wird in Anhang C geliefert.

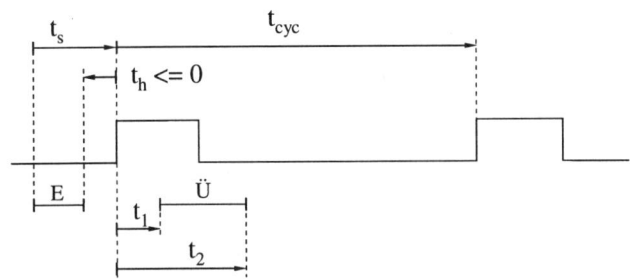

Abbildung 4.28: Entscheidungs– und Übergangsintervall des LS112A

Ein vorteilhafter Nebeneffekt dieser Schaltung ist eine negative Hold–Zeit, als Nachteil muß eine relativ hohe Setup–Zeit angeführt werden (siehe Abb. 4.28).

Einsatz flankengesteuerter Flip–Flops

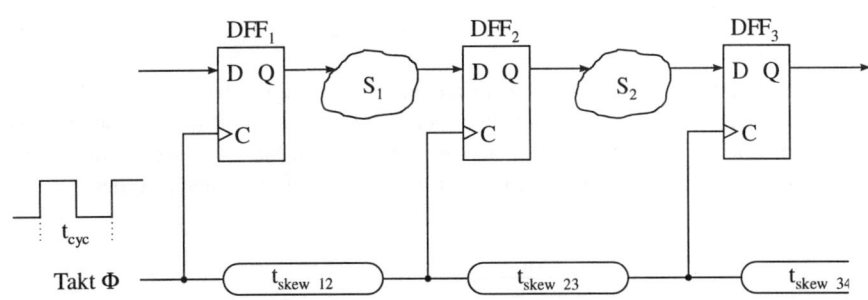

Abbildung 4.29: Schaltwerk mit D–Flip–Flops

Wie bei den D–Latches besteht auch eine synchrone Schaltung mit flankengesteuerten D–Flip–Flops aus einer Folge von Flip–Flops und Schaltnetzen (Abb. 4.29). Entsprechend den Ungleichungen (4.10) und (4.11) ergeben sich auch hier zwei Grenzbedingungen: Das Übergangsintervall eines Signals am D–Eingang darf weder linksseitig an das vorhergehende noch rechtsseitig an das nachfolgende Entscheidungsintervall anstoßen. Mit Hilfe von Abb. 4.30 können wir beide Bedingungen formulieren.

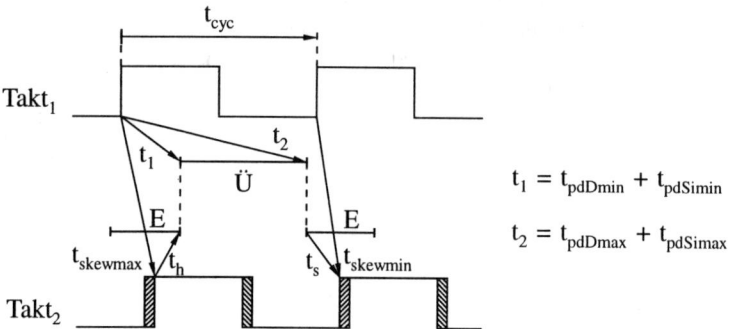

Abbildung 4.30: Kritische Zeitbedingung

1. Der Taktzyklus muß ausreichend lang sein, damit die Ausgangssignale des Schaltnetzes korrekt in das folgende Flip–Flop übernommen werden.

$$t_{cyc} \geq t_{pDmax} + t_{pdS_imax} + t_s - t_{skewmin} \tag{4.12}$$

Denkbar sind beispielsweise auch Anordnungen, in denen aufeinanderfolgende Flip–Flops die Daten auf unterschiedliche Taktflanken übernehmen (Abb. 4.31). Die Kenngröße t_{cyc} ist dementsprechend durch t_{CH} bzw. t_{CL} zu ersetzen.

2. Der Takt–Skew muß hinreichend klein sein, damit ein Signal nicht während einer Taktung zwei Flip–Flop–Stufen durchläuft.

$$t_{skewmax} \leq t_{pDmin} + t_{pdS_imin} - t_h \tag{4.13}$$

Auch hier kann in Abhängigkeit von den Kenngrößen, beispielsweise bei großem Takt–Skew, die zweite Bedingung nicht immer eingehalten werden. Abhilfe schafft die in Abb. 4.32 gegebene Zusammenfassung von flankengesteuerten Flip–Flops zu Master–Slave–Anordnungen. Als Nachteil muß hingegen eine Erhöhung des Aufwands in Kauf genommen werden.

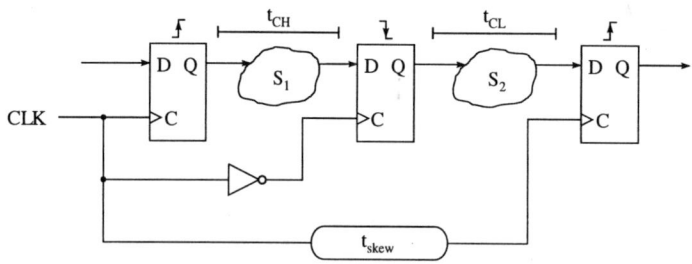

Abbildung 4.31: Prinzip bei Triggerung auf unterschiedlichen Flanken

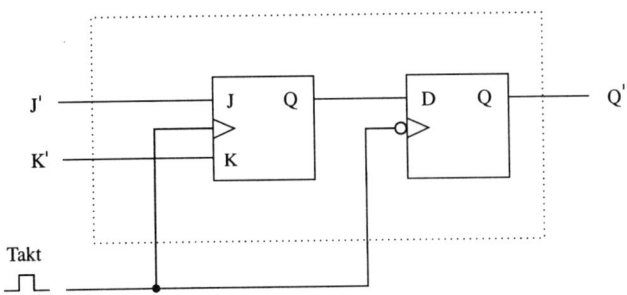

Abbildung 4.32: Sichere Taktung durch Master–Slave–Anordnung

4.1.3 Schmitt–Trigger

Die Bezeichnung *Schmitt–Trigger* beschreibt einen Schwellwertschalter mit Hysterese. Zur
Erläuterung des Funktionsprinzips verwenden wir eine Operationsverstärkerschaltung aus [62].

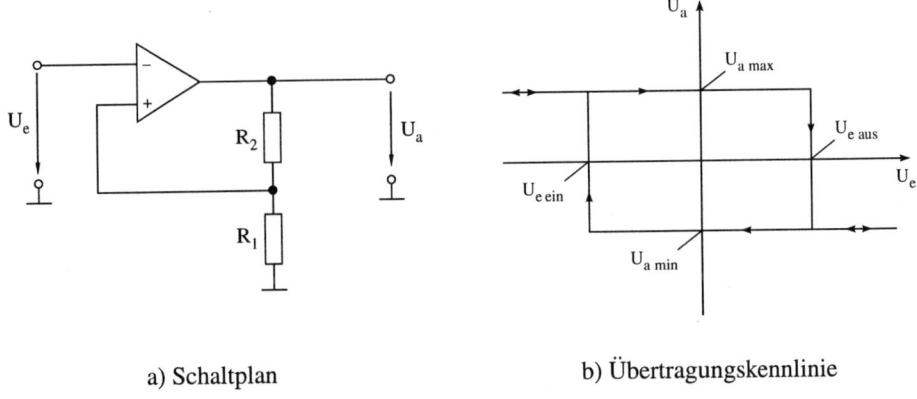

a) Schaltplan   b) Übertragungskennlinie

Abbildung 4.33: Invertierender Schmitt–Trigger (nach [62])

Durch die beiden Widerstände R_1 und R_2 in Abb. 4.33 a) wird eine Mitkopplung aufgebaut, so daß die beiden stabilen Arbeitspunkte am Ausgang durch die Grenzspannungen der
Operationsverstärker bestimmt werden. Für hinreichend große negative Spannungen U_e stellt
sich eine Ausgangsspannung $U_a = U_{amax}$ ein. Damit ergibt sich eine Referenzspannung von
$U_{eaus} = R_1/(R_1 + R_2) \cdot U_{amax}$ am nichtinvertierenden Eingang des Operationsverstärkers. Bei
Erhöhung der Eingangsspannung U_e bleibt dieser Zustand solange erhalten, bis U_e die Referenzspannung U_{eaus} übersteigt. In diesem Moment springt die Ausgangsspannung durch die
Rückkopplung von U_{amax} auf U_{amin}. Daraus folgt eine Verringerung der Referenzspannung von
U_{eaus} auf $U_{eein} = R_1/(R_1 + R_2) \cdot U_{amin}$. Dadurch wechselt die Ausgangsspannung U_a erst
wieder ihren Wert, wenn die Eingangsspannung durch Verringerung des Potentials die neue

Referenzspannung U_{eein} unterschreitet. Die Veränderung der Referenzspannung führt folglich zu der in der Übertragungskennlinie von Abb. 4.33 b) dargestellten Hysterese.

Die Umschaltpunkte
$$U_{eein} = \frac{R_1}{R_1 + R_2} \cdot U_{amin}$$

und
$$U_{eaus} = \frac{R_1}{R_1 + R_2} \cdot U_{amax}$$

bezeichnet man als *Ein–* bzw. *Ausschaltpegel*. Die *Schalthysterese* kann mit

$$\Delta U_e = U_{eaus} - U_{eein} = \frac{R_1}{R_1 + R_2} \left(U_{amax} - U_{amin} \right)$$

angegeben werden.

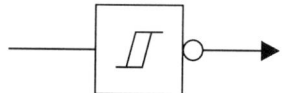

Abbildung 4.34: Schaltsymbol eines invertierenden Schmitt–Triggers

Die wichtigsten Eigenschaften des Schmitt–Triggers, dessen Schaltsymbol der Abb. 4.34 zu entnehmen ist, lassen sich wie folgt zusammenfassen:

- Durch die Mitkopplung werden unabhängig vom Eingangssignal immer steile Ausgangs-flanken erzeugt, deren Anstiegs–/Abfallzeiten nur von den Kenndaten der Triggerschal-tung abhängen.

- Für den Fall von $U_{amin} < U_{OL}$ und $U_{amax} > U_{OH}$ liegt der Ausgangspegel unabhängig vom Eingangssignal immer im definierten Bereich.

- Es sind große Störabstände bis hin zu $U_{amax} - U_{amin}$ erreichbar.

Zu den Einsatzgebieten des Schmitt–Triggers gehören

- die Regeneration von Signalpegeln und –flanken bei gestörter oder stark gedämpfter Signalübertragung sowie

- der Aufbau von Uni– und Multivibratorschaltungen wie sie in Abschnitt 4.2 beschrieben sind.

Realisierungsbeispiel für einen Schmitt–Trigger in ECL–Technik

Diskutiert werden soll abschließend ein Realisierungsbeispiel eines nichtinvertierenden Schmitt–Triggers in ECL–Technik. Abbildung 4.35 zeigt die bekannte ECL–Struktur mit zwei Ausgängen (siehe Abschnitt 3.1.2), wobei eine der Ausgangsspannungen als Referenzspannung U_{ref} auf

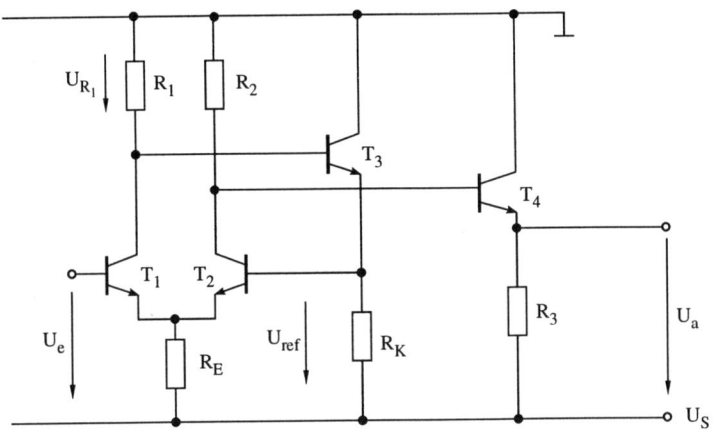

Abbildung 4.35: Nichtinvertierender Schmitt–Trigger in ECL–Technik

den Stromschalter zurückgekoppelt wird. Als ECL–Pegel sind $U_H = -0,8V$ und $U_L = -1,7V$ festgelegt.

Da die beiden Kollektorschaltungen mit T_3 und T_4 wie bei den bisher behandelten ECL–Gattern invers angesteuert werden, können am Ausgang zwei Fälle unterschieden werden:

1. $U_a = U_L$, $U_{ref} = U_H$:

   Die Eingangsspannung wird, beginnend mit $U_e = U_L$, $U_a = U_L$ kontinuierlich erhöht. Bei $U_e = U_{ref} - 0,1V = U_H - 0,1V$ beginnt der Stromschalter T_1 , T_2 umzuschalten. Dadurch steigt die Spannung U_{R1} am Widerstand R_1 und die Referenzspannung U_{ref} fängt folglich an abzusinken ($U_{ref} = -U_{BE,F} - U_{R1} - U_S$). Durch das Absinken von U_{ref} wird die Differenzspannung $U_e - U_{ref}$ weiter erhöht, was einer Mitkopplung entspricht. Der resultierende Kippvorgang endet mit $U_a = U_H$ und $U_{ref} = U_L$. Der *Einschaltpegel* ergibt sich zu

   $$U_{eein} \approx U_H - 0,1V = -0,9V \ .$$

2. $U_a = U_H$, $U_{ref} = U_L$:

   Ausgehend vom obigen Endzustand wird die Eingangsspannung wieder abgesenkt. Bei $U_e = U_{ref} + 0,1V = U_L + 0,1V$ beginnt der Stromschalter zurückzuschalten. Ein erneuter, durch die Mitkopplung ausgelöster Kippvorgang endet bei $U_a = U_L$ und $U_{ref} = U_H$. Der *Ausschaltpegel* kann daher mit

   $$U_{eaus} \approx U_L + 0,1V = -1,6V$$

   angegeben werden.

Die Übertragungskennlinie des nichtinvertierenden Schmitt–Triggers geht aus den in Abb. 4.36 dargestellten PSPICE–Simulation hervor.

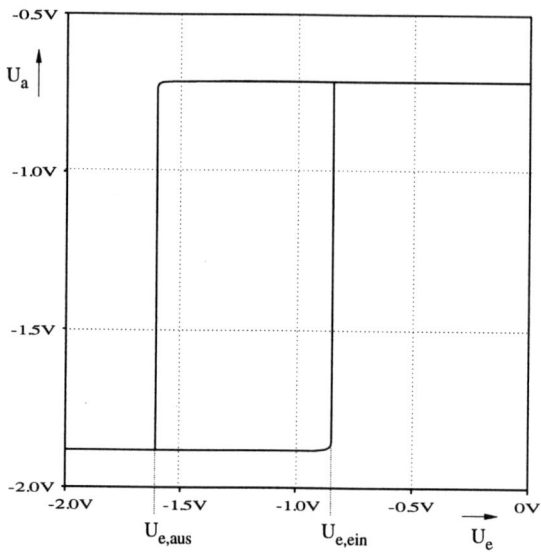

Abbildung 4.36: Kennlinie des nichtinvertierenden Schmitt–Trigger

4.2 Schaltungen zur Erzeugung von Impulsen

4.2.1 Univibratoren (Monoflops)

Univibratoren, auch Monoflops genannt, erzeugen Einzelimpulse einer festen Zeitdauer. Es wird zwischen asynchronen und synchronen Vibratoren unterschieden.

4.2.1.1 Asynchrone Univibratoren

Kurze Impulse werden oft durch Ausnutzung der Gatterlaufzeiten erzeugt. In Abb. 4.37 ist ein einfaches Beispiel wiedergegeben. Durch die komplementären Pegel am Eingang des AND–Gatters ist der statische Ausgangspegel *Low*. Nur nach einer steigenden Flanke am Eingang liegen für die Dauer von drei Gatterlaufzeiten beide AND–Eingänge auf H–Pegel, die Folge ist ein Impuls gleicher Länge am Ausgang Y.

Dieser Univibrator kann durch Ersetzen der AND–Funktion durch ein XOR–Gatter in einen Univibrator umgewandelt werden, der für beide Flanken des Eingangssignals einen Impuls erzeugt.

Univibratoren werden unter anderem zum Umsetzen von Taktflanken auf Taktpulse, wie sie für Latches erforderlich sind, eingesetzt. Der Aufwand für einen Univibrator aus Abb. 4.37 ist sehr gering, durch die erheblichen Toleranzen von Gatterlaufzeiten sind die Impulsbreiten für viele Anwendungen jedoch nicht ausreichend präzise. Präzisere und längere Impulszeiten werden mit RC–Gliedern oder quarzgesteuerten Zeitgebern erzeugt.

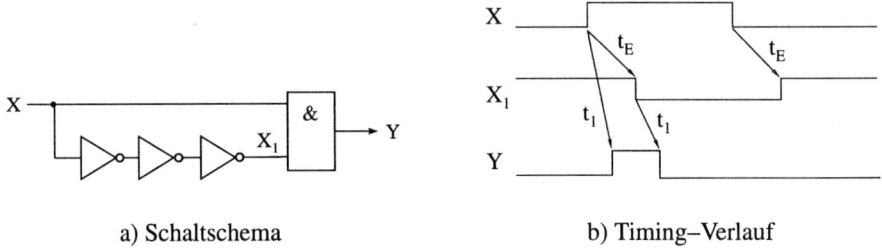

a) Schaltschema   b) Timing–Verlauf

Abbildung 4.37: Einfacher Univibrator (nach [3])

Ein Schaltungsbeispiel zur Impulserzeugung durch ein RC–Glied einschließlich der zeitlichen Verläufe einiger Spannungen gibt Abb. 4.38 wieder. Der vorgestellte *nachtriggerbare Univibrator* wird mit Hilfe eines invertierenden Schmitt–Triggers realisiert. Für $U_e = 0$ wird die Kapazität C über die Diode D auf etwa $u_C = 0,7V$ entladen. Die Ausgangsspannung U_a nimmt damit unter der Vorraussetzung $U_{eein} > 0,7V$ den Wert $U_a = U_{amax}$ an.

Bei einem auftretenden Spannungssprung von $U_e = 0$ auf $U_e = U_B$ sperrt die Diode und die Kapazität wird entsprechend der Ladekurve

$$u_C(t) = U_D + (U_B - U_D)\left(1 - e^{-\frac{t}{RC}}\right)$$

über den Widerstand R aufgeladen. Beim Überschreiten der Ausschaltschwelle $U_e = U_{eaus}$ springt die Ausgangsspannung von U_{amax} auf U_{amin}. Die verstrichene Ladezeit t_V kann mit Hilfe der Forderung $U_{eaus} \stackrel{!}{=} u_C(t_V)$ bestimmt werden.

$$t_V = RC \cdot ln\,\frac{U_B - U_D}{U_B - U_{eaus}}$$

Wird die Eingangsspannung auf $U_e = 0$ zurückgesetzt, so kann ein neuer Triggervorgang beginnen.

Wechselt die Eingangsspannung hingegen noch während des Aufladens erneut auf $U_e = 0V$, wird die Kapazität entladen und der Ladevorgang beginnt von neuem. Dadurch wird der Ausgangsimpuls verlängert, bis die Schaltschwelle des Schmitt–Triggers überschritten ist. Ein Univibrator mit dieser Eigenschaft wird als *nachtriggerbar* bezeichnet. Die Nachtriggerbarkeit ist besonders in Interfaceschaltungen hilfreich, um beispielsweise einen Prozessor–Interrupt auszulösen, wenn Impulse nicht mit einer festgelegten Frequenz eintreffen (z. B. Watch–Dog, Drehzahlkontrolle, etc.).

Univibratoren mit RC–Gliedern sind als integrierte Schaltkreise erhältlich, die erreichbare Präzision ist jedoch noch um Größenordnungen geringer als die von synchronen Univibratoren auf der Basis quarzgesteuerter Taktgeber (siehe Abschnitt 4.2.1.2).

Univibratoren mit RC–Zeitgliedern werden in Digitalsystemen daher in abnehmendem Maße eingesetzt, hauptsächlich noch

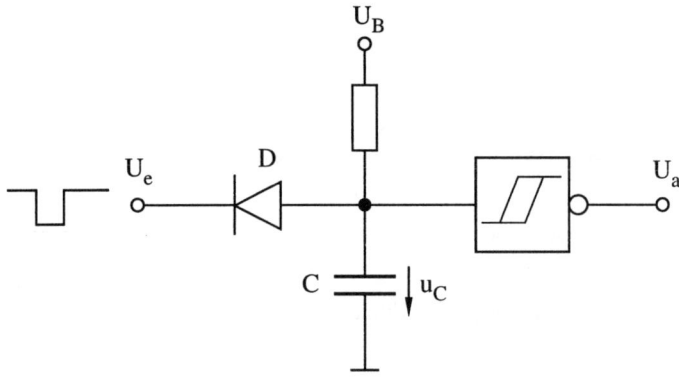

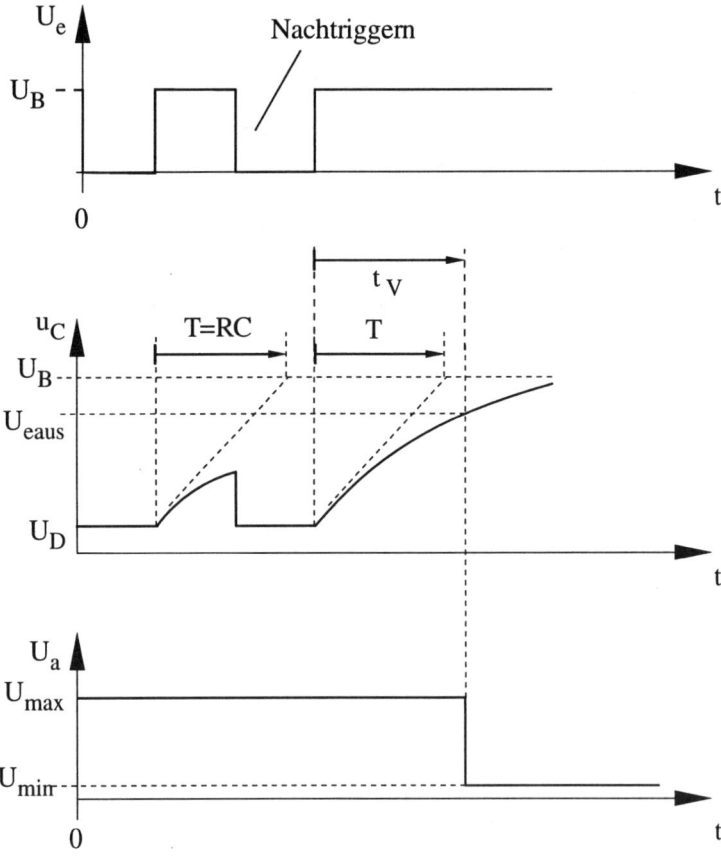

Abbildung 4.38: Nachtriggerbarer Univibrator mit Schmitt–Trigger

- in Interfaceschaltungen, z. B. zur Ansteuerung elektromechanischer Bauelemente,

- bei geringen Impulsbreiten, wenn sie mit synchronen Univibratoren nicht realisierbar sind,

- wenn kein quarzgesteuerter Taktgeber vorhanden ist.

4.2.1.2 Synchrone Univibratoren

Synchrone Univibratoren sind digitale Schaltwerke zur Impulserzeugung. Die Abb. 4.39 beschreibt das Schaltungsprinzip.

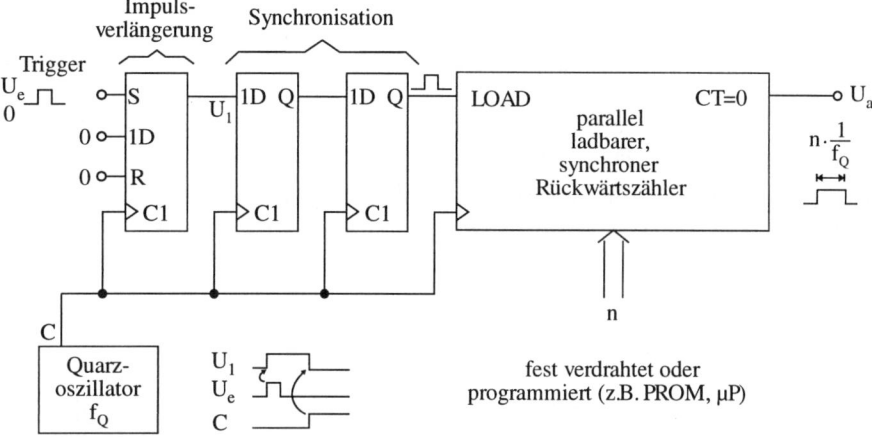

Abbildung 4.39: Beispiel für synchronen Univibrator

Ein Quarzoszillator (siehe Abschnitt 4.2.2) liefert den Systemtakt der Schaltung. Der asynchrone Triggerimpuls (U_e) muß am Eingang zunächst synchronisiert werden. Wie in Abschnitt 4.1.1.3 beschrieben, wird dies mit Hilfe zweier D–Flip–Flops erreicht. Um auch sehr kurze Impulse erfassen zu können, wird der Synchronisationsschaltung ein weiteres Flip–Flop vorangestellt, das den Triggerimpuls bis zur nächsten steigenden Taktflanke ausdehnt.

Beim Eintreffen des Impulses am Eingang $LOAD$ wird der parallel anliegende Wert n in den Zähler übernommen, dessen Ausgang daraufhin auf $U_a = U_H$ wechselt. Der Ausgangswert wird für die folgenden n Taktpulse beibehalten, bis der Zählerstand die Null erreicht.

Die Vorteile eines synchronen Univibrators sind

- hohe Präzision und Alterungsbeständigkeit durch Einsatz von Quarzoszillatoren,

- Flexibilität durch Programmierbarkeit der Pulslänge (nahezu beliebige Länge) und

- die Möglichkeit der präzisen Steuerung.

Diesen Vorteilen stehen zwei Nachteile gegenüber:

- Die Impulsbreiten sind auf diskrete Werte $n \cdot \frac{1}{f_Q}$ beschränkt. Bei $n \gg 1$ ist dieses Kriterium von geringer Bedeutung. Die Impulse können ggf. durch RC–Gatterverzögerungen mit geringem Präzisionsverlust bzw. durch Nachstimmen der Oszillatorfrequenz angeglichen werden.

- Der Aufwand ist relativ hoch. Das Gewicht dieses Nachteils nimmt jedoch im Zuge der Hochintegration digitaler Schaltkreise ab.

4.2.2 Quarzoszillatoren

Der Aufbau von Oszillatoren ist ein weites Gebiet der Schaltungstechnik. Im Bereich der digitalen Schaltungstechnik werden aus Gründen der geforderten Präzision (z. B. Taktsignal) fast ausschließlich Quarzoszillatoren verwendet. Ein Quarzoszillator ist ein Oszillationsverstärker, der eine Schwingung konstanter Frequenz mit ausreichender Leistung generiert. Das entscheidende Element dieser Verstärkerschaltung ist der Schwingquarz.

Ein Schwingquarz ist ein piezoelektrischer Kristall, der ein elektromechanisches Resonanzverhalten aufweist. Die Resonanzfrequenz hat sehr gute Eigenschaften in bezug auf Stabilität ($\Delta f / f = 10^{-6} \ldots 10^{-10}$) und geringe Schwingungsdämpfung. Die geringe Dämpfung des Quarzes führt zu seiner hohen Güte Q.

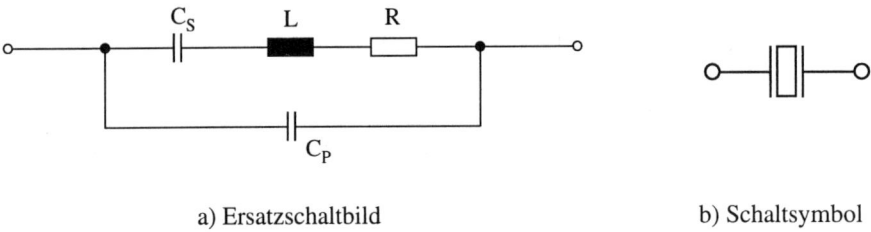

a) Ersatzschaltbild   b) Schaltsymbol

Abbildung 4.40: Schwingquarz

Das Schaltsymbol und ein gebräuchliches Ersatzschaltbild des Schwingquarzes sind in Abb. 4.40 dargestellt. Die Kapazität C_S und die Induktivität L modellieren das ideale Resonanzverhalten, der Widerstand R die Dämpfung und eine zweite, der gesamten Anordnung parallelgeschalteten Kapazität C_p, die parasitäre Kapazität der Anschlüsse. Da die Güte durch

$$Q = \frac{1}{R} \cdot \sqrt{\frac{L}{C_s}},$$

bestimmt ist, gilt für die Größen im Modell $L/C_S \gg 1/R^2$. In [63] sind als Beispieldaten $L = 100mH$, $C_S = 15fF$, $R = 100\Omega$ und $C_p = 5pF$ gegeben.

Um die Resonanzfrequenzen zu bestimmen, muß zunächst mit Hilfe der komplexen Wechselstromrechnung die Impedanz des Quarzes hergeleitet werden. Unter Vernachlässigung des

Widerstands R erhält man nach wenigen algebraischen Umformungen

$$Z_q = \frac{j}{\omega} \cdot \frac{\omega^2 LC_s - 1}{C_p + C_s - \omega^2 LC_sC_p} . \qquad (4.14)$$

Pol und Nullstelle dieses rationalen Ausdrucks liefern die Kreisfrequenzen der Resonanzen.

$$\text{Serienresonanz } (Z_q = 0): \qquad \omega_s = \frac{1}{\sqrt{LC_s}}$$

$$\text{Parallelresonanz } (Z_q \Rightarrow \infty): \qquad \omega_p = 1\Big/\sqrt{L \cdot \frac{C_sC_p}{C_s + C_p}}$$

Da für die praktischen Fälle $C_s \ll C_p$ abgeschätzt werden darf, liegen die beiden Resonanzfrequenzen dicht beieinander.

Um aus einem Schwingquarz einen verwendbaren Oszillator zu erzeugen, wird zusätzlich ein Verstärker und eine Rückkopplungsschaltung benötigt. Der *Colpitts*– oder auch *Pierce*–*Oszillator* (Abb. 4.41) ist als bekannte Standardstruktur ausführlich in [63] erklärt, daher wird hier nur eine kurze Zusammenfassung der wichtigsten Eigenschaften wiedergegeben.

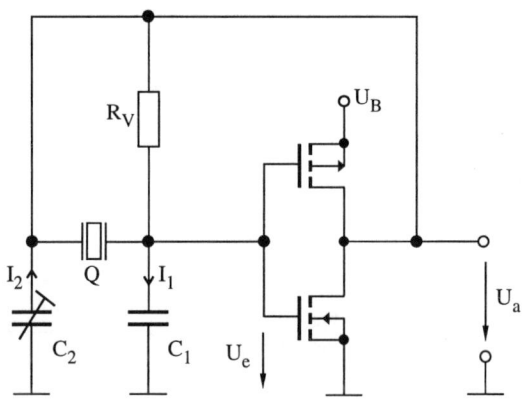

Abbildung 4.41: Pierce–Oszillator in CMOS–Technik

R_V dient dem Einstellen des Arbeitspunktes auf $U_e = U_a = \frac{1}{2}U_B$. Er ist sehr hochohmig ($R_V \approx 10M\Omega$) und kann für die Kleinsignalanalyse vernachlässigt werden.

C_2, Q und C_1 bilden einen Serienschwingkreis. Die beiden Kapazitäten C_1 und C_2 wirken zugleich als kapazitiver Spannungsteiler, der die Mitkopplung bestimmt. Die Größe der Mitkopplung erhalten wir unter Annahme von $I_1 \approx I_2$.

$$\frac{dU_e}{dt} \approx \frac{C_2}{C_1} \cdot \frac{dU_a}{dt}$$

Um die Resonanzfrequenz des Oszillators zu berechnen, muß die Impedanz des Serienschwingkreises bestimmt werden. Mit $C = C_1 + C_2$ und (4.14) gilt

$$Z_q' = \frac{1}{j\omega C} + Z_q = \frac{1}{j\omega C} \cdot \frac{C_s + C_p + C - \omega^2 LC_s(C_p + C)}{C_p + C_s - \omega^2 LC_sC_p} .$$

Für den dargestellten Quarzoszillator liegt die Serienresonanzfrequenz folglich bei

$$\omega'_s = \sqrt{\frac{C_s + C_p + C}{LC_s\,(C_p + C)}} = \frac{1}{\sqrt{LC_S}} \cdot \sqrt{1 + \frac{C_s}{C_p + C}} \approx \omega_s \,,$$

die wegen der Bedingung $C_s \ll C_p + C$ sehr dicht bei der Resonanzfrequenz des einzelnen Schwingquarzes liegt. Sofern C_2 als veränderbare Kapazität ausgelegt wird, kann diese zum Nachstimmen der Oszillationsfrequenz verwendet werden.

Ein im praktischen Umgang als *Quarz* bezeichnetes Bauelement ist gewöhnlich bereits ein *Quarzoszillator*. Diese sind in einer Vielzahl von Frequenzen als integrierte Schaltungen erhältlich.

Schwingquarze für Frequenzen oberhalb von $30MHz$ sind serienmäßig jedoch schlecht herstellbar. Um trotzdem Oszillatoren bei höheren Frequenzen nutzen zu können, werden Oberwellen– oder nachgeführte LC–Oszillatoren [64] eingesetzt. Zum Erreichen vergleichbarer Frequenzstabilitäten werden Quarzoszillatoren mit niedriger Frequenz genutzt, um die gewünschte Frequenz durch Phase–Locked–Loop–Verfahren (PLL) zu steuern. Ein entsprechendes Blockschaltbild zeigt Abb. 4.42. Am Phasendetektor gilt nach Einregelung der Frequenz $f_1/n_1 = f_2/n_2$. Damit erhält man eine stabile Ausgangsfrequenz von

$$f_2 = \frac{n_2}{n_1} \cdot f_1.$$

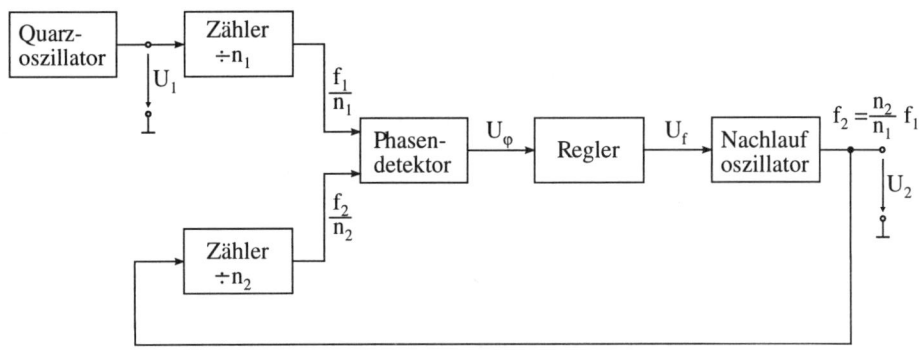

Abbildung 4.42: Frequenzeinstellung mit PLL

Durch programmierbare Frequenzteiler in Verbindung mit VCO–Nachlaufoszillatoren (*voltage controlled oscillator*) lassen sich beliebige Frequenzen einstellen (Bsp.: Fernsehempfänger). Niedrigere Frequenzen werden in digitalen Schaltungen meist durch Teilung des μP–Taktes abgeleitet.

Aufgrund seiner bedeutenden Vorteile gegenüber den Multivibratoren (hohe Präzision und Alterungsbeständigkeit) kommt der Quarzoszillator trotz des höheren Aufwands in fast allen Schaltungen mit Mikroprozessoren zum Einsatz.

Kapitel 5

Zusammengesetzte und reguläre Schaltungsstrukturen

Neben der individuellen Implementierung von elementaren Schaltwerksfunktionen mit Gattern und Flip–Flops werden in der Digitaltechnik *regelmäßig* bzw. *regulär* aufgebaute Schaltungsstrukturen verwendet, in denen jeweils eine größere Zahl an Funktionen implementiert werden kann. Zu diesen regulären Strukturen gehören Speicher, programmierbare Logikbausteine sowie Gate Arrays.

Als Vorteile dieser Strukturen sind folgende Punkte hervorzuheben:

- die Verringerung der Anzahl integrierter Schaltkreise bei Leiterplattenentwurf,

- eine oftmals bessere Flächeneffizienz bei Integration bestimmter Funktionen,

- häufig eine Vereinfachung des Entwurfs und

- eine schnellere Entwicklungszeit.

Demgegenüber stehen Probleme bei der Implementierung *größerer* Schaltwerke und –netze in bezug auf akzeptables Zeitverhalten, Störungen und Flächeneffizienz.

Dieses Kapitel soll einen Überblick über verfügbare Schaltungsstrukturen geben. Eine detaillierte Beschreibung kann aus Platzgründen nicht erfolgen. Zur Vertiefung der einzelnen Themen sei auf die Literaturangaben verwiesen.

5.1 Speicher

Die Speicher stellen die wichtigste Gruppe der regulären Schaltungsstrukturen dar. Eine Klassifizierung der Speicher wird in den folgenden Abschnitten vorgenommen.

5.1.1   Schreib–/Lesespeicher

Bei den Schreib–/Lesespeichern wird eine große Anzahl von Speicherelementen (Flip–Flop–Funktionen) in einer Speichermatrix zusammengefaßt. Durch Ansteuerung mittels einer Adreßlogik kann eine Zeile von Speicherzellen gleichzeitig gelesen bzw. geschrieben werden. Die Zusammenfassung von einzelnen Bits zu Datenworten verringert so entscheidend den Aufwand. Den allgemeinen Aufbau eines RAM–Speichers verdeutlicht Abb. 5.1.

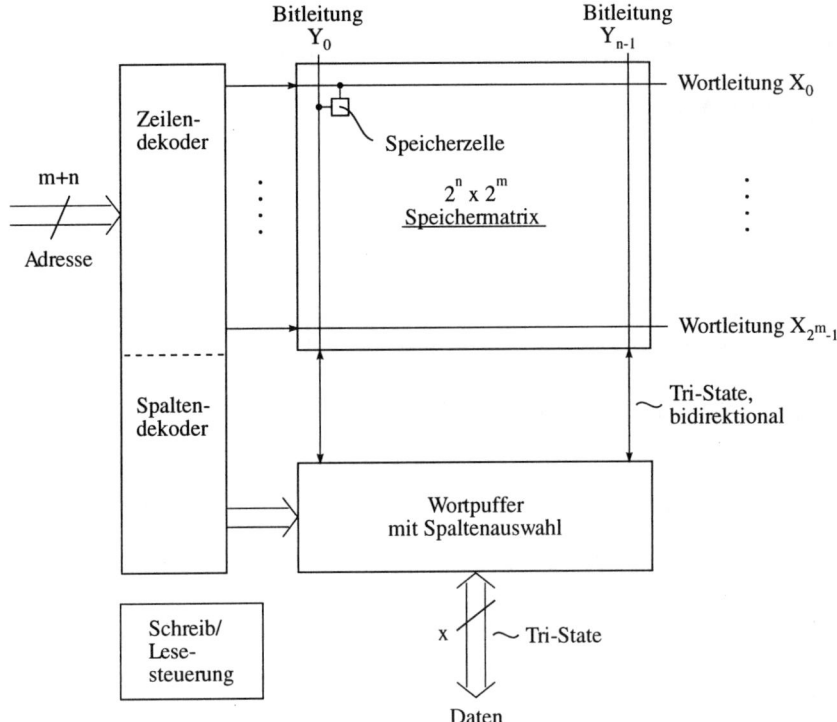

Abbildung 5.1: Prinzip des Aufbaus eines RAM–Speichers

Die Geschwindigkeit eines Speichers wird anhand von zwei wesentlichen zeitlichen Kenndaten beurteilt, das sind

- die **maximale Zugriffszeit**, die die maximale Verzögerungszeit vom Anlegen einer Adresse bis zur Gültigkeit der ausgelesenen Daten (Lesen) bzw. bis zum Abschluß des Speichervorgangs (Schreiben) angibt und

- die **minimale Zykluszeit** als das kürzeste Zeitintervall, das zwischen zwei aufeinanderfolgenden Schreib– oder Lesezyklen liegen darf.

Wie bei den Flip–Flops wird auch bei den RAM–Speichern sowohl eine statische als auch eine dynamische Schaltungstechnik eingesetzt.

5.1.1.1 Statischer Schreib–/Lesespeicher (SRAM)

Ein Speicher wird als statisch bezeichnet, wenn die einzelnen Speicherzellen in statischer Schaltungstechnik realisiert sind. Abbildung 5.2 zeigt das Funktionsprinzip einer Speicherzelle in Bipolartechnik.

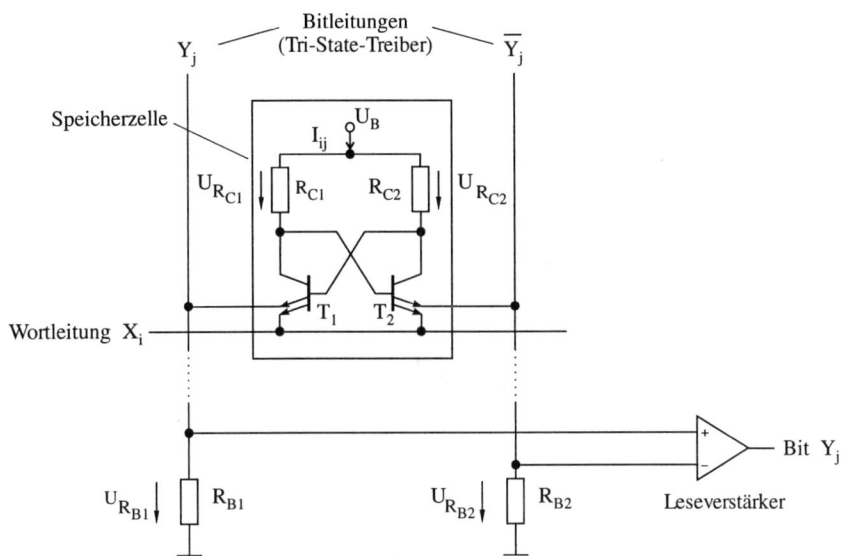

Abbildung 5.2: Speicherzelle in Bipolartechnik (nach [65])

Wie bei jeder statischen Speicherzelle besteht die Basiszelle aus zwei rückgekoppelten Invertern, die eine bistabile Kippschaltung bilden. Sämtliche Zusatzelemente dienen dem Auslesen bzw. dem Wechsel des stabilen Arbeitspunktes.

Im *Ruhezustand*, d. h. bei Speicherung des Inhalts, wird die Wortleitung X_i auf ausreichend niedriges Potential gelegt, so daß die beiden mit den Bitleitungen Y_j und $\overline{Y}_j$ verbundenen Basis–Emitter–Übergänge sperren. Entsprechend dem Speicherzustand der rückgekoppelten Inverter leitet genau einer der beiden Basis–Emitter–Übergänge, die an der Wortleitung liegen. Damit fließt der Strom über einen der beiden Kollektor–Widerstände sowie der Kollektor–Emitter–Strecke des leitenden Transistors T_1 bzw. T_2 zur Wortleitung ab.

Zum Lesen bzw. Schreiben wird das Potential auf der Wortleitung so weit angehoben, daß die jeweils anderen Basis–Emitter–Strecken leiten und damit der Strom über die Bitleitungen Y_j und $\overline{Y}_j$ abfließt.

Die maximal erreichbare Spannungsdifferenz $| U_{RB_1} - U_{RB_2} |$ ist auf etwa 0,4 V beschränkt. Für den Fall, daß T_2 leitet, gilt $U_{CE,T2} \geq 0, 2V$ (Sättigungsspannung), während $U_{BE,T1} \leq 0, 6V$ gelten muß, sonst beginnt T_1 zu leiten und $U_{BE,T2}$ sinkt ab, d. h. der Inhalt geht verloren. Also:

$$U_{RB_1} + 0, 6V \ \leq \ U_{RB_2} + 0, 2V,$$
$$U_{RB_2} - U_{RB_1} \ \leq \ 0, 4V.$$

Dieser geringe Potentialunterschied macht einen Differenzverstärker als Leseverstärker erforderlich.

Zum Einschreiben eines Speicherwortes werden die Tri–State–Treiber an den Bitleitungen aktiviert, die dann die Emitterpotentiale der Transistoren T_1 und T_2 festlegen und damit den zu übernehmenden Inhalt vorgeben.

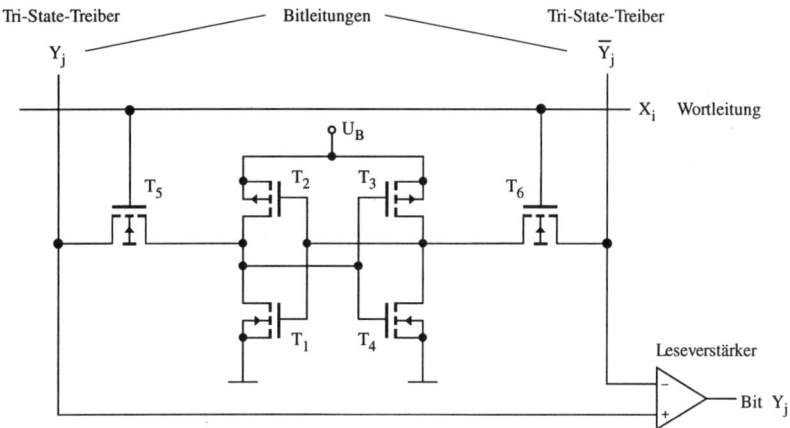

Abbildung 5.3: Statische CMOS–Speicherzelle

Ein ähnliches Funktionsprinzip gilt auch für die in Abb. 5.3 dargestellte CMOS–Speicherzelle. T_1, T_2, T_3 und T_4 bilden ein CMOS–Flip–Flop, das sich bei L–Pegel an der Wortleitung X_i im Speichermodus befindet. Beim Lesen und Schreiben wird ein H–Pegel auf der Wortleitung X_i angelegt, der die Transfergatter T_5 und T_6 aktiviert. Zum Lesen wird die Spannungsdifferenz auf den Wortleitungen Y_j und $\overline{Y_j}$ durch einen Leseverstärker ausgewertet. Das Schreiben erfolgt durch Aktivierung von Tri–State–Treibern, die den zu speichernden Pegel auf den Bitleitungen einprägen. Der Treiber muß dazu einen kleineren Innenwiderstand als die Zelle aufweisen.

Um den Platzaufwand zu reduzieren, können die Transistoren T_2 und T_3 durch Widerstände in Form von Polysilizium–Leitungsstücke ersetzt werden. Wie im Vergleich zwischen NMOS– und CMOS–Schaltungstechnik bereits festgestellt wurde, steigt die Verlustleistung des Speichers dadurch an, und die Speicherzugriffszeit wächst.

Am statischen RAM sind bereits die typischen Probleme der Speicherelemente erkennbar:

- Um eine hohe Flächeneffizienz zu erzielen, müssen die Speichermatrizen möglichst groß und die Speicherzellen entsprechend klein dimensioniert werden.

- Neuere Speicher bestehen aus mehr als 512 Zeilen und Spalten. Beim Auslesen werden die Speicherzellen daher mit großen parasitären Kapazitäten, bestehend aus Leitungskapazitäten und Gate–Source– bzw. Sperrschichtkapazitäten aller angeschlossenen Transistoren, belastet. Da die Speicherzellen möglichst klein dimensioniert sind, weisen ihre Transistoren einen hohen Innenwiderstand auf. Die Folge sind hohe Zugriffszeiten.

Um diesen Problemen entgegenzutreten, wird auf große Störabstände verzichtet und eine symmetrische Signalübertragung auf den Bitleitungen eingeführt (wie in den Beispielen gezeigt), denn empfindliche Leseverstärker sind in der Lage, bereits bei wenigen mV Spannungsdifferenz zu reagieren. Die Zugriffszeit wird durch diese Maßnahme erheblich gesenkt (vgl. Abschnitt 2.1.3.4). Nachteilig wirkt sich hingegen eine Steigerung der Empfindlichkeit gegenüber Störeinflüssen aus.

In vielen MOS–Speichern wird die Betriebsspannung abgesenkt, wenn kein Lese– oder Schreibzugriff erfolgt, um die Verlustleistung zu verringern (*„power down"*).

Als ein Beispiel für die Kenndaten eines statischen Speichers wird der Speicherbaustein 256kx1 SRAM CY7C187 von Cypress aufgeführt. Dieser Speicherbaustein ist in CMOS–Technologie mit $0,8\mu m$ minimaler Strukturbreite gefertigt. Seine Zugriffszeit t_{AC} ist gleich der Zykluszeit t_{CYC} (bei dynamischen Speichern ungleich) und wird mit Werten kleiner als $20ns$ spezifiziert. Die Verlustleistung beträgt im inaktiven Zustand weniger als $110mW$, im aktiven Zustand weniger als $440mW$ [66].

5.1.1.2 Dynamische Schreib–/Lesespeicher (DRAM)

In dynamischen Speichern (DRAM) wird wie in der dynamischen Schaltungstechnik der Zustand einer Zelle durch Ladungsspeicherung festgehalten. Im Laufe der Entwicklung wurde der dynamische Speicher bis auf eine Ein–Transistor–Zelle mit einer Kapazität reduziert, so daß mit DRAMs die höchste Integrationsdichte erreicht werden kann. Wie noch zu sehen ist, geht die Flächenminimierung auf Kosten eines größeren Aufwands für Ansteuerung und Auslesen der Zellen.

Im Ruhezustand ist die Wortleitung X_i der oben angesprochenen *Ein–Transistor–Zelle* (Abb. 5.4) auf $0V$ gelegt, um die Kapazität C durch das hochohmige Transfergatter T von der Bitleitung Y_j zu isolieren. Zum Lesen oder Schreiben wird X_i von $0V$ auf U_B angehoben, so daß das Transfergatter leitet.

Beim *Schreiben* wird die Kapazität C entsprechend des Pegels am Leitungstreiber geladen bzw. entladen.

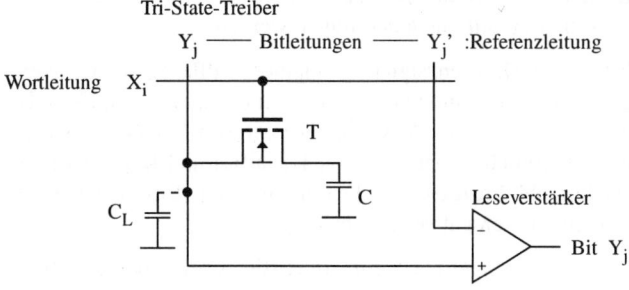

Abbildung 5.4: Dynamische CMOS–Speicherzelle

Beim *Lesen* werden zunächst alle Leitungstreiber auf Tri–State geschaltet und die Bitleitung auf eine definierte Spannung vorgeladen (Precharge). Dann, nach Aktivierung des Transfergatters, wird die Ladung der Kapazität C auf sich selbst und die parasitäre Kapazität der Bitleitung umverteilt. Wegen dieser Ladungsumverteilung ist der Spannungshub auf der Bitleitung geringer als die ursprüngliche Spannung an der Kapazität.

$$U_{Y_j} = U_C \cdot \frac{C}{C + C_L}$$

Die ursprüngliche Speicherzelle erlaubt zudem keine symmetrische Signalübertragung und ist somit sehr störanfällig. Eine Verbesserung verspricht eine Referenzleitung Y_j', die parallel zu Y_j über die Speichermatrix verlegt wird (ggf. verschlagen, siehe Abb. 2.44), so daß sie von den gleichen Störungen beeinflußt wird. Eine Standardstruktur für den Leseverstärker ist eine bistabile Kippschaltung, die durch Rückkopplung in die Nähe des metastabilen Zustands versetzt wird, kurz bevor T durch das Wortleitungssignal in den leitenden Zustand überführt wird.

Wie diese Ein–Bit–Zellen zu einer vollständigen Spalte der Speichermatrix zusammengesetzt werden können, ist in Abb. 5.5 skizziert. In einer solchen Spalte ist jeweils die eine Hälfte der Transistor–Zellen auf die Bitleitung Y_j verteilt, die andere auf die inverse Bitleitung $\overline{Y_j}$. Eine derartige Anordnung gewährleistet eine symmetrische Belastung. Während der Precharge–Phase (PC) werden die Bitleitungen auf das Potential U_Y vorgeladen. Zum Auslesen des Inhalts einer Zelle wird die entsprechende Wortleitung aktiviert. Um auch während des Lesevorgangs die Symmetrie der Schaltung möglichst beizubehalten, wird gleichzeitig eine der beiden Dummy–Zellen über H–Pegel an $DWLR$ bzw. $DWLL$ aktiviert. Dadurch wird die komplementäre Bitleitung zusätzlich mit einer Kapazität belastet, die in der Precharge–Phase auf den Pegel U_{DZ} vorgeladen wurde.

Die minimale Differenzspannung, die sich zu Beginn des Lesezyklus auf den Bitleitungen einstellt, muß durch einen Leseverstärker auf den vollen Spannungshub umgesetzt werden. In einem ersten Schritt werden die n–MOS Pull–Down–Zweige durch einen L–Pegel an $\overline{SVN}$ aktiviert. Da der Precharge–Pegel etwa auf die Hälfte der Versorgungsspannung festgelegt ist, sinken die Potentiale beider Knoten, jedoch mit unterschiedlicher Geschwindigkeit. Nach dem Erreichen einer detektierbaren Potentialdifferenz und rechtzeitig vor dem zu starken Absinken an der Bitleitung mit dem höheren Potential wird die Rückkopplung durch den H–Pegel am Signal SVP verstärkt. Damit wird der volle Spannungshub auf den Bitleitungen generiert. Der ursprüngliche Inhalt wird so in die Zelle zurückgeschrieben und kann zusätzlich im Falle der Spaltenauswahl auf die Leseleitungen übertragen werden.

Um ein möglichst großes Differenzsignal bei kleiner Zellfläche zu erreichen, treibt man einen hohen prozeßtechnischen Aufwand und „vergräbt" die Kapazität im Chip. Den physikalischen Aufbau einer solchen Zelle mit *Trench–Kapazität* zeigt Abb. 5.6. Zum besseren Verständnis wird eine Anordnung mit räumlicher Trennung von Transistor und Kapazität gezeigt. In modernen, sehr aufwendigen DRAM–Prozessen sind Transistor und Kapazität tatsächlich übereinander angeordnet und zu einem Element verschmolzen [68].

Bei einer Zellfläche von weniger als $10\mu m^2$ (4M Bit) werden bei Oxiddicken von $10 nm$ Kapazitäten von über $65 fF$ erreicht. Ein Nebeneffekt der großen Kapazität ist die höhere Zuverlässigkeit der Ladungsspeicherung gegenüber thermischen und Strahlungseinflüssen beim Übergang zu kleineren Strukturen.

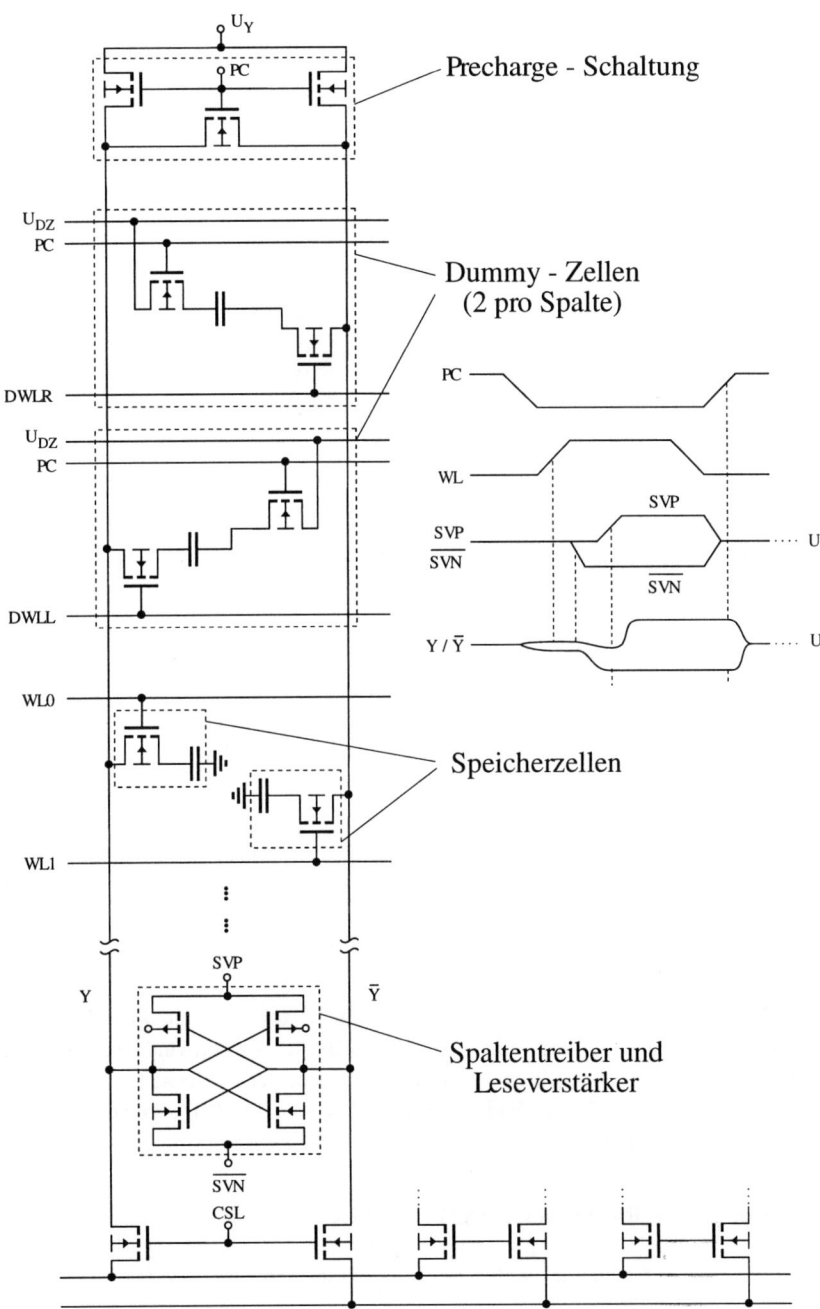

Abbildung 5.5: Spaltenaufbau eines DRAM–Speichers (nach [67])

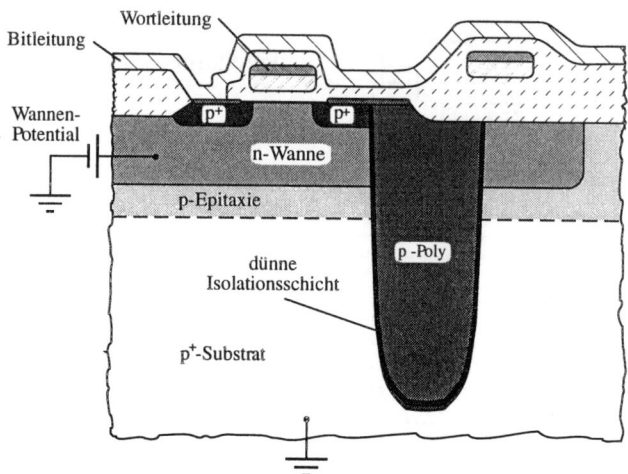

Abbildung 5.6: Physikalischer Aufbau einer Ein–Transistor–Speicherzelle mit Trench–Kapazität (aus [68])

Da der Inhalt der Speicherzelle beim Lesen verlorengeht, liegt im dynamischen RAM im Gegensatz zum statischen ein *zerstörendes Lesen* vor. Nach jedem Lesevorgang muß der gelesene Wert
daher wieder zurückgeschrieben werden. Diese Tatsache ist zugleich ein wesentlicher Grund für
eine gegenüber der Zugriffszeit größere Zykluszeit. Der 4Mbit RAM–Baustein TC514101J/Z-
80 von Toshiba hat beispielsweise eine Zugriffszeit von $t_{AC} \leq 80ns$ und eine Zykluszeit von
$t_{CYC} \geq 175ns$.

Aufgrund von Leckströmen muß außerdem die Ladung in regelmäßigen Abständen aufgefrischt
werden, was durch Auslesen und Wiedereinschreiben (*Refresh*) der einzelnen Worte geschieht.
Refresh–Zyklen und normale Schreib–/Lesezugriffe müssen im Betrieb sorgfältig aufeinander
abgestimmt werden. Insgesamt erfordern dynamische RAMs daher eine aufwendigere Steuerung
als statische.

So muß der Inhalt einer jeden Speicherzelle im obigen Beispielbaustein spätestens alle $16ms$
aufgefrischt werden. Da 1024 Worte mit jeweils 4096 Bit gespeichert sind, muß im Mittel alle
$16\mu s$ ein Refreshzyklus durchgeführt werden. Bei Ausnutzen der Zykluszeit $t_{CYC} \geq 175ns$ tritt
also im Mittel nur bei 1% der Zugriffe ein Konflikt auf, so daß die Bandbreite des Speichers nur
vernachlässigbar verringert wird.

5.1.1.3   Vergleich und Einsatz von SRAM und DRAM

Beide Speichertypen unterscheiden sich in der Integrationsdichte und der Zugriffsgeschwindig-
keit.

- Der dynamische Speicher erreicht eine höhere Packungsdichte als der statische. Entsprechend der Anzahl der Transistoren pro Speicherzelle weisen die jeweils größten auf dem

Markt erhältlichen dynamischen Speicher die vierfache Speicherkapazität der statischen auf.

- Der dynamische Speicher ist wegen des geringeren Lesesignals und der komplexen Ablaufsteuerung (zerstörendes Lesen, Refresh–Zyklen) langsamer als der statische. Besonders drastisch ist der Unterschied in den Zykluszeiten. In unseren Beispielen war es der Faktor 4 bei der *Zugriffszeit* und der Faktor 9 bei der *Zykluszeit*.

Dieser Unterschied bildet die Basis der Halbleiter–Speicherhierarchie: Dynamische Speicherbausteine werden für große Hauptspeicher (10M – 1GByte) eingesetzt, während aus den statischen kleine, schnelle Cache–Speicher aufgebaut werden.

Aufgrund der einfacheren Steuerung werden statische Speicher auch für Aufgaben mit geringen Anforderungen an die Speicherkapazität verwendet, wie es bei Pufferspeichern, Registerfiles, etc. der Fall ist.

5.1.2 Festwertspeicher

Wie der Name beschreibt, sind die Werte in einem Festwertspeicher festgelegt. Der Inhalt kann daher nur gelesen, im *Normalbetrieb* also nicht verändert werden. Zu dieser Kategorie gehören unterschiedliche Typen:

- ROM (Read Only Memory):

  Der Speicherinhalt wird bereits in der Halbleiterherstellung festgelegt und ist daher nicht abänderbar.

- PROM (Programmable ROM):

  Der Speicherinhalt kann einmalig vom Anwender einprogrammiert werden, ist zu einem späteren Zeitpunkt jedoch nicht mehr abänderbar.

- EPROM (Erasable PROM):

  Der Speicherinhalt wird vom Anwender einprogrammiert und kann durch UV–Strahlung wieder gelöscht werden.

- EEPROM (Electrically Erasable PROM):

  Der Speicher ist wie beim EPROM löschbar. Der Löschvorgang wird auf elektrischem Wege aktiviert.

- Flash EPROM :

  Der Löschvorgang wird wie beim EEPROM elektrisch aktiviert. Der Löschvorgang wird beschleunigt durch gleichzeitiges Löschen ganzer Sektoren.

Der prinzipielle Aufbau dieser Festwertspeichertypen entspricht dem der Schreib–/Lesespeicher. Beim ROM entfallen demgegenüber die Schaltungsteile zum Einschreiben der Worte. Die verschiedenen Typen unterscheiden sich untereinander im wesentlichen durch den Aufbau der einzelnen Speicherzellen. Durch die Technologie werden Implementierungsbeschränkungen auferlegt. So sind in Bipolartechnik ROMs und PROMs erhältlich, während mit dem MOS–Prozeß alle fünf Typen gefertigt werden können.

5.1.2.1 ROM

Die Abb. 5.7 veranschaulicht die Realisierung eines ROMs mit Hilfe von MOSFETs. Die

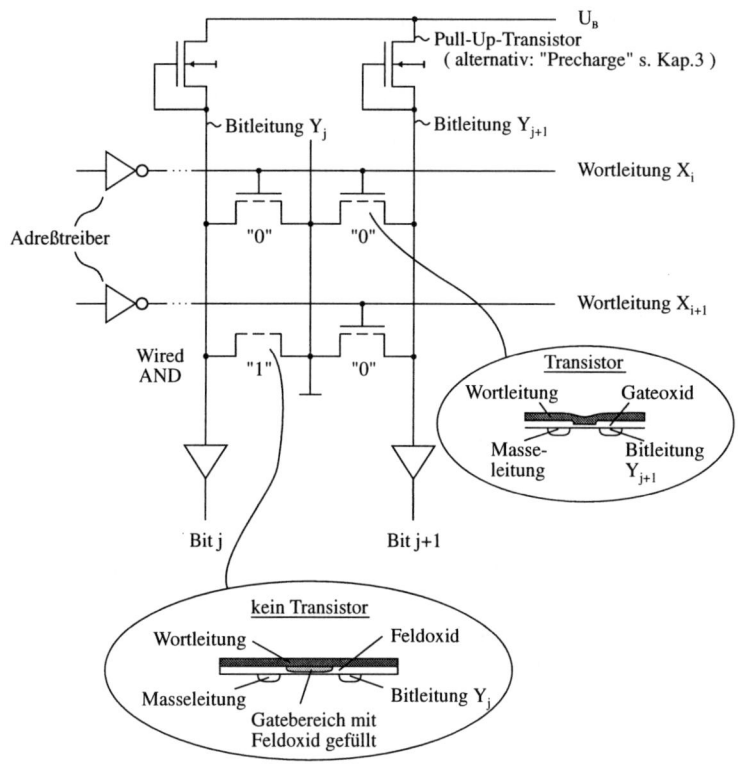

Abbildung 5.7: Aufbau eines ROMs in MOS–Technik

Programmierung erfolgt bei der Fertigung durch individuelle Anpassung einer Prozeßmaske. Durch Personalisierung der Maske, die bestimmt, welche der Gates des Speicherfelds mit Feldoxid aufgefüllt werden, wird der Speicherinhalt definiert. Man spricht daher von einem *maskenprogrammierten ROM*.

Jede Bitleitung in Abb. 5.7 ist eine NOR–Verknüpfung. Sobald einer der angeschlossenen Transistoren leitet, nimmt die Bitleitung einen L–Pegel an, sonst einen H–Pegel. Wird also eine Wortleitung auf H–Pegel gelegt, so entsteht ein L–Pegel auf der Bitleitung („0"), falls der Transistor an der Kreuzungsstelle von Bit– und Wortleitung funktionsfähig ist, anderenfalls entsteht ein H–Pegel („1"). Statt mit einem selbstleitenden Pull–Up–Transistor kann die Bitleitung auch mit einem getakteten selbstsperrenden Pull–Up–Transistor auf H–Pegel vorgeladen und dann durch H–Pegel auf der Wortleitung bedingt entladen werden. Das ermöglicht einen größeren Spannungshub auf den Bitleitungen.

ROMs erreichen aufgrund ihres sehr einfachen Aufbaus die *höchste Packungsdichte* unter den

Festwertspeichern und damit die *geringsten Fertigungskosten*. Die Erstellung der Maske erfordert jedoch Entwicklungszeit und zusätzliche Kosten, so daß maskenprogrammierte ROMs vorwiegend in Schaltungen mit großer Stückzahl eingesetzt werden. Eine Reduzierung der zusätzlichen Kosten ist heute durch Einsatz der *Elektronenstrahllithographie* möglich.

Alle weiteren Festwertspeichertypen werden unprogrammiert in großen Stückzahlen hergestellt. Die individuelle Programmierung erfolgt erst durch den Anwender.

5.1.2.2 PROM

Die Programmierung eines PROM–Bausteins erfolgt irreversibel durch *thermische Überlastung* einer Sicherungsstrecke in der Speicherzelle. Eine Realisierung in bipolarer Technik ist als Beispiel in Abb. 5.8 gegeben. Für die thermische Überlastung der Sicherung am Emitteranschluß muß eine im Vergleich zum Normalbetrieb hohe Spannung zwischen Wort– und Bitleitung angelegt werden, wozu spezielle Treiber für die Bitleitungen mit einer zusätzlichen Programmiersteuerung erforderlich sind.

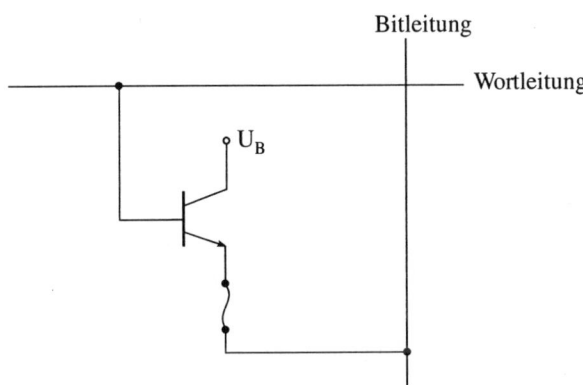

Abbildung 5.8: Emitterfolger als PROM–Zelle

5.1.2.3 EPROM

EPROMS sind UV–löschbare PROMs. Die Speicherzellen werden mit Hilfe von FAMOS–Transistoren (*Floating Gate Avalanche Injection MOS*) realisiert.

Ein FAMOS–Transistor in der dargestellten Ausführung (Abb. 5.9) besitzt zwei Gates: ein Gate, das die Funktion eines normalen FET–Gates besitzt sowie ein weiteres Floating Gate, das isoliert in SiO_2 eingebettet ist. Wird eine ausreichend hohe Spannung U_{DS} (z. B. $U_{DS} = 17V$) angelegt, entsteht für $U_{SB} = 0$ eine hohe Feldstärke nahe dem Drainbereich, die zu einer Generierung freier, sogenannter *heißer Elektronen* führt (*Avalanche–Effekt*). Bei gleichzeitigem Anlegen einer ausreichend hohen Spannung U_{GS} (z. B. $U_{GS} = 24V$) werden die Elektronen durch das

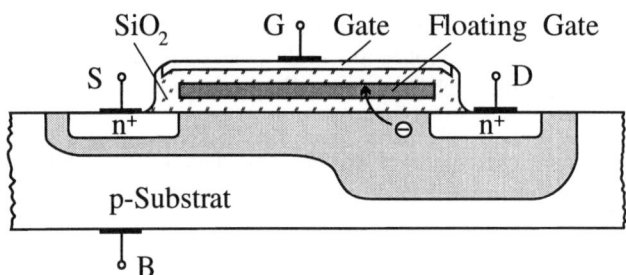

Abbildung 5.9: FAMOS–Transistor zur Realisierung einer EPROM–Speicherzelle

Gateoxid hindurch auf das Floating Gate gezogen. Nach Abschalten der Spannungen verbleiben die Elektronen aufgrund der Isolierung dort und bewirken ein Ansteigen der Schwellenspannung des Transistors um einige Volt. Die Speicherzeit der erzeugten Ladung ist mit mindestens einigen zehn Jahren ausreichend hoch, um einen EPROM–Speicher als Festwertspeicher zu betrachten.

Wird das Floating Gate mit UV–Licht bestrahlt, werden die Elektronen energetisch derart angeregt, daß sie in das Substrat zurückkehren. Nach ausreichend langer Bestrahlung (10–20 Minuten) ist das Floating Gate wieder elektrisch neutral. Auf diese Weise wird die Schwellenspannung auf den ursprünglichen Wert gesenkt und die Programmierung des ganzen Speichers gelöscht. Das UV–Licht gelangt durch ein Fenster im Chip–Gehäuse an das Floating Gate.

Das zugehörige Speicherfeld wird äquivalent zum MOS–ROM–Speicher aufgebaut. Statt Weglassen des Gates, wie beim ROM–Speicher, wird eine Ladung auf das Floating Gate gebracht und der H–Pegel auf der Wortleitung so gering gewählt, daß der FAMOS–FET bei geladenem Floating Gate in keinem Fall leitet. Die so aufgebaute *Ein–Transistor–Speicherzelle* erlaubt sehr hohe Packungsdichten.

Die erforderliche Programmierausrüstung besteht in der Regel aus einem etwa buchgroßen Programmiergerät, das über eine Standardschnittstelle beispielsweise an einen PC angeschlossen wird, nebst einer etwa ebenso großen Löschlampe. Die Datenformate für die Programmiergeräte sind normiert. Hohe Speicherdichte bei Zugriffszeiten, die zwischen denen von statischen und dynamischen RAM–Speichern liegen sowie eine einfache Programmierausrüstung haben das EPROM zum bevorzugten PROM–Typ werden lassen.

5.1.2.4 EEPROM

Die EEPROM–Speicherzelle ist der EPROM–Speicherzelle sehr ähnlich. Der Löschvorgang konnte gegenüber dem EPROM jedoch noch weiter vereinfacht werden.

An einer Stelle, entweder über dem Draingebiet oder dem Kanal, wird das Floating Gate so dicht an das Substrat herangeführt (Abb. 5.10), daß bei Anlegen einer Spannung wie beim EPROM ein Übertritt von Elektronen durch Tunneleffekt anstatt durch Avalanche–Effekt erreicht werden kann. Die Löschung erfolgt mit Hilfe einer Spannung umgekehrter Polung ebenfalls durch Ausnutzung des Tunneleffekts.

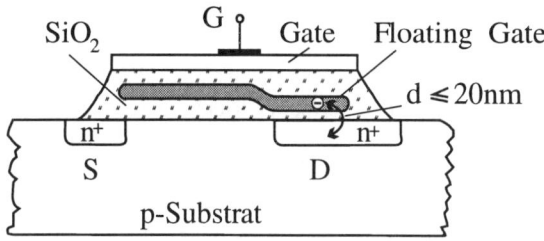

Abbildung 5.10: EEPROM–Speicherzelle

Dieses Vorgehen reduziert zwar erheblich die Löschgeschwindigkeit gegenüber den EPROM–Bausteinen, bringt jedoch ein Problem mit sich, das bei der Löschung mittels UV–Strahlung nicht auftritt. Durch das Tunneln können dem Floating Gate derart viele Elektronen entzogen werden, daß sich eine negative Schwellenspannung einstellt. Der Transistor ist in diesem Fall selbstleitend; die Steuerfunktion des Gates entfällt.

Die Speicherzelle ist daher nur dann nutzbar, wenn dem Speichertransistor ein weiterer zur Selektierung vorgeschaltet wird (Abb. 5.11). Die Chip–Fläche dieser *Zwei–Transistor–Zelle* wächst im Vergleich zur Ein–Transistor–Zelle des EPROMs.

Erst die Flash Speicher erreichen wieder eine mit der EPROM–Zelle vergleichbare Zellgröße, indem Selektier– und Speichertransistor in einem vereinigt werden.

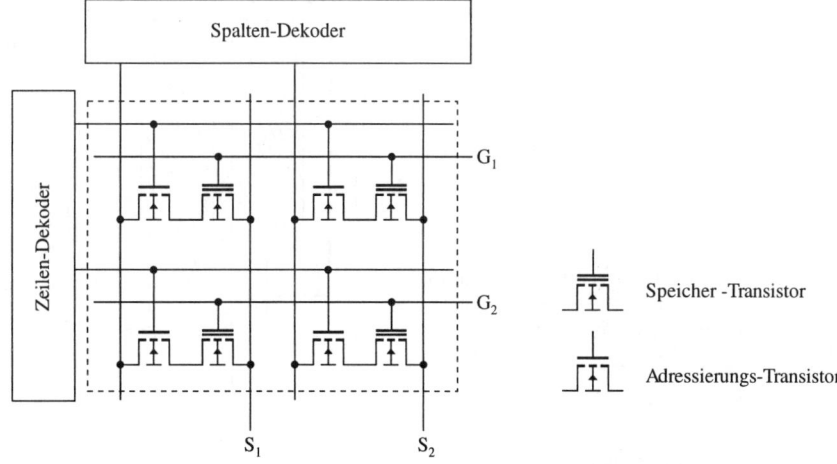

Abbildung 5.11: Zwei–Transistor–Zelle von EEPROM–Speichern (nach [69])

5.1.2.5 Flash Speicher

Das komplexe Layout einer Flash–Speicherzelle ist aus Abb. 5.12 c) zu ersehen [69]. Der in Abb. 5.12 a) dargestellte Schnitt in vertikaler Richtung verdeutlicht das Grundprinzip der Zusammenfassung von Speicher– und Selektiertransistor. Nur durch ein ausreichend hohes Potential auf der Wortleitung (Control Gate) und dem Floating Gate wird eine Inversionsschicht über die gesamte Kanallänge erzeugt. Der Bereich unter dem Floating Gate darf daher eine negative Schwellenspannung aufweisen, da erst bei einer Selektierung durch die Wortleitung ein durchgehend leitender Kanal aufgebaut wird. Andererseits kann eine Ausbildung des Kanals trotz Aktivierung der Wortleitung unterbunden werden, wenn bei der Programmierung die Schwellenspannung ausreichend hoch ist. Dies erfolgt wie beim (E)EPROM durch Anreicherung von Elektronen auf dem Floating Gate.

Eine weitere Neuerung bei den Flash Speichern ist die gemeinsame Löschung aller Zellen bzw. einzelner Sektoren eines Chips. Zur Realisierung mußte der Prozeß um eine weitere Polysilizium–Lage erweitert werden. Abbildung 5.12 b) zeigt das *Erase Gate*, welches außerhalb des Kanals unter dem Floating Gate angeordnet ist. Im Fall von $0V$ auf den Wortleitungen und einer ausreichend hohen Spannung auf dem Erase Gate werden alle Floating Gates mit gemeinsamem Erase Gate gleichzeitig entladen.

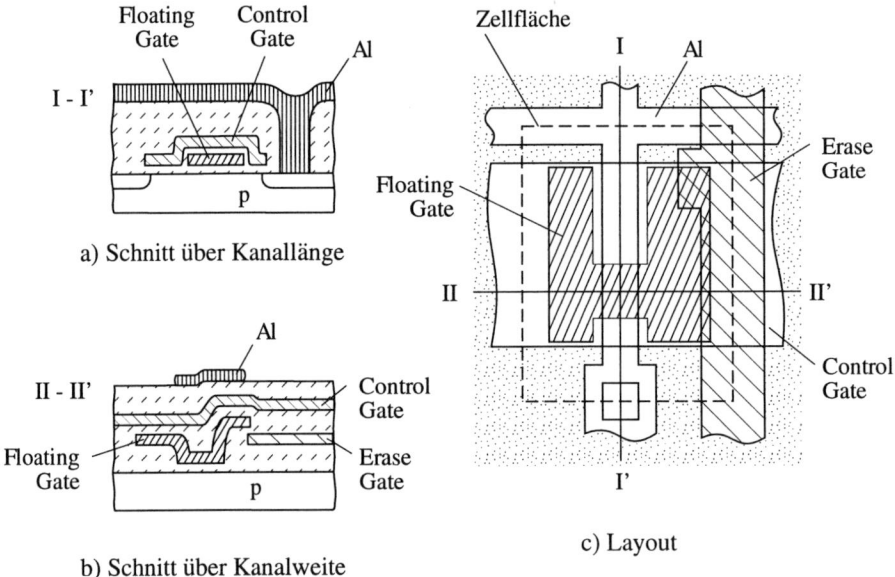

Abbildung 5.12: Aufbau einer Flash Speicherzelle (nach [69])

5.1.3 Einsatzbereiche der Speicher

Speicher werden hauptsächlich für zwei Aufgabenbereiche eingesetzt :

1. Verwendung der Speicher im Sinne der Rechnerarchitektur, also als Programm–, Daten–
   oder Pufferspeicher.

2. Zur Implementierung boolescher Funktionen in zweistufiger Logik in *disjunktiver kano-
   nischer Form* (DKF).

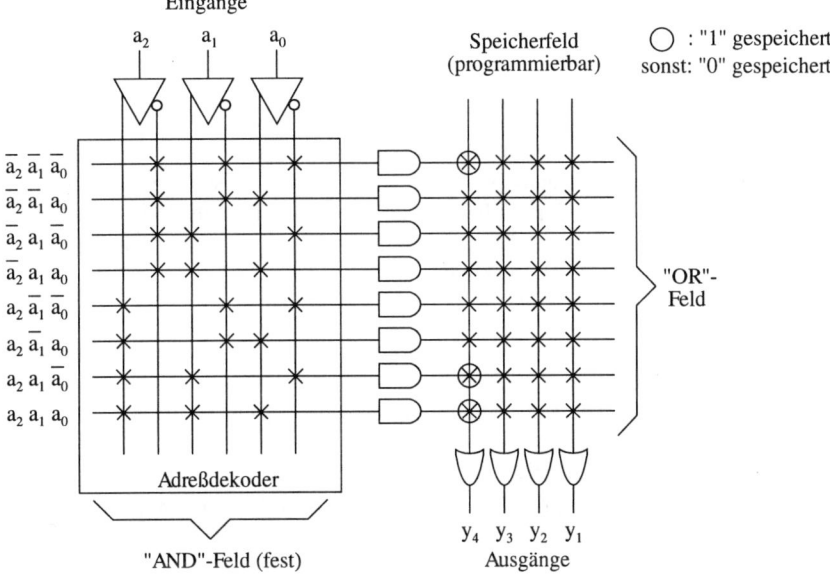

Abbildung 5.13: Implementierung logischer Funktionen mit Hilfe von Speichern

Verwendet man die Eingangsvariablen als Adreßleitungen eines Speichers, so wird für jede
mögliche Belegung der Eingangsvariablen genau eine Wortleitung ausgewählt. Mit anderen
Worten entspricht jedem Minterm genau eine Wortleitung. Das Speicherfeld wird nun so programmiert, daß immer dann eine „1" ausgegeben wird, wenn der Minterm in der Funktion enthalten ist, sonst eine „0". Entsprechend der Wortbreite des Speichers können mehrere unabhängige
Funktionen implementiert werden. Den Adreßdecoder bezeichnet man auch als „AND"–Feld,
da er die Minterme implementiert, das Speicherfeld selbst als das „OR"–Feld. Für den Ausgang
y_4 in Abb. 5.13 ergibt sich damit

$$y_4 = \underbrace{\bar{a}_2\bar{a}_1\bar{a}_0 \vee a_2 a_1 a_0 \vee a_2 a_1 \bar{a}_0}_{DKF} = \underbrace{\bar{a}_2\bar{a}_1\bar{a}_0 \vee a_2 a_1}_{DNF} \,.$$

Das Hauptproblem der Speicherimplementierung von Logikfunktionen ist grundsätzlich das exponentielle Wachstum der Anzahl der Wortleitungen mit der Anzahl der Eingangsvariablen. Die

heute verfügbaren großen statischen Speicher erlauben allerdings durchaus schon die Implementierung von Funktionen mit 20 Eingangsvariablen, die auch von der Laufzeit her durchaus mit anderen Realisierungen konkurrieren können. Damit sind sie zumindest für den Laboraufbau von Interesse. Ein weiteres Problem ist, daß alle Funktionen, die mit einem Speicher implementiert werden, synchron zueinander angesteuert werden müssen und daß nur Schaltnetze realisierbar sind. Um den gezeigten Baustein allgemein nutzbar zu machen, muß das „AND"–Feld eines ROM–Bausteins einen vollständigen Adreßdecoder enthalten, folglich ist nur das „OR"–Feld programmierbar. Die charakteristischen Kenndaten einer allgemeinen Implementierung sind eine Bitleitung je Ausgangsvariable sowie 2^n Wortleitungen bei n Eingangsvariablen.

5.2 Programmierbare Logik

5.2.1 PLA und PAL

In PLA– und PAL–Strukturen wird der Adreßdecoder durch ein programmierbares „AND"–Feld ersetzt. Mit einem programmierten „AND"–Feld lassen sich beliebige Konjunktionen der Eingangsvariablen bilden. Statt der DKF kann daher eine minimierte DNF mit einer deutlich geringeren Anzahl von Termen implementiert werden, d.h. statt einer Wortleitung pro Minterm wird eine Wortleitung pro Primterm angelegt.

Man unterscheidet zwischen einem

- PLA (Programmable Logic Array),

  wo „AND"– und „OR"–Ebene programmierbar sind, und einem

- PAL (Programmable Array Logic),

  wo nur die „AND"–Ebene programmierbar und die „OR"–Ebene festgelegt ist.

PLA

Die MOS–Implementierung eines solchen PLAs zeigt Abb. 5.14. Eine genaue Betrachtung der Realisierungsform verdeutlicht, daß die AND–OR–Kombination mit Hilfe der De–Morganschen Regeln in zwei NOR–Verknüpfungen in negativer Logik umgewandelt worden ist $\left(\overline{a \vee b \vee c \vee d} = \overline{a}\overline{b} \vee \overline{c}\overline{d} \right)$. Wie aus den Ausführungen in Tabelle 3.4 hervorgeht, werden mit dieser Form kürzere Verzögerungszeiten erzielt. Die technologische Implementierung erfolgt gemäß dem in Abschnitt 5.1.2.1 beschriebenen Verfahren.

PAL

PALs sind als diskrete, integrierte Schaltungen erhältlich und werden weit verbreitet eingesetzt. Sie stellen einen Kompromiß dar, indem für das „AND"–Feld nur eine begrenzte Zahl von Termleitungen zur Verfügung gestellt wird, die jeweils fest mit einer „Bitleitung" des „OR"–Feldes verbunden sind. Das „OR"–Feld ist also fest programmiert.

Ein typisches Beispiel ist der Typ C16L8 mit maximal 16 Eingangsvariablen und 8 Ausgangsvariablen, der intern 64 Termleitungen aufweist, von denen je 7 im „OR"–Feld fest verknüpft werden und die verbleibenden 8 die Tri–State–Ausgänge des „OR"–Feldes steuern. Damit kann jede Funktion nur aus maximal 7 Primimplikanten bestehen. Um komplexere Funktionen

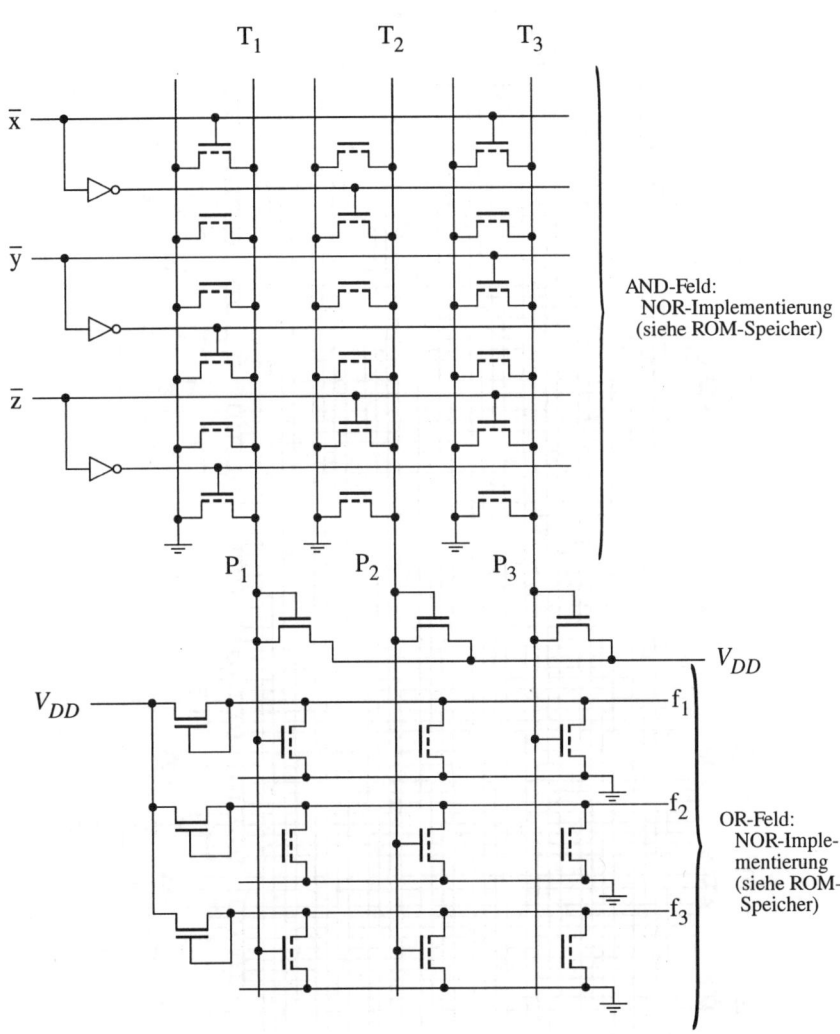

Abbildung 5.14: Implementierung logischer Funktionen in PLAs

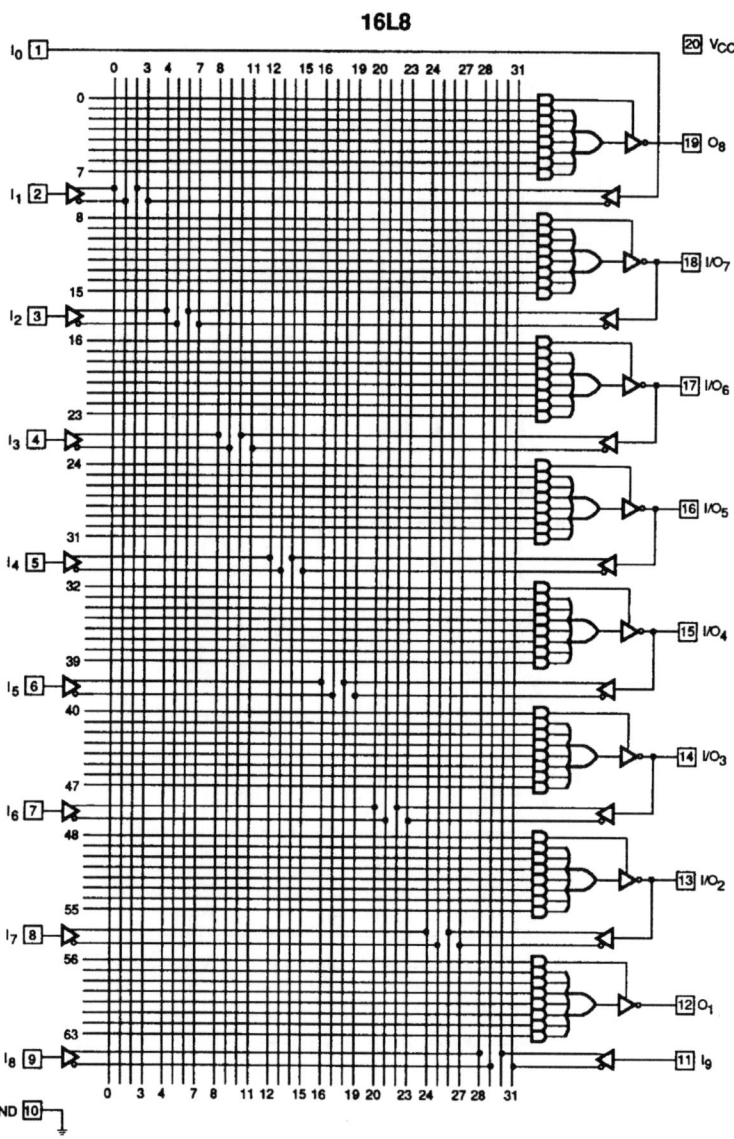

Abbildung 5.15: Beispiel zum Aufbau eines PAL–Bausteins (aus [70])

realisieren zu können, werden die Ausgangssignale intern als zusätzliche Eingänge auf das „AND"–Feld rückgekoppelt. Es gibt PROM, EPROM und EEPROM–Versionen des Typs. Für den PROM–Typ PAL C16L8 von Advanced Micro Devices werden $t_{pd} = 7,5ns$ mit zusätzlichen $t_{pdr} = 7ns$ für jede Rückkopplungsstufe angegeben [70]. Ohne Rückkopplung liegen die Verzögerungszeiten damit in der gleichen Größenordnung wie die von großen statischen Speichern. Die PALs weisen allerdings eine weit kleinere Chipfläche auf und sind daher wesentlich preisgünstiger.

PLA/PAL versus Speicherimplementierung

Die Anzahl der Zeilen einer PLA/PAL–Implementierung steigt *linear* mit der Anzahl der Primterme anstatt *exponentiell* mit der Zahl der Eingangsvariablen. Wenn die minimierte DNF klein gegenüber der DKF ist, dann führt diese Implementierung zu einer Platzeinsparung bzw. zur Realisierbarkeit von Funktionen mit einer hohen Zahl von Eingangsvariablen. Diese Bedingung ist jedoch nicht immer gegeben, wie am Beispiel einer Multiplikation zu erkennen ist, wo die Zahl der Primterme exponentiell mit der Wortbreite der Faktoren steigt.

Zu den Nachteilen von PLAs und PALs gehört das „AND"–Feld, das nicht wie bei den ROM–Bausteinen als optimierter Adreßdecoder ausgelegt ist. Die Konsequenzen sind

- größerer Flächenbedarf, falls die DKF nicht deutlich minimiert werden kann,

- höhere Zugriffszeiten/Verzögerungszeiten bei gleicher Größe des Speicherfeldes bzw. des „OR"–Feldes und

- bei PLAs größere Verzögerungszeiten, da die „AND"–Ebene die „OR"–Ebene treibt.

Folglich werden PLAs bevorzugt beim integrierten Schaltungsentwurf und dort nur in möglichst geringer Größe verwendet. Ein weiterer Vorteil ist, daß die Funktionen in PLAs unabhängig voneinander gebildet werden können, sofern getrennte Termleitungen, wie beim PAL, verwendet werden. Damit entfällt die Forderung nach Synchronität, die besonders bei der Realisierung von Schnittstellen–Hardware hinderlich ist. PALs sind als diskrete, integrierte Schaltungen in einer Vielzahl von Ausführungen erhältlich. Aufgrund ihres bevorzugten Einsatzes zum Aufbau von Schaltwerken werden sie ausgangsseitig häufig zusätzlich mit Flip–Flops ausgerüstet (GAL).

5.2.2 Logic Cell Array (LCA)

Bei den neueren programmierbaren Logikbausteinen werden neben den eigentlichen „AND"– und „OR"–Feldern auch diskrete Logikgatter eingesetzt, deren *Verbindungen* programmierbar sind. Eine konsequente Weiterentwicklung sind die Logic Cell Arrays, LCAs genannt, die aus Feldern von Gatterfunktionen bestehen, deren Verbindungen und Funktionen anwenderspezifisch festgelegt werden können. Zwischen den Gattern werden zur Informationsübertragung Digitalsignale eingesetzt.

Analog zu den Schreib–/Lesespeichern gibt es auch LCAs, in denen die Verbindungen der Gatter wie RAM–Zellen programmiert werden können. Die Verbindungsstruktur wird dann beim Systemstart geladen und kann während des Betriebs geändert werden. Dieser Ansatz birgt ein erhebliches Entwicklungspotential für die Digitaltechnik (dynamisch änderbare Rechenwerke, z.B. [71]).

Als Beispiel eines RAM–programmierbaren Logikbausteins haben wir ein FPGA (*Field Programmable Gate Array*) der Firma XILINX herausgegriffen. Das FPGA besteht aus einer Matrix gleichartiger Zellen, sogenannter CLBs (*Configurable Logic Block*). Jedes CLB enthält kombinatorische Logik–Blöcke und D–Flip–Flops, im Beispiel der Abb. 5.16 jeweils eines. Der Logik–Block wird durch eine Look–Up–Table realisiert, die in der Lage ist, jede beliebige Funktion aus den Eingangsvariablen zu generieren.

Die individuellen Verbindungen innerhalb eines CLBs werden durch programmierbare Multiplexer erstellt. Um Ports unterschiedlicher CLBs miteinander zu verbinden, werden horizontal und vertikal an den CLBs vorbeilaufende Leitungssegmente genutzt, die durch Transfergatter in den Schaltmatrizen variabel verdrahtet werden (Abb. 5.16).

Das aufgeführte Beispiel macht die Vorteile von LCAs gegenüber PLAs, PALs und Speichern deutlich. Obwohl die einzelnen Zellen sehr einfach aufgebaut sind, erlaubt die hohe Anzahl der CLBs eine Implementierung sehr komplexer Schaltungen, heute bereits in Größenordnungen bis zu 25k Gatteräquivalenten. Der angestrebte Effekt ist die Reduzierung von Kosten durch Einsparung von Bauteilen.

Durch den inneren Aufbau gibt es jedoch viele Entwurfsbeschränkungen. Das komplexe Entwurfsproblem ist zwar weitgehend automatisiert, aber noch nicht sehr effizient. Ein weiterer Nachteil sind die programmier– bzw. schaltbaren Verbindungen, die zu großen Signalverzögerungen (z. B. $1ns$ pro Transfergatter) führen.

Die Einsatzgebiete von LCAs sind

- Implementierungen von LSI–Funktionen, z. B. für Bus–Interfaces und

- Prototyping–Anwendungen für den Entwurf integrierter Schaltungen.

Detaillierte Ausführungen über Field–Programmable Gate Arrays können in [73, 74] nachgeschlagen werden. Die Zahl der Anwendungen nimmt stetig zu [75].

5.2.3 Field Programmable Interconnect Component (FPIC)

Neben den LCAs existieren integrierte Schaltkreise, die nur Schaltmatrizen enthalten. Sie erlauben die Programmierung beliebiger Verbindungsstrukturen. Die Firma Aptix [76] beispielsweise nutzt solche FPICs zur Realisierung von *Field Programmable Circuit Boards* (FPCB). Nach Aufbringen der Bauteile auf die Leiterplatte können Änderungen an der Netzliste durch Umprogrammierung des FPIC einfach umgesetzt werden. Dieses Vorgehen beschleunigt entscheidend die Entwurfsphase.

Um einen FPIC–Baustein nutzbar zu machen, muß einerseits eine hohe Anzahl von Pins zur Verfügung stehen, andererseits eine beliebige Verbindung der Pins untereinander ermöglicht werden.

Die Unteransicht eines solchen FPIC von Aptix zeigt die Abb. 5.17. Von der komprimierten 32x32 Pin–Matrix aus Goldkontakten sind 936 Pads zur Programmierung nutzbar. Die Realisierung der Verbindungsstruktur wird durch einen Ausschnitt aus der internen Struktur verdeutlicht

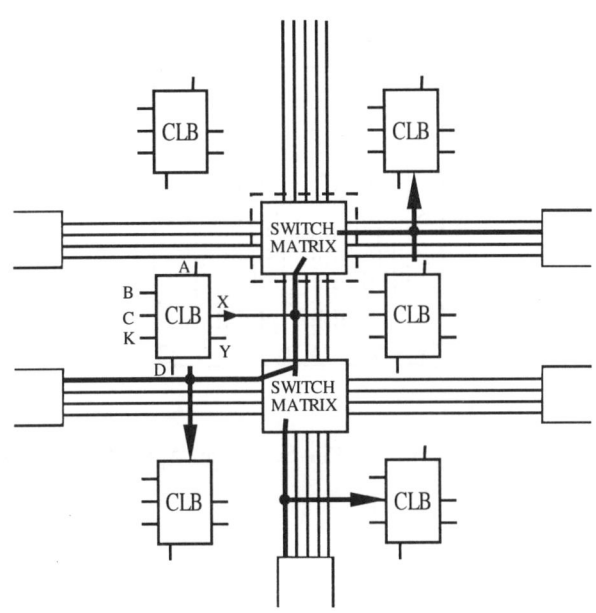

a) Teilausschnitt mit Schaltmatrix und CLB

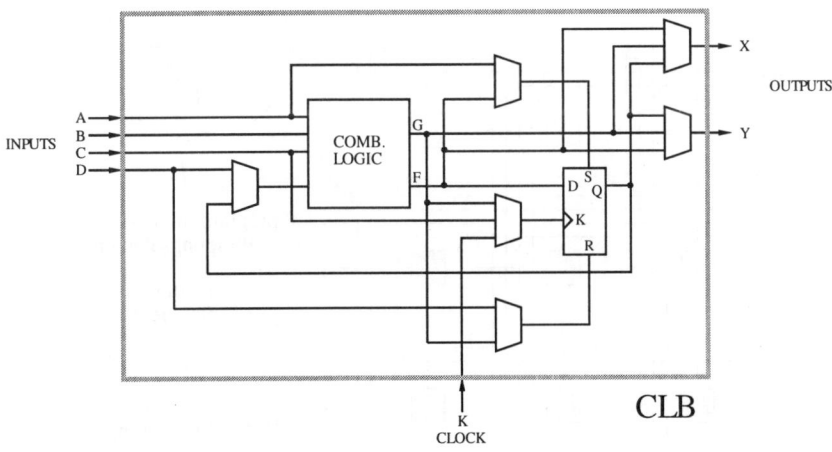

b) Configurable Logic Block (CLB)

Abbildung 5.16: Interner Aufbau eines FPGAs der Firma XILINX (nach [72])

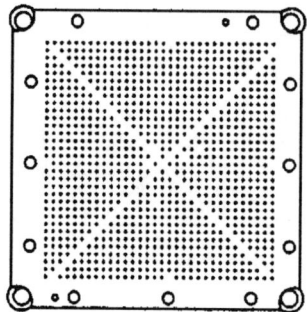

Abbildung 5.17: Sicht auf die Pin–Seite eines Aptix–FPIC (aus [76])

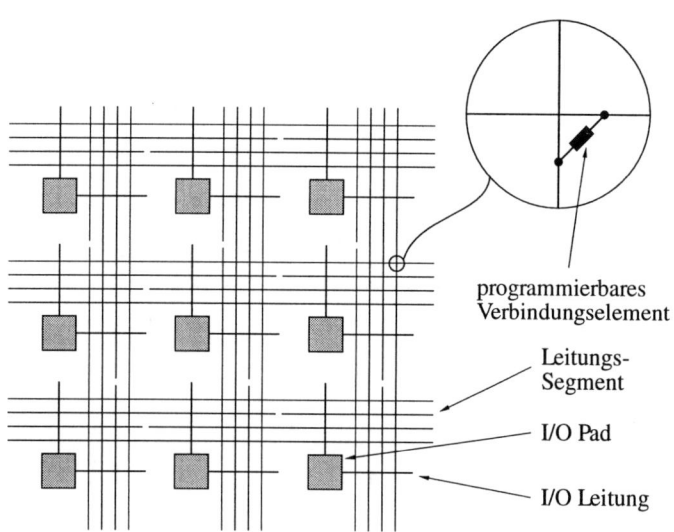

Abbildung 5.18: Interne Struktur eines FPIC (nach [76])

(Abb. 5.18). Von den Pads aus verlaufen Ein–/Ausgangsleitungen horizontal und vertikal über ein Netz von Verbindungssegmenten. Um zwei bzw. mehrere Pads miteinander zu verbinden, müssen Kreuzungspunkte miteinander verbunden werden. Ein solcher Punkt wird aktiviert durch das Einschalten eines Transfergatters.

Die Flexibilität bei der Netzlistengenerierung wird durch einen erhöhten Einfluß der Verbindungsnetze erkauft. Für kritische Pfade werden Laufzeiten von $10ns$ garantiert [76] (typisch $3 - 8ns$). Das exakte Verhalten kann nach Ausgabe einer SPICE–Netzliste simuliert werden. Bei einem Fan–Out von 1 beträgt die Impedanz des Pfades typisch 150Ω an $25pF$.

5.3   Gate Arrays bzw. Sea–of–Gates

Gate Arrays und Sea–of–Gates sind große Felder vorgefertigter Zellstrukturen, die durch mehrere Lagen Metallisierung bei der Halbleiterherstellung personalisiert werden (vgl. ROM in Abschnitt 5.1.2.1).

Gate Arrays (Abb. 5.19) bestehen aus getrennten Zellreihen von Logikelementen, zwischen denen die Verdrahtungskanäle verlaufen. Bei *Sea–of–Gates* (Abb. 5.20) wurde diese Strukturierung aufgegeben, womit die erzielbare Packungsdichte zwar größer, die Verdrahtung jedoch aufwendiger wird, da sie über die aktiven Bereiche erfolgen muß. Dazwischen liegen die Macrocell–Arrays, bei denen größere Zellblöcke durch Verdrahtungskanäle getrennt werden.

Ein Vorteil gegenüber Speichern und der programmierbaren Logik ist die hohe erreichbare Packungsdichte von bis zu 100k Gatteräquivalenten. Weiterhin sind die Verzögerungszeiten sehr gering, da die Verbindungen metallisch und nicht schaltbar implementiert sind. Zusätzlich entfallen die durch das Chip–Interface auftretenden Verzögerungen, wenn mehrere Schaltungsblöcke in einem Chip zusammengefaßt werden können.

Als Nachteil bleibt die *Entwurfsdauer* zu nennen, die wegen der allgemein komplexeren Entwurfsaufgabe Wochen gegenüber Minuten bei der programmierbaren Logik beträgt. Die Entwurfskosten sind mit ca. 10^5 DM pro Entwurf erheblich. Gate Arrays bzw. Sea–of–Gates kommen folglich in komlexen Schaltungen mit mittlerer Stückzahl (1000 - 100 000) sowie Entwürfen mit einer hohen Anforderung an die Packungsdichte (Rechenanlagen, tragbare Geräte, etc.) zur Anwendung.

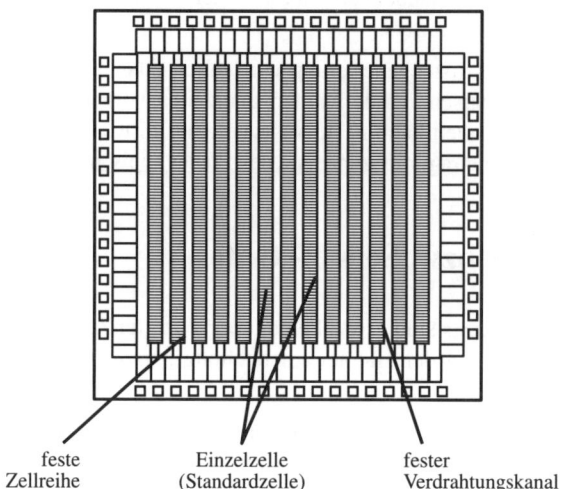

feste   Einzelzelle   fester
Zellreihe   (Standardzelle)   Verdrahtungskanal

Abbildung 5.19: Innere Struktur eines Gate Arrays (aus [77])

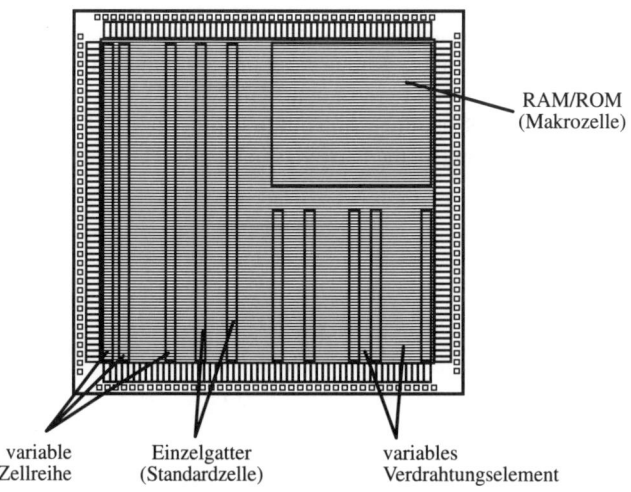

RAM/ROM
(Makrozelle)

variable   Einzelgatter   variables
Zellreihe   (Standardzelle)   Verdrahtungselement

Abbildung 5.20: Sicht auf die innere Struktur von Sea–of–Gates (aus [77])

Anhang A

Homogene, verlustarme Leitungen

In Abschnitt 2.1.3 wurde für verlustarme, homogene Leitungen ohne Begründung die Gültigkeit der Gleichung

$$L'C' = \mu \cdot \epsilon \tag{A.1}$$

vorausgesetzt. In diesem Kapitel des Anhangs soll die Berechtigung für diese Aussage nachgewiesen werden.

Ausgangspunkt der Herleitung sind zwei der vier Maxwell'schen Gleichungen.

$$rot\vec{E} = -\mu \frac{d}{dt}\vec{H} \tag{A.2}$$

$$rot\vec{H} = \vec{J} + \frac{d}{dt}\vec{D} \tag{A.3}$$

Zur Herleitung des nachzuweisenden Zusammenhangs (A.1) sind drei Bedingungen an das verwendete Übertragungsmedium zu stellen.

1. Ausbreitung einer TEM–Welle

   Die Forderung nach einer transversal–elektromagnetischen Welle [13] bedingt, daß die wandernde Welle keine Feldkomponente in die zu betrachtende Ausbreitungsrichtung besitzt. Die Forderung bedeutet anschaulich, daß die Leitfähigkeit der Leitung infinit wird bzw. der spezifische Widerstand gegen Null strebt.

2. Kein Stromfluß im Dielektrikum

   Das Dielektrikum muß als idealer Isolator angesehen werden können. Bei der Herleitung der Wellengleichung für die Ausbreitung einer TEM–Welle werden die Gleichungen für das Isolatormaterial angesetzt, denn die Energie bzw. der dominierende Anteil der Energie, die übertragen wird, wird vom Isolator geführt. Für das Dielektrikum muß in diesem Fall $\vec{J} = 0$ vorausgesetzt werden.

3. Verwendung homogener Leitungen

   Die physikalische Zusammensetzung der Leitung darf sich über die Ortskoordinate nicht verändern. Aufgrund dieser Forderung sind die Koeffizienten μ und ϵ als konstant anzusehen.

Für die Ausbreitungsrichtung der Welle legen wir die Ortskoordinate z eines dreidimensionalen Vektorraums (x, y, z) fest. Aufgrund der ersten Voraussetzung betrachten wir nur die Koordinatenrichtungen x und y der beiden Maxwell'schen Vektorgleichungen (A.2) und (A.3) und transformieren diese zunächst in den komplexen Bereich.

$$-\frac{\partial E_y}{\partial z} = j\omega\mu H_x \qquad -\frac{\partial E_x}{\partial z} = j\omega\mu H_y \qquad (A.4)$$

$$-\frac{\partial H_y}{\partial z} = j\omega\epsilon E_x \qquad -\frac{\partial H_x}{\partial z} = j\omega\epsilon E_y \qquad (A.5)$$

Die Indizes x und y an den komplexen Feldgrößen E und H bezeichnen die Vektorkomponente in die angegebene Koordinatenrichtung.

Nach der partiellen Differentiation der beiden Gleichungen aus (A.4) bezüglich der Koordinatenrichtung z

$$\frac{\partial^2 E_y}{\partial z^2} = -j\omega\mu\frac{\partial H_x}{\partial z} \qquad \frac{\partial^2 E_x}{\partial z^2} = -j\omega\mu\frac{\partial H_y}{\partial z}$$

und anschließendem Einsetzen von (A.5) ergibt sich

$$\frac{\partial^2 E_y}{\partial z^2} = -\omega^2\mu\epsilon E_y \quad \text{und} \quad \frac{\partial^2 E_x}{\partial z^2} = -\omega^2\mu\epsilon E_x.$$

Nach der Zusammenfügung der beiden Komponenten zu einer Vektorgleichung und Definition des Parameters

$$\gamma := j\omega\sqrt{\mu\epsilon} \qquad (A.6)$$

liegt die bekannte Wellengleichung

$$\frac{\partial^2 \vec{E}}{\partial z^2} = \gamma^2 \vec{E}$$

vor. Dieser Ausdruck beschreibt verglichen mit (2.6) die Wellenausbreitung der Spannung.

Zum Vergleich mit dem dort eingeführten Modell der infinitesimalen Leitungsstücke wiederholen wir den Ausdruck für den Ausbreitungskoeffizienten γ.

$$\gamma = \sqrt{(R' + j\omega L')(G' + j\omega C')}$$

Aufgrund der Annahmen 1. und 2. gilt $R' = G' = 0$, der Koeffizient vereinfacht sich zu

$$\gamma = j\omega\sqrt{L'C'}. \qquad (A.7)$$

Wenn das Modell der infinitesimalen Leitungsstücke Gültigkeit besitzen soll, dann müssen für die getroffenen Voraussetzungen (A.6) und (A.7) übereinstimmen. Eine Übereinstimmung ist genau dann gegeben, wenn die nachzuweisende Forderung aus (A.1) eingehalten wird.

Anhang B

Äquivalenter β–Parameter bei der Verschaltung von MOS–Transistoren

In Abschnitt 3.2.3.1 wurde die Behauptung aufgestellt, daß sich die Stromtragfähigkeit bei der Parallelschaltung von m identischen Transistoren um den Faktor m vervielfacht und sich entsprechend bei einer Reihenschaltung auf den m-ten Teil verringert. Die Gültigkeit dieser Aussage soll analytisch untersucht werden.

Aus Gründen der Anschaulichkeit beschränken wir uns auf den Fall $m = 2$, die Verallgemeinerung dürfte dem interessierten Leser nicht schwer fallen. Weiterhin ist eine ausschließliche Betrachtung der n–Transistoren ausreichend, das Vorgehen für die p–Transistoren verläuft äquivalent.

Ausgangspunkt sind die Stromgleichungen der beiden Betriebsbereiche, die hier noch einmal wiederholt werden sollen.

$$\text{Sättigung:} \qquad I_n = \frac{1}{2}\beta(U_{GS} - U_{th})^2$$
$$\text{Triodenbereich:} \quad I_n = \beta\left[(U_{GS} - U_{th})U_{DS} - \frac{1}{2}U_{DS}^2\right]$$

Als letzte Voraussetzung ist die Konstanz von U_{th} zu nennen. Dies entspricht der Vernachlässigung des Substratsteuereffekts.

B.1   Parallelschaltung

Man denke sich die beiden Eingänge der n–Transistoren in Abb. B.1 a) kurzgeschlossen. Wir lassen uns von der Frage leiten, welche Eigenschaften der äquivalente Transistor T' besitzen muß, der die Kombination aus T_1 und T_2 ersetzt, ohne die Ausgangskennlinie $I'(U'_{DS}, U'_{GS})$ zu beeinflussen.

Offensichtlich addieren sich die beiden Ströme I_1 und I_2 zum Gesamtstrom $I' = I_1 + I_2$. Weiterhin gilt $U_{GS1} = U_{GS2} = U'_{GS}$ und $U_{DS1} = U_{DS2} = U'_{DS}$. Die Auswertung der Stromgleichung liefert getrennt nach beiden Betriebszuständen

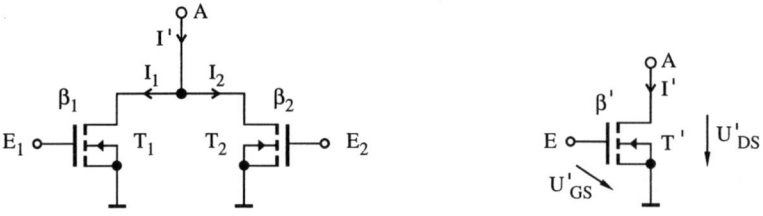

Abbildung B.1: Parallelschaltung von MOS–Transistoren

- Sättigung:

$$I' = I_1 + I_2 \;=\; \frac{1}{2}\beta_1(U_{GS1} - U_{th})^2 + \frac{1}{2}\beta_2(U_{GS2} - U_{th})^2$$

$$=\; \frac{1}{2}(\beta_1 + \beta_2)(U'_{GS} - U_{th})^2$$

$$\Rightarrow\quad \beta' = \beta_1 + \beta_2$$

- Triodenbereich:

$$I' = I_1 + I_2 \;=\; \beta_1\left[U_{DS1}(U_{GS1} - U_{th}) - \frac{1}{2}U_{DS1}^2\right] +$$

$$\beta_2\left[U_{DS2}(U_{GS2} - U_{th}) - \frac{1}{2}U_{DS2}^2\right]$$

$$=\; (\beta_1 + \beta_2)\left[U'_{DS}(U'_{GS} - U_{th}) - \frac{1}{2}U'^2_{DS}\right]$$

$$\Rightarrow\quad \beta' = \beta_1 + \beta_2$$

den gesuchten Zusammenhang. Der β–Parameter des äqivalenten n–Kanal–Transistors ergibt sich aus der Summe der β–Parameter der parallelgeschalteten Transistoren.

$$\beta' = \sum_{i=1}^{m} \beta_i \qquad\qquad (B.1)$$

Aufgrund der monolithischen Integration stimmt der im Ausdruck $\beta_i = K_i \cdot (W_i/L_i)$ enthaltene K–Parameter der einzelnen Transistoren überein. Unter der Voraussetzung einer konstanten Kanallänge L_i aller Transistoren kann man die Gleichung (B.1) bildlich interpretieren. Wie die Abb. B.2 verdeutlicht, kann der äquivalente Transistor aus einer Aneinanderreihung der Kanalweiten bestimmt werden.

Es sei an dieser Stelle ausdrücklich darauf hingewiesen, daß die Bestimmungsgleichung $\beta' = \beta_1 + \beta_2$ allgemein und nicht nur für Spezialfälle $\beta_1 = \beta_2$ bzw. $L_1 = L_2$ gültig ist!

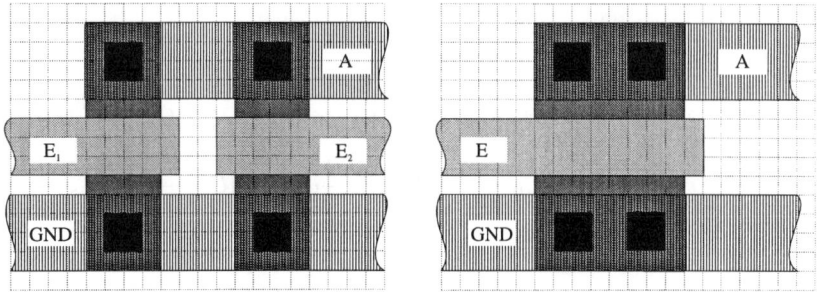

Abbildung B.2: Geometrische Interpretation der Parallelschaltung

B.2 Reihenschaltung

Die Abhandlung über die Parallelschaltung hat gezeigt, daß die Aussage $\beta' = \sum_{i=1}^{m} \beta_i$ exakte Gültigkeit besitzt. Durch die folgende Untersuchung wird nachgewiesen, daß es sich bei der angegebenen Regel $1/\beta' = \sum_{i=1}^{m} 1/\beta_i$ im Falle der Reihenschaltung für einen bestimmten Betriebszustand lediglich um eine, wenn auch gute, Näherung handelt.

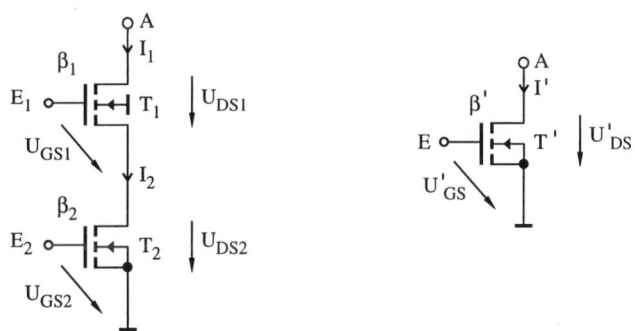

Abbildung B.3: Reihenschaltung von Transistoren

Auch für die Reihenschaltung wird der äquivalente Transistor T' gesucht, durch den man im Falle eines Kurzschlusses beider Eingänge E_1 und E_2 die Transistoren T_1 und T_2 ersetzen kann. Aus Abb. B.3 geht die Gültigkeit der einfachen Zusammenhänge $U'_{DS} = U_{DS1} + U_{DS2}$, $U_{GS1} = U'_{GS} - U_{DS2}$, $U_{GS2} = U'_{GS}$ und $I_1 = I_2 = I'$ hervor. Um einen Ausdruck für die äquivalente Stromgleichung herzuleiten, dividiert man die beiden Ströme I_1 und I_2 durch den zugehörigen β–Parameter und addiert beide Ausdrücke miteinander.

$$\frac{I_1}{\beta_1} + \frac{I_2}{\beta_2} = \left(\frac{1}{\beta_1} + \frac{1}{\beta_2} \right) \cdot I'$$

Wir unterscheiden im weiteren die unterschiedlichen Betriebszustände der Transistoren.

- Beide Transistoren T_1 und T_2 arbeiten im Triodenbereich.

$$\frac{I_1}{\beta_1} + \frac{I_2}{\beta_2} = \left(\frac{1}{\beta_1} + \frac{1}{\beta_2}\right) \cdot I'$$

$$= (U_{GS1} - U_{th})U_{DS1} - \frac{1}{2}U_{DS1}^2 + (U_{GS2} - U_{th})U_{DS2} - \frac{1}{2}U_{DS2}^2$$

$$= (U_{GS}' - U_{DS2} - U_{th})U_{DS1} - \frac{1}{2}U_{DS1}^2 + (U_{GS}' - U_{th})U_{DS2} - \frac{1}{2}U_{DS2}^2$$

$$= (U_{GS}' - U_{th})(U_{DS1} + U_{DS2}) - \frac{1}{2}U_{DS1}^2 - U_{DS1}U_{DS2} - \frac{1}{2}U_{DS2}^2$$

$$= (U_{GS}' - U_{th})U_{DS}' - \frac{1}{2}U_{DS}'^2$$

Nach der Definition von

$$\frac{1}{\beta'} := \frac{1}{\beta_1} + \frac{1}{\beta_2}$$

stellt der obige Ausdruck die Stromgleichung des gesuchten Transistors im Triodenbereich dar.

$$I' = \beta' \left[(U_{GS}' - U_{th})U_{DS}' - \frac{1}{2}U_{DS}'^2\right]$$

- Beide Transistoren T_1 und T_2 befinden sich in der Sättigung.

$$\frac{2I_1}{\beta_1} + \frac{2I_2}{\beta_2} = \left(\frac{1}{\beta_1} + \frac{1}{\beta_2}\right) \cdot 2 \cdot I'$$

$$= (U_{GS1} - U_{th})^2 + (U_{GS2} - U_{th})^2$$

$$= (U_{GS}' - U_{DS2} - U_{th})^2 + (U_{GS}' - U_{th})^2$$

$$= (U_{GS}' - U_{th})^2 - 2U_{DS2}(U_{GS}' - U_{th}) + U_{DS2}^2 + (U_{GS}' - U_{th})^2$$

Um die Bedeutung der einzelnen Terme zu klären, wird diese Gleichung unter Zuhilfenahme der Ausdrücke

$$U_{DS\,sat}' = U_{GS}' - U_{th} = U_{GS2} - U_{th} = U_{DS2sat},$$

$$U_{DS2} = (U_{DS2} - U_{DS2sat}) + U_{DS2sat} = (U_{DS2} - U_{DS\,sat}') + U_{DS\,sat}'$$

weiter umgeformt.

$$\left(\frac{1}{\beta_1} + \frac{1}{\beta_2}\right) \cdot 2 \cdot I' = (U_{GS}' - U_{th})^2 - 2(U_{DS2} - U_{DS\,sat}')U_{DS\,sat}' - 2U_{DS\,sat}'^2 +$$

$$(U_{DS2} - U_{DS\,sat}')^2 + 2U_{DS\,sat}'(U_{DS2} - U_{DS\,sat}') +$$

$$U_{DS\,sat}'^2 + U_{DS\,sat}'^2$$

$$= (U_{GS}' - U_{th})^2 + (U_{DS2} - U_{DS2sat})^2$$

Der Ausdruck für die Stromgleichung im Sättigungsbereich wäre im Falle eines Ersatztransistors mit $1/\beta' = 1/\beta_1 + 1/\beta_2$

$$I' = \frac{1}{2}\beta' \cdot (U_{GS}' - U_{th})^2.$$

Beide Gleichungen unterscheiden sich in dem quadratischen Ausdruck $(U_{DS2} - U_{DS2sat})^2$. Sofern sich T_2 in der Sättigung befindet, kann dieser Term jedoch vernachlässigt werden, denn es gilt $U_{DS2} \gtrsim U_{DS2sat}$.

Die folgende Überlegung zeigt jedoch, daß T_2 bei üblichen Parameterwerten gewöhnlich gar nicht in die Sättigung gerät. Mit $U'_{GS} = U_{GS2} = 5V$ und $U_{th} \approx 1V$ ist $U_{DS2sat} = U_{GS2} - U_{th} = 4V$. Wegen $U_{DS2max} \approx U'_{DSmax}/2 = 2,5V < U_{DS2sat}$ wird die Sättigungsgrenze für T_2 nie erreicht.

Im Gegensatz zu T_2 geht T_1 sehr wohl in die Sättigung, denn U_{GS1} ist im Vergleich zu U_{GS2} während des Entladevorgangs am Ausgangsknoten veränderlich . Genaugenommen muß daher auch der Fall T_1 in Sättigung, T_2 im Triodenbereich berücksichtigt werden. Diese Untersuchung liefert jedoch kein anschauliches Ergebnis. Wichtiger ist vielmehr, daß der Zeitraum, in dem sich T_1 während der Entladung des Ausgangsknoten in der Sättigung befindet, verschwindend gering ist.

Da auch der Substratsteuereffekt bereits vernachlässigt wurde, kann zur guten Abschätzung die Reihenschaltung durch einen äquivalenten Transistor mit

$$\frac{1}{\beta'} = \sum_{i=1}^{m} \frac{1}{\beta_i} \tag{B.2}$$

ersetzt werden. Anschaulich addieren sich bei gleichen Kanalweiten die Längen der Transistoren (Abb. B.4).

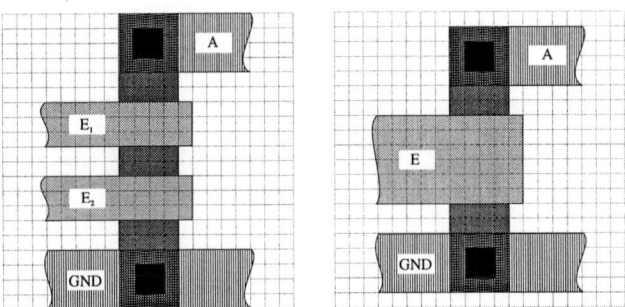

Abbildung B.4: Geometrische Interpretation der Reihenschaltung

Anhang C

Flankengesteuerte Flip–Flops aus asynchronen Automaten

Die Funktionsweise des in Abb. 4.27 vorgestellten flankengesteuerten JK–Flip–Flops wurde in Abschnitt 4.1.2.2 nicht eingehend untersucht, wir hatten lediglich in Abb. 4.27 c) eine Funktionstabelle aufgeführt. Dieses JK–Flip–Flop wurde als Beispiel für ein flankengesteuertes Flip–Flop ausgwählt, dessen Wirkungsweise auf dem Einbau eines Verzögerungselements beruht.

Um die Funktionstabelle (Abb. 4.27 c)) zu überprüfen, bedienen wir uns des *Unit–Delay–Modells*, das jedem Gatter eine konstante Verzögerung zuordnet. Dieses simple Modell ist sehr hilfreich, um einen Überblick über die Auswirkungen der Gatterverzögerungen zu bekommen, es kann hingegen keine Aussagen über den exakten Zeitablauf der Kippvorgänge liefern.

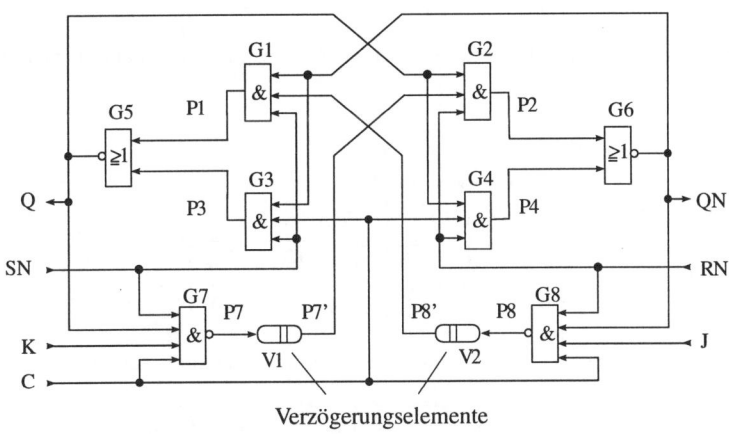

Abbildung C.1: Flankengesteuertes JK–Flip–Flop

Abbildung C.1 zeigt erneut den Aufbau des JK–Flip–Flops mit den zusätzlichen Knotenbezeichnungen ($P_1 - P_8$). Zur Unterscheidung der Gatter von den Verzögerungselementen werden zwei Zeiteinheiten eingeführt.

t_G :   Einheitsverzögerung der Gatter $G_1 - G_8$

t_V :   Einheitsverzögerung der Verzögerungselemente

Die zeitabhängigen Zustände der Knoten werden zur Unterscheidung zum betrachteten Referenzzeitpunkt t mit Indizes versehen. So bedeutet Q_{-i} der Zustand am Knoten Q zur Zeit $t - i \cdot t_G$ und Q_{-V} der Zustand am selben Knoten zur Zeit $t - t_V$.

Zunächst sollen die Einflüsse der Eingänge SN und RN bestimmt werden. Für $SN = RN = L$ befinden sich sämtliche Ausgänge der Gatter $G_1 - G_4$ auf L–Pegel. Durch die logische Verknüpfung der Gatter G_5 und G_6 stellt sich der Ausgangszustand $Q = QN = H$ ein. Da die Ausgänge Q und QN für diesen Fall keine inversen Pegel aufweisen, muß diese Eingangskombination verboten werden.

Für den Fall $SN = L$ und $RN = H$ werden beide Ausgänge von G_1 und G_3 auf L–Pegel gesetzt. Folglich erscheint an Q ein H–Pegel. Bedingt durch $SN = L$ erscheint gleichzeitig durch G_7 und V_1 nach einer Verzögerungszeit $t_G + t_V$ ein H–Pegel an P_7'. Wegen $RN = H$ und $Q = H$ erscheint unabhängig von G_4 ein L–Pegel am Ausgang QN.

Die gleiche Überlegung liefert für $SN = H$ und $RN = L$ die Kombination $Q = L$ und $QN = H$. Unabhängig vom Takteingang C läßt sich das Flip–Flop durch *active–low* Pegel an SN bzw. RN setzen bzw. rücksetzen. Es handelt sich folglich um asynchrone Set–/Reset–Eingänge.

Da durch diese Betrachtung die Funktion der Eingänge SN und RN geklärt wurde, kann im folgenden $SN = RN = H$ vorausgesetzt werden. Diese Knoten haben damit keinen Einfluß mehr auf den Ausgangswert der Gatter $G_1 - G_4$.

Wir betrachten die Zustände an den Eingängen von $G_1 - G_4$ zum Zeitpunkt t. Es ergibt sich für Q zum Zeitpunkt $t + 2 \cdot t_G$

$$
\begin{aligned}
Q_{+2} &= \overline{P1_{+1} \vee P3_{+1}} \\
&= \overline{P8' \, QN \vee C \, QN} \\
&= \overline{P8_{-V} \, QN \vee C \, QN} \\
&= \overline{\overline{(J_{-1} C_{-1} \, QN_{-1})}_{-V} \, QN \vee C \, QN} \\
&= \overline{(\overline{J}_{-1-V} \vee \overline{QN}_{-1-V} \vee \overline{C}_{-1-V} \vee C) \, QN}.
\end{aligned}
\tag{C.1}
$$

Durch äquivalentes Vorgehen erhält man die Bestimmungsgleichung für den Ausgang QN,

$$
QN_{+2} = \overline{(\overline{K}_{-1-V} \vee \overline{Q}_{-1-V} \vee \overline{C}_{-1-V} \vee C) \, Q}.
\tag{C.2}
$$

Für statische Pegel $C = L$ bzw. $C = H$ gilt $C_{-1-V} = C$, so daß der Term $\overline{C}_{-1-V} \vee C = \overline{C} \vee C = H$ die Klammerausdrücke in den Gleichungen (C.1) und (C.2) dominiert. Also:

$$
\left.
\begin{aligned}
Q_{+2} &= \overline{QN} \\
QN_{+2} &= \overline{Q}
\end{aligned}
\right\}
\quad Q_{+2} = \overline{QN} = \overline{\overline{Q}_{-2}} = Q_{-2}
$$

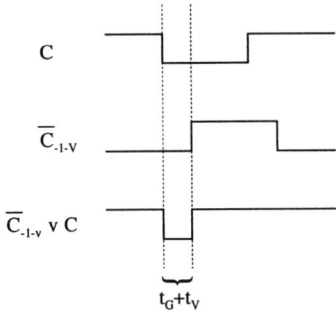

Abbildung C.2: Flankenerkennung durch Einführung einer Totzeit

Die beiden Ausdrücke beschreiben zusammengefaßt die Speicherung des eingeschriebenen Wertes durch Rückkopplung.

Genau dann, wenn $\overline{C}_{-1-V} \vee C = L$ gültig ist, kann der Zustand beeinflußt werden. Diese Forderung ist wegen $\overline{C}_{-1-V} \wedge \overline{C} = H$ nur für den Zeitraum $t_G + t_V$ nach einer fallenden Flanke am Takteingang C erfüllt (siehe Abb. C.2). Unter Berücksichtigung dieser Bedingung vereinfachen sich (C.1) und (C.2) zu

$$Q_{+2} = \overline{(\overline{J}_{-1-V} \vee \overline{QN}_{-1-V})\,QN} = J_{-1-V}\,QN_{-1-V} \vee \overline{QN} \quad \text{und}$$
$$QN_{+2} = \overline{(\overline{K}_{-1-V} \vee \overline{Q}_{-1-V})\,Q} = K_{-1-V}\,Q_{-1-V} \vee \overline{Q}.$$

Die Funktion des Flip–Flops bei fallender Flanke ergibt sich anhand einer Fallunterscheidung der möglichen Pegelkombinationen von J und K.

- $J = K = 0$:

$$Q_{+2} = \overline{QN}$$
$$QN_{+2} = \overline{Q}$$

Das Flip–Flop speichert!

- $J = K = 1$:

$$Q_{+2} = QN_{-1-V} \vee \overline{QN}$$
$$QN_{+2} = Q_{-1-V} \vee \overline{Q}$$
$$= Q_{-1-V} \vee \overline{(QN_{-3-V} \vee \overline{QN}_{-2})}$$
$$= Q_{-1-V} \vee \overline{QN}_{-3-V}\,QN_{-2}$$

Da das Flip–Flop vor dem Zeitpunkt $t - t_G - t_V$ eingeschwungen war, gilt

$$\overline{QN}_{-3-V}\,QN_{-2} = \overline{QN}_{-1-V}\,QN_{-1-V} = L,$$

folglich ist

$$QN_{+2} = Q_{-1-V}.$$

Die gleiche Überlegung führt für den nicht invertierenden Ausgang auf

$$Q_{+2} = QN_{-1-V}.$$

Die Ausgänge Q und QN tauschen ihren Pegel untereinander. Der Inhalt des Flip–Flops wird invertiert.

- $J = 1, K = 0$:

    Vor dem Auftreten der Taktflanke ist $QN_{-1-V} = QN$. Deshalb gilt

    $$Q_{+2} = QN_{-1-V} \vee \overline{QN} = 1$$
    $$QN_{+2} = \overline{Q}$$
    $$QN_{+4} = \overline{Q_{+2}} = 0.$$

    Das JK–Flip–Flop wird bei $J = 1, K = 0$ synchron gesetzt.

- $J = 0, K = 1$:

    Mit $Q_{-1-V} = \overline{Q}$ ergibt sich

    $$QN_{+2} = Q_{-1-V} \vee \overline{Q} = 1$$
    $$Q_{+4} = \overline{QN_{+2}} = 0,$$

    was einer synchronen Rücksetzung des Flip–Flops entspricht.

Anhand der gegebenen Ausführungen wurden die einzelnen Einträge in Abb. 4.27 c) nachgewiesen. Die grundsätzlichen Funktionen des Flip–Flops werden nach Auftreten einer negativen Taktflanke ausgeführt. Die sorgfältig dimensionierten Verzögerungselemente werden zur Detektierung dieser Flanke benötigt, indem das Taktsignal mit seinem zeitlich verschobenen Verlauf logisch verknüpft wird.

Die Herleitung gilt auch für uneinheitliche Gatterverzögerungszeit t_{Gi}, sofern nur $t_V \gg t_{Gi}$ ist.

Anhang D

Layout von Leiterplatten

Mit zunehmenden Frequenzen wird eine elektrische Schaltung einerseits anfälliger gegen äußere Störeinflüsse, andererseits wirkt sie selbst verstärkt als Verursacher zusätzlicher Störungen. Der parallele und störungsfreie Betrieb von elektrischen Systemen wird als *Elektromagnetische Verträglichkeit* (EMV) bezeichnet. Ab 1996 wird es eine Direktive der EU geben, nach der Baugruppen nur unter der Voraussetzung vertrieben werden dürfen, daß die dort gegebenen Vorschriften über die EMV eingehalten werden. Die EU–Direktive wird den deutschen Standard VDE0871 ablösen.

Wie in Abschnitt 2.2.2 angedeutet, werden in diesem Anhang einige Richtlinien [78] zum Leiterplattenentwurf aufgeführt, die die elektromagnetische Verträglichkeit erhöhen. Von den zur Verdeutlichung der Richtlinien aufgeführten Abbildungen stellt die rechte die jeweils empfohlene Auslegung dar. Ausführliche Erläuterungen zur Abstrahlproblematik sind in [79] zu finden.

- **Impedanz–Profil**

  Leiterbahnen sollten, wenn möglich, einen großen Querschnitt aufweisen, um die Impedanz gering zu halten. Je höher die Impedanz, um so größer ist die Emission und die eingekoppelte Störspannung bei induzierten Strömen.

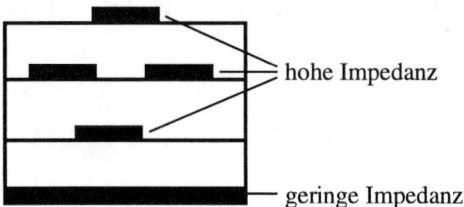

  hohe Impedanz

  geringe Impedanz

- **Lagenanordnung**

  Für die Versorgungsleitungen sollten vollständige Lagen reserviert werden. Dies gilt mindestens für die Masseverbindungen, nach Möglichkeit sollte jedoch auch eine V_{CC}–Ebene vorgesehen werden. Beide bilden zur Abschirmung die äußeren Lagen. Steht eine ausreichende Anzahl von Lagen zur Verfügung, wird empfohlen, synchrone und asynchrone Signale getrennt zu führen.

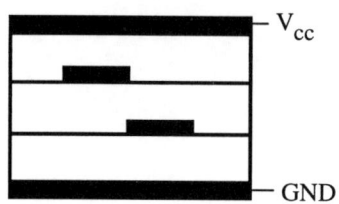

- **Leitungslängen**

  Leitungen sollten möglichst kurz verlegt werden, um induktive und kapazitive Einkopplungen zu minimieren.

- **Schleifen**

  Schleifen, die durch Leitungsführung über unterschiedliche Lagen entstehen können, sind zu vermeiden. Diese Maßnahme verhindert Induktion von Störspannungen. Schleifen würden bei hohen Frequenzen durch ihre Antennenwirkung Abstrahlungen erzeugen.

- **Abrundung von Ecken**

  Ein Abrunden der Ecken durch Bildung von 45° Winkeln verhindert Feld–Konzentrationen in den Ecken.

- **Abzweigungen**

  Abzweigungen sind zu vermeiden, da sie Reflexionen und hochfrequente Harmonische hervorrufen.

- **XY–Verdrahtung**

  Die Verdrahtung auf unterschiedlichen Lagen sollte vorzugsweise rechtwinklig zueinander erfolgen. Ideal ist eine Entkopplung dieser Lagen durch zwischengeschobene Versorgungsebenen.

   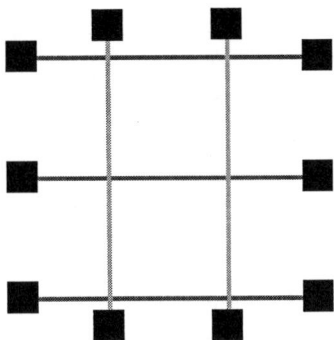

- **Vermeidung isolierter Flächen**

  Isolierte Flächen (z. B. auf Versorgungslagen) sind potentialfrei. Sie müssen zur Verhinderung von EM–Abstrahlungen auf ein festes Potential gelegt werden.

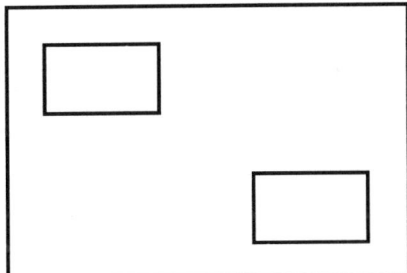   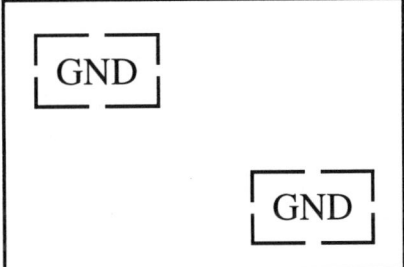

- **Impedanz der Versorgungslagen**

  Zur Verhinderung von V_{CC}– und Ground Bounce muß die Leitfähigkeit der Versorgungslagen gleichmäßig hoch gestaltet werden. Konzentrationen von Durchkontaktierungen und Pads sind daher zu vermeiden.

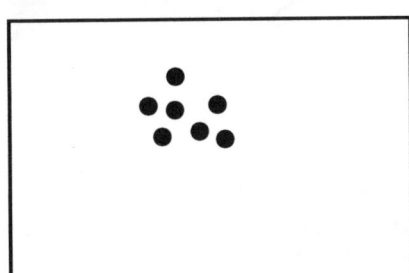   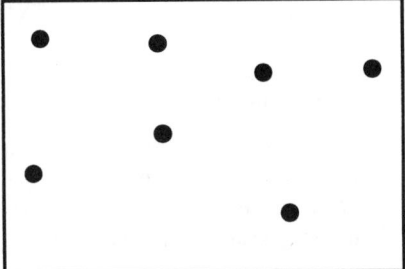

- **Keine überlappenden Versorgungslagen**

  Überlappungen von Lagen mit unterschiedlichen Betriebsspannungen bewirken kapazitive
  Kopplung von Spannungsregelkreisen und sind somit zu vermeiden.

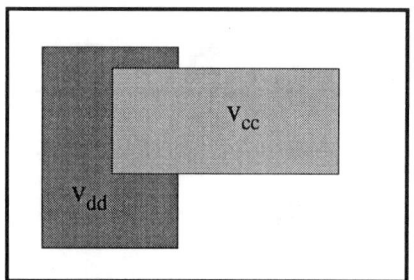 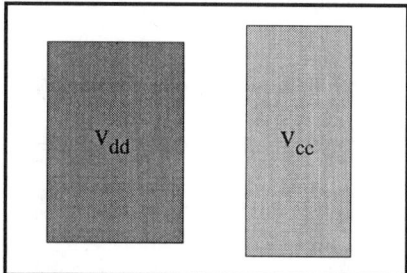

- **Leitungsabschluß**

  Falls die Flankensteilheit weniger als ein Viertel der Leitungslaufzeit beträgt, sollten
  die Leitungsenden zur Vermeidung von Reflexionen nebst Erzeugung hochfrequenter
  Harmonischer abgeschlossen werden. Die Leitung wirkt im nichtabgeschlossenen Fall als
  Antenne ($\lambda/4$–Dipol) und erzeugt exzessive Abstrahlungen.

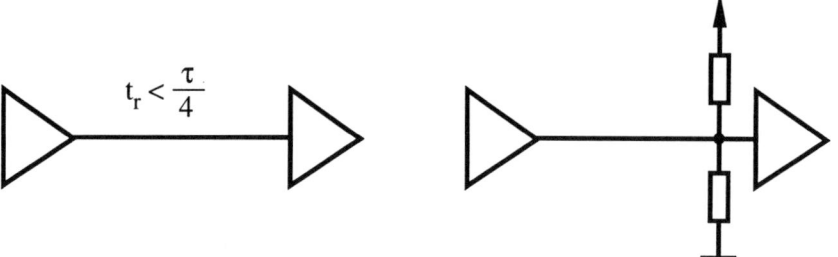

- **Flankensteilheit**

  Unnötige Flankensteilheiten der Ausgangstreiber erzeugen Abstrahlungen über die Verbindungen der System–Komponenten. Anstiegs– und Abfallflanken können durch Seri-
  enwiderstände abgeflacht werden.

- **Schirmung der Leitungen**

  Neben der Abschirmung in vertikaler Richtung sollte bei hohen Frequenzen auch eine
  Abschirmung zu den benachbarten Leitungen erfolgen. Die Einzelleitung wird durch Rah-
  mung von Bahnen mit festem Potentialbezug geschirmt. Ein zusätzlicher Masserahmen
  um die gesamte Ebene verhindert eine Abstrahlung durch die Platine.

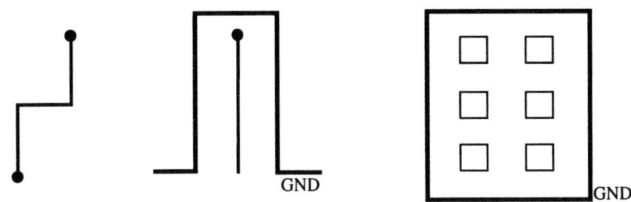

- **Komponentenanordnung**

  Die schnellsten Komponenten auf der Leiterplatte sind nach Möglichkeit dicht an den Spannungsanschlüssen zu plazieren, um die Störungen auf den Versorgungslagen zu reduzieren.

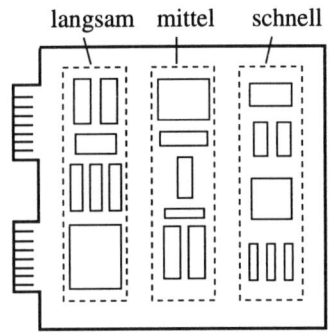 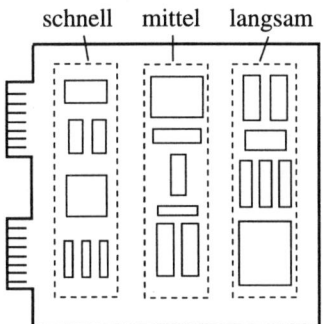

Literaturverzeichnis

[1] H. Klar: „Integrierte Digitale Schaltungen MOS/BiCMOS", 3.2 Störungen und Störabstände, Springer–Verlag 1993

[2] H. Seifart: „Digitale Schaltungen", 1.1. Analoge und digitale Signale, Hüthig Verlag 1988

[3] U. Tietze – Ch. Schenk: „Halbleiter–Schaltungstechnik", 8 Kippschaltungen, Springer–Verlag 1990

[4] National Semiconductor: „FACT Advanced CMOS Logic Databook", Section 3 Design Considerations and Application Notes, 1990 Edition

[5] Texas Instruments: „The TTL Data Book", 1987

[6] H.-M. Rein – R. Ranfft: „Integrierte Bipolarschaltungen", 4.6 Transistor–Transistor–Logik (TTL), Halbleiter–Elektronik Band 13, Springer–Verlag 1980

[7] Texas Instruments: „The TTL Data Book", Volume 2, Application Reports: Grounding and Decoupling, 1987

[8] R. Paul: „Elektrotechnik 2: Netzwerke", Grundlagenlehrbuch, Springer–Verlag 1990

[9] H.-G. Unger: „Elektromagnetische Wellen auf Leitungen", Studientexte Elektrotechnik, Hüthig Verlag 1986

[10] H.-G. Unger: „Elektromagnetische Wellen auf Leitungen", 1.3 Die Leitungsgleichungen, Studientexte Elektrotechnik, Hüthig Verlag 1986

[11] H.-G. Unger: „Elektromagnetische Wellen auf Leitungen", 6.1 Die Leitungsgleichungen der Mehrfachleitung, Studientexte Elektrotechnik, Hüthig Verlag 1986

[12] L.A. Glasser – D.W. Dobberpuhl: „The Design and Analysis of VLSI Circuits", 2.4 The modeling of interconnect, Interconnect capacitance, Addison–Wesley Publishing Company 1985

[13] H.-G. Unger: „Elektromagnetische Wellen auf Leitungen", 3.1 Die primären Leitungskonstanten, Studientexte Elektrotechnik, Hüthig Verlag 1986

[14] H. Grabinski: „Theorie und Simulation von Leitbahnen", 3.2 Einflüsse des Substrats auf Wellenausbreitung und Leitungskopplung, Springer–Verlag 1991

[15] F. Anceau: „A Synchronous Approach for Clocking VLSI Systems", IEEE Journal of Solid–State Circuits, Feb. 1982, vol. sc-17, no. 1, S. 51–56

[16] H.B. Bakoglu: „Circuits, Interconnections and Packaging for VLSI", 8.6 Phase–Locked Loops, Addison–Wesley Publishing Company 1990

[17] I.E. Sutherland: „Micropipelines", Communications of the ACM, June 1989, vol. 32, no. 6, S. 720–738

[18] C. Mead – L. Conway: „Introduction to VLSI Systems", 7.6 Self–Timed Systems, Addison–Wesley Publishing Company 1980

[19] T.H. Meng: „Synchronization Design for Digital Systems", Kluwer Academic Publishers 1991

[20] J.E. Buchanan: „CMOS/TTL Digital Systems Design", Chapter 6: Inductance and Transient–Current Effects, McGraw–Hill Publishing Company 1990

[21] U. Schricker: „Modernes Multilayer–Design", Elektronik Juli 1990, S. 80

[22] L.A. Glasser – D.W. Dobberpuhl: „The Design and Analysis of VLSI Circuits", 5.9 Layout considerations in circuit design, Power distribution, Addison–Wesley Publishing Company 1985

[23] H.-G. Unger: „Elektromagnetische Wellen auf Leitungen", 6.4 Verkoppelte Leitungen und Richtungskoppler, Studientexte Elektrotechnik, Hüthig Verlag 1986

[24] H. Hidaka – K. Fujishima – Y Matsuda – M. Asakura – T. Yoshihara: „Twisted Bit–Line Architecture for Multi–Megabit DRAM's", IEEE Journal of Solid–State Circuits, Feb. 1989, vol. 24, no. 1, S. 21–27

[25] D.T. Cox – C.L. Johnson – B.G. Rudolph – D.W. Siljenberg – R.R. Williams: „IBM AS/400 Processor Technology", IEEE International Conference on Computer Design: VLSI in Computers & Processors, Oct. 1991

[26] Proceedings of the IEEE: „Special Issue on Optical Computing Systems", Nov. 1994

[27] Informatik–Fachberichte 255: „Rechnergestützter Entwurf und Architektur mikroelektronischer Systeme", GME/GI/ITG–Fachtagung Dortmund, Okt. 1990, Springer–Verlag

[28] H.-M. Rein – R. Ranfft: „Integrierte Bipolarschaltungen", 3.5 Schottky–Dioden, Halbleiter–Elektronik Band 13, Springer–Verlag 1980

[29] R. Müller: „Grundlagen der Halbleiter–Elektronik", Halbleiter–Elektronik Band 1, Springer–Verlag 1971

[30] A. Schlachetzki: „Halbleiter Elektronik", 1.2 Sätze zur Berechnung elektronischer Schaltungen, Teubner Studienbücher Angewandte Physik, 1990

[31] U. Tietze – Ch. Schenk: „Halbleiter–Schaltungstechnik", 4.8 Differenzverstärker, Springer–Verlag 1990

[32] Motorola: „MCA 10000 ECL Macrocell Array", MCA3 Series Design Manual, 1988

[33] H.-M. Rein – R. Ranfft: „Integrierte Bipolarschaltungen", 4.7 Stromschaltertechnik, Halbleiter–Elektronik Band 13, Springer–Verlag 1980

[34] Hitachi: „Semiconductor Data Book ECL", 1982

[35] A. Schlachetzki: „Halbleiter Elektronik", Teubner Studienbücher Angewandte Physik, 1990

[36] K. Horninger: „Integrierte MOS–Schaltungen", Halbleiter–Elektronik Band 14, Springer–Verlag 1986

[37] H.C. de Graaff – F.M. Klaassen, "Compact Transistor Modelling for Circuit Design", Springer–Verlag 1990

[38] Y.P. Tsividis: „Operating and Modelling of THE MOS TRANSISTOR", McGraw–Hill Book Company 1987

[39] S.M. Sze: „Physics of Semiconductor Devices", John Wiley & Sons 1981

[40] L.A. Glasser – D.W. Dobberpuhl: „The Design and Analysis of VLSI Circuits", 2.1.5 Body effect, Addison–Wesley Publishing Company 1985

[41] L.A. Glasser – D.W. Dobberpuhl: „The Design and Analysis of VLSI Circuits", 1.1 A Qualitative Model of the MOS Transistor, Addison–Wesley Publishing Company 1985

[42] Bronstein – Semendjajew: „Taschenbuch der Mathematik", Verlag Harvi Deutsch 1979

[43] H.C. Lin – L.W. Linholm: „An Optimized Output Stage for MOS Integrated Circuits", IEEE Journal of Solid–State Circuits, Oct. 1975

[44] N. Weste – K. Eshraghian: „Principles of CMOS VLSI Design", 5.2.8 Pass transistor logic, Addison–Wesley Publishing Company 1985

[45] N. Weste – K. Eshraghian: „Principles of CMOS VLSI Design", 5.2.3 Dynamic CMOS logic, Addison–Wesley Publishing Company 1985

[46] A. Mukherjee: „Introduction to nMOS & CMOS VLSI System Design", 3.7.2 Precharged Domino CMOS Logic, Prentice Hall 1986

[47] L.G. Heller – W.R. Griffin: „Cascode Voltage Switch Logic: A Differential CMOS Logic Family", IEEE International Solid–State Circuits Conference, Feb. 1984

[48] J.H. Pasternak – C.A.T. Salama: „Design of Submicrometer CMOS Differential Pass–Transistor Logic Circuits", IEEE Journal of Solid–State Circuits, Sept. 1991, vol. 26, no. 9, S. 1249-1258

[49] J.H. Pasternak – C.A.T. Salama: „Differential Pass–Transistor Logic", IEEE Circuits & Devices, July 1993

[50] J.D. Gallia – Ah-Lyan Yee – Kowk Kit Chau – et al., „High–Performance BiCMOS 100K–Gate Array", IEEE Journal of Solid–State Circuits, Feb. 1990, vol. 25, no. 1, S. 142–149

[51] H.B. Bakoglu: „Circuits, Interconnections and Packaging for VLSI", 4.10 BiCMOS Circuits, Addison–Wesley Publishing Company 1990

[52] U. Tietze – Ch. Schenk: „Halbleiter–Schaltungstechnik", 5.6 FET–Differenzverstärker, Springer–Verlag 1990

[53] M. Ino – M. Togashi – S. Horiguchi – M. Hirayama – H. Kataoka: „30-ps 7.5-Ghz GaAs MESFET Macrocell Array", IEEE Journal of Solid–State Circuits, Oct. 1989, vol. 24, no. 5, S. 1265–1270

[54] S. Shimizu – K. Yoshihara – T. Terada – K. Ishida – Y. Kitaura – C. Takubo: „An ECL–Compatible GaAs SCFL Design Method", IEEE Journal of Solid–State Circuits, April 1990, vol. 25, no. 2, S. 539–545

[55] H.B. Bakoglu: „Circuits, Interconnections and Packaging for VLSI", Table 9.14: SUSPENS Calculations for two Commercial Microprocessors, Addison–Wesley Publishing Company 1990

[56] H. Eichel: „Entscheidungskonflikte in digitalen Anlagen", Dissertation an der Technischen Universität Braunschweig 1986

[57] P.M. Kogge: „The Architecture of Pipelined Computers", 2.1.1. Latch Design – The Earle Latch, Hemisphere Publishing Corporation 1991

[58] J. Yuan – Ch. Svensson: „High–Speed CMOS Circuit Technique", IEEE Journal of Solid–State Circuits, Feb. 1989, vol. 24, no. 1, S. 62–70

[59] H.-O. Leilich – U. Knaak: „Zeitverhalten synchroner Schaltwerke", Springer–Verlag 1990

[60] U. Tietze – Ch. Schenk: „Halbleiter–Schaltungstechnik", 10 Schaltwerke, Springer–Verlag 1990

[61] J.U. Horstmann – H. Eichel – R.L. Coates: „Metastability Behavior of CMOS ASIC Flip–Flops in Theory and Test", IEEE Journal of Solid–State Circuits, Feb. 1989, vol. 24, no. 1, S. 146–157

[62] U. Tietze – Ch. Schenk: „Halbleiter–Schaltungstechnik", 8.5.2 Schmitt–Trigger, Springer–Verlag 1990

[63] U. Tietze – Ch. Schenk: „Halbleiter–Schaltungstechnik", 15.2 Quarzoszillatoren, Springer–Verlag 1990

[64] U. Tietze – Ch. Schenk: „Halbleiter–Schaltungstechnik", 15.1 LC–Oszillatoren und 15.2.3 Oberwellen–Oszillatoren, Springer–Verlag 1990

[65] E. Hörbst – M. Nett – H. Schwärtzel: „VENUS Entwurf von VLSI–Schaltungen", Springer–Verlag 1986

[66] Cypress Semiconductor: „BiCMOS/CMOS Data Book", 1990

[67] H.B. Bakoglu: „Circuits, Interconnections and Packaging for VLSI", 4.5 Dynamic RAM Circuits, Addison–Wesley Publishing Company 1990

[68] Nicky C. C. Lu: „Advanced Cell Structures for Dynamic RAMs", IEEE Circuits & Devices, Jan. 1989

[69] B. Prince: „Semiconductor Memories", A Handbook of Design, Manufacture and Application, John Wiley & Sons 1991

[70] Advanced Micro Devices: „PAL Device Data Book Bipolar and CMOS", 1990

[71] Th. Benner – R. Ernst – I. Könenkamp – U. Holtmann – P. Schüler – H.-C. Schaub – N.Serafimov: „FPGA basierter Prototyper für die Verifikation von Hardware–Software Systemen", GI/ITG-Workshop Architekturen für hochintegrierte Schaltungen, Schloß Dagstuhl, 18.-20.7.1994.

[72] XILINX: „The Programmable Logic Data Book", 1994

[73] S.M. Trimberger: „Field–Programmable Gate Array Technology", Kluwer Academic Publishers 1994

[74] S.D. Brown – R.J. Francis – J. Rose – Z.G. Vranesic: „Field–Programmable Gate Arrays", Kluwer Academic Publishers 1992

[75] „Field–Programmable Logic — Architectures, Synthesis and Applications", Proceedings of the 4th International Workshop on Field–Programmable Logic and Applications, FPL'94, Sept. 1994, Springer–Verlag

[76] Aptix – The Programmable Interconnect Company: „System Data Book", Nov. 1993

[77] Siemens: „CMOS Semicustom ICs", 1989

[78] Racal–Redac: „The EMC Adviser", 1993

[79] H.W. Ott: „Noise Reduction Techniques in Electronic Systems", Second Edition, John Wiley & Sons 1988

Stichwortverzeichnis